# 森川海の水系
―― 形成と切断の脅威

宇野木早苗 著

恒星社厚生閣

# まえがき

　地球は水の惑星といわれるように、豊かな水が地表を循環しているおかげで、気候は温和で環境は安定し、多種多様な生物が生まれ、いま見るように人類がこよなく繁栄しています。水がなければ人類は存在できません。

　これまで森、川、海に関しては、各分野でそれぞれ詳細に研究が進められてきて、その成果を述べた本も数多く世に出ています。ところで森は海の恋人という言葉に象徴されるように、森、川、海は深く結び付いていますが、学問的にもまた行政的にも、これまで分野相互間の関わりが深く認識されることは少なく、独立して扱われることが多かったのです。このため各種の多くの河川事業が、川のことのみを考えて、海を考慮することなく活発に実施されたために、海岸侵食が進み、海の環境が悪化し、生態系が衰え、漁業が衰微した例は数多くあげることができます。それゆえ森川海を一体として捉える必要があります。

　そこで本書では第1部で、日本の自然を中心にして、これまで一貫して述べられることが少なかった、山中に降った水が森を抜け、川を下り、海に広がる過程で、どのように振る舞ってきたかの概要を述べることにしました。第2部において、このような流れによって森、川、海の環境がどのように影響し合ってきたかを述べます。ここでは海の生きものが森の環境に与える影響についても触れます。

　一方、筆者はこれまで沿岸の海洋環境を学ぶ際に、必然的に川が海に至る過程にある諫早湾の締め切り、川辺川ダム、長良川河口堰、設楽（したら）ダムなどの構造物によって、海がどのような影響を受けるかに注目せざるを得ませんでした。そしてこの間に多くの人々に混じって、裁判所、公害等原因裁定委員会、国会の委員会、公聴会、住民討論集会などにおいて、これらの事業が環境、特に海に与える影響について意見を述べてきました。

## まえがき

　いま振り返ると上記の問題は、すべて公共事業による自然の水の流れを断ち切る巨大構造物に由来するものでした。それらは川を断ち切る巨大ダム、川と海を断ち切る河口堰、そして広大な湾を断ち切る長大堤防です。人体をめぐる血流はわれわれの生命を維持していますが、それが断ち切られると生命は危険に曝されます。同様に、巨大な人工構造物によって水の流れのシステムが断ち切られるとき、長年かけて形成された自然環境は大きく変わり、人々の生存・生活は顕著な影響を受け、その結果各地で激しい環境問題と社会問題が引き起こされます。

　現実に上記の地表上の水系を断ち切る巨大構造物に由来する問題点は、多方面でまた多くの文献や書籍で指摘されていますが、残念ながらこれらが事業者に考慮されることは少なく、依然として事業は継続されています。このような状況の中で、これらに共通する問題として、地表の流れのシステムを巨大構造物によって人為的に断ち切ることが、自然環境にどのような影響を与え、また社会的にどのような問題を生じるかという観点から、あらためてまとめて理解することも意義があろうと考えられます。そこで本書の第3部において、この問題にも焦点を当てて述べることを試みました。

　最近、生態学関係の研究者を中心とするグループが、「森里海連環学」を提唱して研究を進めています。これは森から海までのつながり（連環）の機構を解明し、持続的で健全な国土環境を保全・再生する具体的な方策を研究しようとするもので、その発展が期待されます。本書もこの方向に沿うことを願っています。

　沿岸の物理現象を研究対象とする筆者が、流系全体の姿を理解する必要に迫られたのは、次のような地方新聞の小さな記事からでした。その内容は、不知火海の漁師たちが、すでに球磨川に建設された3つのダムによる漁業被害を述べて、その支流に新たに計画されている巨大な川辺川ダムの建設中止を建設省（当時）の役人に訴えたとき、担当者は「上流のダムが遠く離れた海に影響を与えるはずがない、あるとすればその証拠を示せ」といって一蹴したというものでした。

　これに応えるには流系全体の姿を知る必要があります。筆者はこれまで学

んできたことをもとに、「河川事業は海をどう変えたか」、「流系の科学－山・川・海を貫く水の振る舞い」、また11人の専門家とともに「川と海－流域圏の科学」などを著してきました。

そして本書では、自らの勉強のため、また水系を切断することの危険性を広く知ってもらうために、おこがましくも筆者の専門外の分野にまで筆を運びました。このため、それぞれの専門家の研究成果をそのまま利用・引用したところが多いです。したがって筆者の浅学非才のゆえに、内容が偏り、理解が不足して不備・不足のところが多々あると思われます。読者には、齢90を超えた老書生の手習いとしてご諒承いただき、この問題を考える際に多少とも参考にしていただければ幸いに思います。

本書作成に際しては、北海道自然保護協会副会長の佐々木克之博士に、あらかじめ原稿を読んでいただき、誤解や不足しているところについて、丁寧なご助言をいただきました。深く感謝申し上げます。また本書においては既存の著書・文献類に多くを頼りました。これらの著者にも感謝しなければなりません。なお恒星社厚生閣の河野元春氏には、編集に際して種々ご尽力をいただきました。厚くお礼を申し上げます。

2015年8月

宇野木早苗

**参考文献**

宇野木早苗（2005）：河川事業は海をどう変えたか、生物研究社
宇野木早苗・山本民次・清野聡子編（2008）：川と海－流域圏の科学、築地書館
宇野木早苗（2010）：流系の科学－山・川・海を貫く水の振る舞い、築地書館
京都大学フィールド科学教育研究センター編・山下　洋監修（2011）：森里海連環学－森から海までの統合的管理を目指して、京都大学学術出版会
京都大学フィールド科学教育研究センター編・向井　宏監修（2012）：森と海をむすぶ川－沿岸域再生のために－、京都大学学術出版会

# 目　次

まえがき……………………………………………………………………iii

## 第1部　水系の流れ
### 1章　山林中の水の振る舞い……………………………………2
　　1.1　森の形成………………………………………………2
　　1.2　森による水の遮断……………………………………7
　　1.3　森からの水の流出……………………………………8
　　1.4　緑のダム………………………………………………12
　　1.5　山林の土砂災害………………………………………16

### 2章　平地を流れ下る水の振る舞い……………………………19
　　2.1　日本の川の特性………………………………………19
　　2.2　川の流れの作用………………………………………23
　　2.3　波と流れ………………………………………………26
　　2.4　川の形態………………………………………………31
　　2.5　洪水……………………………………………………35
　　2.6　氾濫……………………………………………………38
　　2.7　拡大する洪水…………………………………………42
　　2.8　川が作る地形…………………………………………45
　　2.9　洪水に対する新たな視点……………………………49

### 3章　感潮域における川と海の遭遇……………………………52
　　3.1　川を遡上する潮汐波…………………………………52
　　3.2　感潮域の流動…………………………………………55
　　3.3　感潮域の洪水、高潮、津波…………………………58
　　3.4　感潮域における水循環………………………………63
　　3.5　懸濁物質の輸送と堆積………………………………65

目次

## 4章　海へ流出した河川水の振る舞い ……………………… 67
　4.1　地球自転の効果 ………………………………… 67
　4.2　河川水の基本的な流出形態 …………………… 69
　4.3　多様な河川水の流出実態 ……………………… 74
　4.4　内湾の海洋構造 ………………………………… 77
　4.5　熱塩循環 ………………………………………… 80
　4.6　大河川からの流出 ……………………………… 84

## 5章　沿岸の流動 …………………………………………… 87
　5.1　潮汐・潮流 ……………………………………… 87
　5.2　吹送流 …………………………………………… 93
　5.3　風による湧昇 …………………………………… 96
　5.4　海面の加熱冷却に伴う対流 …………………… 99
　5.5　外海の影響 ……………………………………… 100

# 第2部　水系内の相互関係

## 6章　土砂の流れ …………………………………………… 108
　6.1　川が運ぶ土砂 …………………………………… 108
　6.2　河口の地形変化 ………………………………… 113
　6.3　流出土砂が作る海岸 …………………………… 118
　6.4　海岸侵食 ………………………………………… 125

## 7章　森の役割 ……………………………………………… 131
　7.1　土砂の供給 ……………………………………… 131
　7.2　水の涵養と供給 ………………………………… 132
　7.3　栄養塩・有機物の供給 ………………………… 135
　7.4　水温の調節 ……………………………………… 139
　7.5　森が消えれば海も死ぬ ………………………… 140
　7.6　魚付き林 ………………………………………… 141
　7.7　海岸林 …………………………………………… 142
　7.8　マングローブ林 ………………………………… 145

## 8章　川の影響を受ける海の水質と生態系 …………150
- 8.1　河川水と海水の接触の効果 …………150
- 8.2　河川水流入に伴う生物生産過程 …………152
- 8.3　エスチュアリー循環の重要性 …………155
- 8.4　生物生産過程の切断 …………157
- 8.5　厚岸湖 …………158
- 8.6　東京湾 …………160
- 8.7　瀬戸内海 …………168
- 8.8　オホーツク海 …………176

## 9章　水系をつなぐ生きもの …………181
- 9.1　サケ・マス類 …………181
- 9.2　アユ …………184
- 9.3　サケ・マス類による物質輸送 …………186
- 9.4　鳥類や動物による物質輸送 …………187

## 第3部　水系の切断

## 10章　川を断ち切る巨大ダムの脅威 …………192
- 10.1　巨大ダムの出現 …………192
- 10.2　ダム湖の環境 …………193
- 10.3　ダム下流の環境の変化 …………202
- 10.4　海への影響 …………208
- 10.5　漁業への影響 …………213
- 10.6　ダムと災害 …………217

## 11章　巨大ダムが抱える問題 …………221
- 11.1　ダムに対する社会と国の対応 …………221
- 11.2　治水問題 …………226
- 11.3　利水問題 …………231
- 11.4　流水の正常な機能の維持への疑問 …………234
- 11.5　自然環境保全の問題 …………237

11.6　環境影響予測の問題 …………………………………… *238*
　11.7　ダムの廃止問題 ……………………………………………… *243*

## 12章　川と海を断ち切る河口堰の脅威 …………………… *246*
　12.1　河口堰問題 ……………………………………………… *246*
　12.2　河川感潮域における環境の特性 ………………………… *250*
　12.3　既存の河口堰による環境の変化 ………………………… *252*
　12.4　河口堰による流れの変化 ……………………………… *258*
　12.5　植物プランクトンの大発生 ……………………………… *260*
　12.6　貧酸素水塊の発達 ………………………………………… *262*
　12.7　底質のヘドロ化 …………………………………………… *265*
　12.8　漁獲生物へ与えた影響 …………………………………… *267*
　12.9　長良川河口堰の経験から学ぶもの …………………… *271*

## 13章　湾を断ち切る長大堤防の脅威 …………………… *274*
　13.1　諫早干拓事業とそれへの対応 ………………………… *274*
　13.2　原因究明の研究が含む問題 ……………………………… *280*
　13.3　既存の湾切断の影響 ……………………………………… *283*
　13.4　有明海の環境特性 ………………………………………… *287*
　13.5　宝の海であった有明海 …………………………………… *294*
　13.6　深刻な漁業の衰退 ………………………………………… *295*
　13.7　潮汐と潮流の減少 ………………………………………… *298*
　13.8　河川水輸送の変化と密度成層の強化 ………………… *303*
　13.9　汚濁負荷の生産源と毒性化する調整池 ……………… *304*
　13.10　赤潮の大発生 …………………………………………… *307*
　13.11　貧酸素水塊の発達 ……………………………………… *310*
　13.12　底質と底生生物の変化 ………………………………… *312*
　13.13　短期小規模開門調査の教訓 …………………………… *316*
　13.14　有明海異変の発生システム …………………………… *318*
　13.15　有明海再生へ …………………………………………… *320*

# 索引

# 第1部
# 水系の流れ

# 1章　山林中の水の振る舞い

　地球表面における水系の出発点として、山地森林に降った雨が森林を抜け出て川へ流れ出るまでの過程について考察します。これについては塚本良則氏（1986）の解説があります。なおこの問題は、地表面の水循環と水収支に密接に関係していて、日本気象学会（1989）の総合報告があります。

## 1.1　森の形成

　降った雨が川に流れ出る過程は、森の状態に大きく左右されるので、最初にわが国を対象にして現在の森の形成に至る経過について簡単に理解しておきます。本節の内容については、コンラッド・ダットマン氏（1998）および太田猛彦氏（2012）の著書を参考にしました。

### 必要不可欠な森

　近代化以前のわが国においては住民が生産し生活していくうえに、森は重要不可欠な存在でした。すなわち当時は、エネルギー資源（燃料）として森の生産物以外にはほとんどなく、これに依存して薪、粗朶（木の枝）、炭として利用しました。特に製塩、製鉄、焼き物（陶磁器）などのために、大量に使用されました。また加工の容易な木材は、建築材料、舟の材料、諸道具の材料として幅広く活用されたのです。昔は都市も農村も多くは木造家屋から構成され、広大豪壮な宮殿や寺院も木材を用いて建造されていました。これらの目的のために、森から伐り出される木材の量は莫大なものでした。

　さらに森の落葉や下草は田畑の肥料としてなくてはならぬものであり、また牛や馬の秣として利用され、田畑における食糧生産も、森に深く依存していました。また季節に応じて山中に踏み入って、山草やきのこを採集し、森

の生きものを求め、貴重な食糧資源も得たのでした。このように森がなければ日本の社会は成り立たなかったといっても過言ではありません。

**森の危機と回避**

このような社会の要求を満たすために、森は古くから激しく収奪されてきて、人の手が及ぶことがない山奥を除けば、貧弱な森しか存在できませんでした。例えば、図1.1に江戸時代の木曽路の馬籠と、東海道五十三次の日坂における街道風景を描いた浮世絵を示しましたが、両図とも山中の木々はまばらで、現代の樹木が生い茂る森の姿は見られません。なおこのような状況

図1.1 江戸時代の浮世絵に描かれた山中風景、上：木曽街道六十九次、馬籠（岐阜県）、英泉、1835年。下：東海道五十三次、日坂（静岡県）、広重、1833年、両図とも山中の木々はまばらである

1章　山林中の水の振る舞い

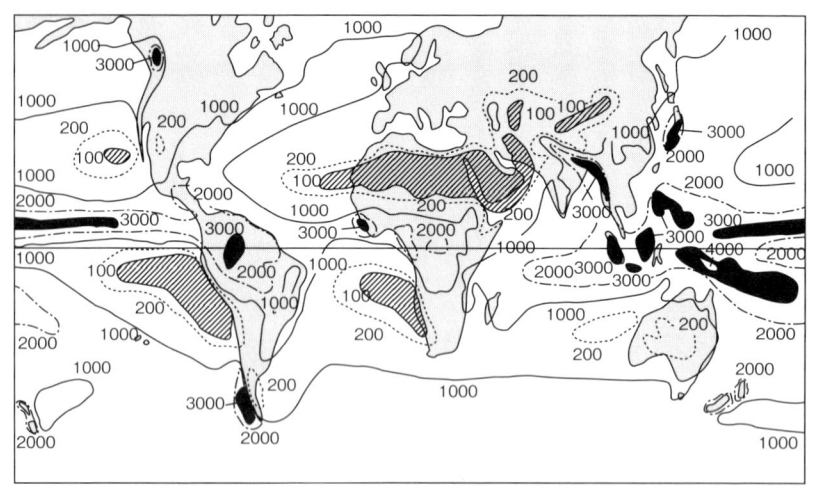

図1.2　世界における年降水量（mm）の分布、Baungartner and Reichel 氏をもとに作成

は日本に限ったことではなく、森からの収奪が激しくて著しく荒廃が進んだところでは、広大なはげ山が延々とつながる例は、古今東西に数多く見出すことができます。

　だがわが国では、上記のような危機が訪れたにも関わらず、図1.1 の状態にとどまって、はげ山が連なるような極度の荒廃には至りませんでした。それは、世界の降水量分布を示した図1.2 から理解できるように、わが国は中緯度に位置するにも関わらず、地形的・気候的影響で低緯度地域にあまり劣らず降水量が多く、植物が成長しやすいことが基本にあります。そして荒廃が現れ始めたとき、これに対処するために為政者による森林の利用と林産物の消費に対して強い規制が加えられたためです。また村人たちの間にも森の収奪に自主的な規制が行われるようになりました。さらに18世紀の半ば頃（江戸時代）からは、規制に加えて、積極的に資源を育成する方式が種々検討され、これにもとづいて森の育成が行われて、植林の時代が始まったのです。

### 近代化後の森

　だが明治維新後日本の近代化が進むとともに、木の需要を満たすために、

—4—

植林を越えて伐採が激しくなりました。特にこれが顕著になったのは、無謀な太平洋戦争の遂行と敗戦後の荒廃した国土の復興のためです。長い戦時体制下では木材の需要が著しく増大し、さらに戦後も戦災で廃墟となった都市の復興その他に使える自前の資源は木材資源しかなかったという状態で、森の収奪が激しくならざるを得ませんでした。

だが戦後しばらくたって落ち着いてくると、森林保全のための法的処置が種々とられるとともに、森の危機を克服するために、再び植林が驚異的といわれるほど活発に実施されました。この結果、天然林や薪炭林などは次々に成長の速い針葉樹に取って代わり、わずか2、30年の間にわが国の山の景観は一変しました。

だがこのような植林の進展も、激しく増加する木材の需要に追いつくことは難しく、木材価格は急騰しました。このために外国からの安い木材の輸入が急激に進むとともに、木材以外の資源による代替え（例えばエネルギー源として石炭や石油の輸入）が促進されました。この結果、増えてきた国産木材に対する需要は大きく減退して、木の伐採はあまり進まなくなり、森林蓄積量が著しく増加しました。その状況は図1.3に示されます。図が教えるように、この増加は主に人工林の増加によるものであって、2007年において

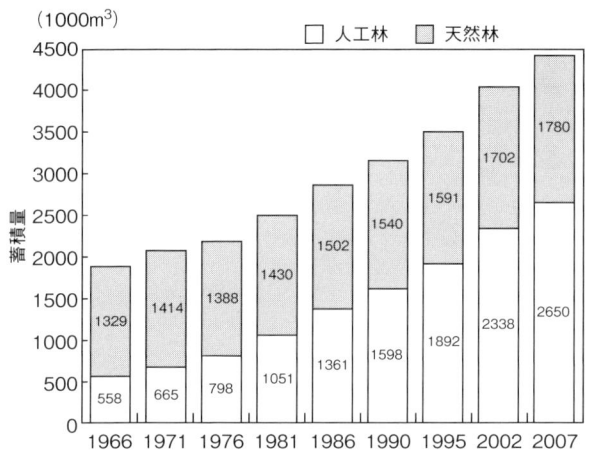

図1.3　日本における森林蓄積量の変化、林野庁の平成23年度森林・林業白書による

人工林は天然林の 1.5 倍に達するほどになりました。かくして日本は、国土の 2/3 が森林に覆われる森林大国になり、広大な森に覆われた山々は、麓からまた空から見る限り、緑が輝くようになりました。そして秋には残された紅葉の森が加わって、美しい姿を見せてくれます。

## 現在の森の問題点

　上記のような森林の量的な増加は、必ずしも喜ばしいことだけではなく、森の質的な劣化をもたらしました。良質の木材を生産するためには間伐などの面倒な手入れを続けねばなりませんが、安価な外国材の輸入が急増して材価が低迷したため、金と暇のかかる間伐などの手入れが行われず、質の悪い森が拡大するに至ったのです。手入れが十分に行われない森においては、茂った木の枝や葉が形成する樹冠が空を遮って、光が林内に射し込まないので暗く、下草が成長せずに地表が裸地になります。そうすると豪雨のときに地表面の侵食が起こり、災害が生じやすくなるのです。

　ただし降雨時に水が流れやすい裸地、空地、草地などが減って、これに比べると水を保ちやすい森が増えたために、全体的に見ると森からの水や砂の流出が穏やかになったといえます。このために最近のわが国では、川の出水対策の進展も寄与して、往時に比べて洪水の発生回数が減少する傾向が見られます。一方、このことはダムの建設、河川浚渫、採砂などに加わって、海への砂の流出が少なくなることを意味して、逆に海岸侵食が増える傾向も生じました。森の変化は川や海に複雑で面倒な影響を与えています。

　なお森におけるこのような変化は、社会的にもいろいろな問題を引き起こしています。スギやヒノキなどの針葉樹が増えたために、住民にとって迷惑な花粉症が広がりました。また野生動物の餌の問題で、熊や鹿などによる獣害の増加にも関係するといわれます。一方、国外の輸入先では森林の顕著な減少が生じて、同地方の環境に悪い影響を与えるばかりでなく、地球温暖化防止にとってもマイナスの効果を与える可能性があり、憂慮されています。

## 1.2　森による水の遮断

　空から森に加えられた水の行方を考えるとき、森の機能は相反する二面性をもっています。一つは森へ降った水を元の大気へもどす遮断作用であり、他は水を森の中に一時蓄えた後にゆっくりと外へ流す貯留作用です。遮断作用は森の水源涵養機能にとって水の消費であって、留意すべきことです。

**蒸発と蒸散**

　森が空から降った水を大気へ再びもどす機能は、蒸発と蒸散によるものです。蒸散は葉面から大気への水の放出を表しますが、この量は根茎から吸収された水分の95％以上になるとの報告があります。

　降雨時の遮断の強さは、樹種、樹齢、樹林の密接度など森林の状態によって相違するとともに、雨量強度や継続時間などの雨の降り方や、風速・気温・湿度などの気象条件によっても異なります。このように降雨時の遮断現象は要因が多様であるばかりでなく、測定も簡単でないので確定的結論はまだ十分には得られていないように思われます。ただし降水量が多くなるほど、遮断量と降水量の比を表す遮断係数が減少する傾向は多くの観測で認められています。

**気候学的な遮断量**

　降雨時でないときにも、森は蒸発散によって水を大気へもどしています。そこで降水時と無降水時を含めて、森における年間の遮断量に注目します。鈴木雅一氏ら（1979）はアカマツとヒノキの混交林を主とする桐生試験流域における年蒸発散量として 750 mm を得ました。このうち蒸発量が 350 mm で蒸散量は 400 mm であり、蒸散量が蒸発量より少し大きくなっています。一方、近藤純正氏ら（1993）は日本を3つの地域に分け、標準的な森林を想定して、蒸発散量の毎月の値を計算しました。結果は表1.1に示されています。表では暖候期（5～10月）と寒候期（11～4月）、および年間の値が比較されています。年間の蒸発散量は、北日本北部で 642 mm、北日本南部で 781

表 1.1 森林の蒸発散量の暖候期（5〜10月）と寒候期（11〜4月）、および全年に対する地域別比較（単位：mm）、近藤純正氏（1993）による

| 地域 | 暖候期 | 寒候期 | 年合計 |
|---|---|---|---|
| 北日本北部 | 437 | 205 | 642 |
| 北日本南部 | 529 | 252 | 781 |
| 南日本 | 587 | 258 | 845 |

mm、南日本で 845 mm であって、南になるほど値が大きくなっています。上記の桐生試験流域の値は北日本南部における値と同程度です。また表によるといずれの地域においても、暖候期の値は寒候期の値の 2 倍より少し大きくなっています。単純に 3 地域の平均をとると、年間の蒸発散量は 760 mm 程度になります。これを日本の年平均降水量 1,800 mm と比較すれば、森においては降水量の 40％余は大気へもどされることになり、その影響は非常に大きいといえます。

## 1.3　森からの水の流出

　森において、遮断を免れて地表に達した水が、川へ出ていく過程を考えます。

**流出モデル**
　森からの水の流出に関する古典的なモデルはホートン氏によるもので、これを模式的に図 1.4 に示します。遮断されずに地面に達した水の中で、一部は地面を流れる地表流となり、残りは地中に浸透します。地中は微小な粒子が詰まった浸透層を形成していて、水は浸透層内の無数の小さな空隙を縫って、ゆっくりと下方へ浸透していきます。水の流れやすさを示す透水性は、土の性質と構造、土の湿り具合、地表面の状態、水温、地温などによって異なります。
　浸透した水はやがて横方向の流れを生じます。これは、地中の透水性は一般に深さとともに減少する傾向があるので、上方から下りてきた浸透水のうち、過剰の水が横方向へ流下します。横方向の流れには図 1.4 に示すように、

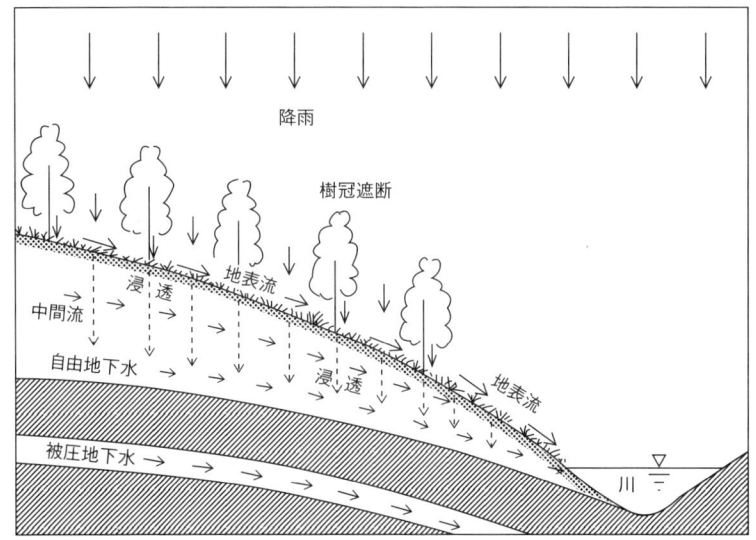

図 1.4 流出の古典的なモデルの模式図

中間流と地下水が考えられます。中間流は透水性の変化が大きな層付近を流れていきます。

　一方、この層を越えてさらに下方に進むことができた浸透水は、やがて水を通さない岩盤に達して、その上面の透水層を伝わって横方向へ流れる地下水になります。地下水には 2 種類があります。1 つは、いま述べたように岩盤上の透水層を伝わって流れる地下水で、自由地下水あるいは不圧地下水とよばれます。もう 1 つは、上下の不透水層の間隙を縫って流れる被圧地下水とよばれるものです。これは、対象とする降雨域と異なるところで生成された地下水が、岩盤の間隙を通って流れてきたものと考えられます。

　降水時の川への流出は、地中から流れ出る中間流が主体で、これに地表流が加わると思われます。一方、雨が降らないときに川を流れる水は地下水の流出によるもので、平常時の川の水を涵養する非常に重要な役割を果たしています。平常時のこの流出は基底流出とよばれます。なお川に流れ込まずに、地下水が直接海に出て海底から湧き出るものもありますが、観測の困難性があってその詳細は不明です。

## 地表流

　典型的な地表流は、はげ山や畑地などの裸地の斜面に激しい雨が降ったときに生じるものです。降雨時に雨滴が直接土の表面をたたくと、跳びはねた細かい土粒子が土の表面の隙間を塞いで、水を通しにくい薄膜を作ります。こうなると水は土中に浸透しきれずに、地表流が発生します。斜面で発生した地表流はへこんだ部分に集まって流れ、表面侵食を起こします。

　草地や森林などでは、地表は一般に草や落葉に覆われているので、地表流は発生しにくくなります。一方、前節に述べたように手入れが悪い人工林では、密な樹冠に空が遮られて、光は地面に達しないので草が生えず、地面は裸地になります。このような森では樹冠が密であっても、豪雨の際には雨は樹冠を通り抜けるので、多量の水滴が裸の地面を強くたたくようになって地表流が発生します。

## 浸透流

　森の貯水能力に直接的に影響するものは、土壌の浸透能力です。浸透能力が大きいと、森は降雨の際に地面に達した水を貯溜して、川への水の流出を遅延させ、洪水のピークを低減させます。正常な森の地表は、落葉や枯れ枝、またこれらや動物の遺骸などが微生物によって分解された腐食物を含む土壌に覆われています。土壌は栄養分に富むので豊かな植生が形成されます。このような土壌は間隙に富んでいるので、水の浸透能力が高いです。それゆえ地中への水の浸透は速やかで、地表流による水の流出は乏しいです。

　中根周歩氏（2004）が間伐後の浸透能力の変化を調べた図1.5によれば、森の適正な管理によって浸透能力が増加して、治水機能が増大することがわかります。裸地や管理が悪い森においては、浸透能力が低下していることは多くの報告で認められるところで、このような森は降雨時における出水を早め、洪水のピーク流量を高めることに寄与しています。なお木が伐採された森であっても、元の豊かな土壌が十分に残されている限り、裸地と異なって浸透能力は保持されて、貯水能力があると考えられます。ゆえに同じ伐採面積であっても、地面状態の違いに注目する必要があります。

1.3 森からの水の流出

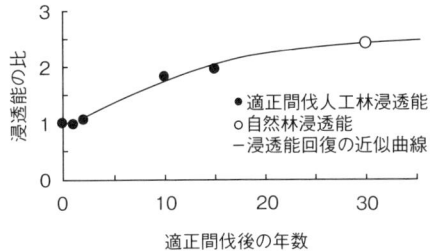

図 1.5 吉野川流域における適正間伐後の土壌浸透能の回復過程、手入れの良くない人工林浸透能に対する比率、中根周歩氏（2004）による

## 地中から川への流出

ホートン氏の流出モデルが発表された当初は、地表流が広範囲に発生して川へ流出すると考えられていました。だがその後の実証的研究によると、地表流の発生は少なく、これが川への流出の主体と考えるのは難しいことがわかりました。図 1.6 に降雨中に直接流出に寄与する範囲と、その変化が模式的に示されています。点を打った範囲が水が飽和して直接流出に関係する部分です。飽和面積は狭く、アメリカでの観測例では全流域面積の 1.5 ～ 5 % の程度でした。田中 正氏（1989）らによるわが国の多摩丘陵における観測例では、地下水流出成分は全流出量の 92 ～ 96 % を占め、降雨に由来する地表流出成分は、平均するとわずか 6 % を占めるにすぎなかったと報告されています。

このように飽和域の流れは、地中を伝わってきて河道付近に達した水と、河道付近の降水でできた地表流から成っています。図 1.6 によれば、流出に寄与する面積は、降雨の継続時間とともに拡大して、流路がのびます。そして降雨の終了とともに減少して、流路の長さは元にもどります。すなわち流

図 1.6 降雨中における流出寄与域と流路網の拡大を示す模式図、Hewlett and Nutter 氏（1970）による（田中 正氏（1989）より一部改変して引用）

出に直接関係する飽和域は、降雨の状況に応じて拡大縮小をくり返して、降雨に対して動的に応答しているのです。

## 1.4 緑のダム

### 緑のダムへの期待

　専門用語ではないが響きの良い「緑のダム」という言葉が世に現れ始めたのは、1970年代に首都圏など各地で水不足が問題になった頃です。森がもつ水源涵養機能に注目し、それを期待して森に緑のダムという名称が与えられました。だがその後渇水対策の進行と水需要の頭打ちのため、この意味で緑のダムが使われることは少なくなりました。それに代えて、新たに緑のダムの存在は洪水対策の1つとして期待されるようになりました。

　わが国では数多くのダムの建設が推進され、その数は大小を合わせて3,000以上にも達します。そして最近では巨大ダムの建設目的に、かつての電力や水資源確保に替えて、洪水対策を主要目的にすることが多くなりました。ところが、世界的にもそうですが、ダム建設後に各地で環境に著しい悪化が生じ、その原因をダムの建設と考える人々が増えてきました。そして危機感を抱く人たちはコンクリートのダムの代わりに、洪水抑制作用を緑のダムに期待するようになったのです。

　だが森の機能は多様な自然条件に依存して複雑であり、上記の期待に量的に明確に応えることは、現状では困難であるように思えます。したがってダム建設の現実問題において、緑のダムへの評価が建設を推進する側と認めぬ側との間に意見の対立が生じています。一方、洪水時ばかりでなく、当初の渇水時における渇水緩和に対する緑のダムへの期待も残されています。蔵治光一郎・保屋野初子氏（2004）が、このようにさまざまな異なる見解がある現状を著書にまとめているので、論点を理解するうえに有用です。以下では森と出水との関係について考察します。なお巨大ダムが自然の川の流れを断ち切るために生じる問題は、10・11章で考察します。

## 植生の影響

　森の植生の状態が流出量に及ぼす影響を、Bosch and Hewlett 氏が世界中の94ヵ所で調べた結果の一部を図 1.7 に示しました。これは植生の減少に伴う年流出量を比較したものです。彼らは次のような結果を得て、流出に対する植生の影響が大きいことを示しました。(1) 伐採による植生面積の減少は年流出量を増加させる、(2) 流域の一部を伐採したとき、年流出量の増加量は伐採面積の割合にほぼ比例する、(3) 年降水量の大きいところでは、皆伐による年流出量の増加は大きい傾向が認められる。これらの結果は森が減少すると、流出量が多くなり、森の貯水量が少なくなることを示しています。同様な結果はその他の研究でもほぼ認められています。ただし図 1.7 が示すようにデータの散らばりが大きいので、植生の他の要因を考慮することが必要なことも理解できます。

　樹種が違っても同様な傾向は認められます。しかし、図 1.7 によれば植生の減少の割合が同じ場合を比較すると、年流出量の増加量は平均的には針葉樹林の方が落葉広葉樹林に比べて大きい傾向が認められますが、個々の場合はかなりの違いがあります。蔵治光一郎氏 (2004) は針葉樹の人工林と広葉

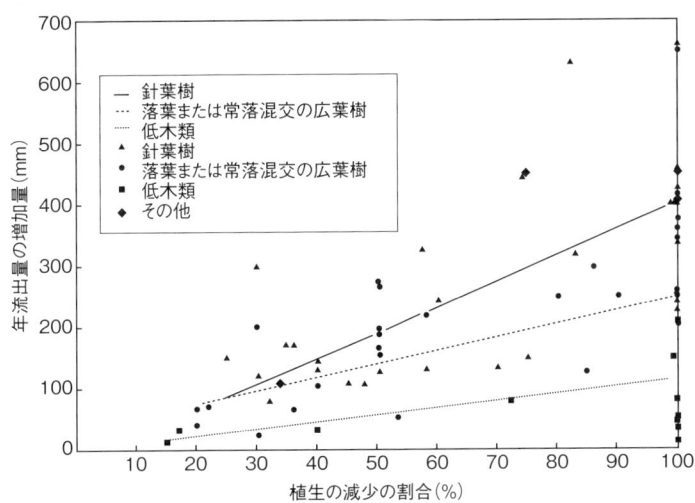

図 1.7　世界中の試験結果にもとづく植生の減少に伴う年流出量の増加、Bosch and Hewlett 氏 (1982) による (谷 誠氏 (1989) より転載)

樹の森林では、緑のダムの機能はどう違うかという質問に答えるのは、残念ながら現状ではきわめて難しいようであると結んでいます。

**洪水緩和機能**

　これまでの研究によれば、森の存在が降雨時において水の流出を遅らせ、ピーク流量を低くし、洪水を緩和する機能をもつことは認められます。ただしこれは森が豊かで、落葉や下草が地面を覆い、下の土壌に隙間が多くて、いわばスポンジの役割を十分に果たす場合です。この場合は降った雨はすばやく浸透して地中に水を貯留し、時間をかけてゆっくりと川へ水を流します。これに対して、手入れが悪くて地面が裸になっているとき、また木が伐採された裸地であると、このような森の機能は乏しくなります。

　だが通常の洪水でなく、ダム建設のために設定される100年や200年に1度生じるような大洪水に対しては、的確な観測データは皆無といって良く、緑のダムが十分に洪水緩和の機能を発揮することができると答えることは困難です。

　けれども洪水対策にはハードなダムか、緑のダムのいずれかということでなく、総合的に考えることが必要です。すなわち大洪水の場合に緑のダムの機能に限界がある場合にも、堤防の嵩上げ、河床の浚渫、遊水池などの方策を併用してその不足分を補えば、環境と社会に重大な問題を起こす巨大ダムを建設しなくても、洪水災害を免れることが可能であるとの指摘がなされています。また大洪水の場合には、コンクリートダムだけで対処するのは困難であろうといわれています。それゆえ緑のダムがもつ機能の限界を理由にして、直ちに短絡的にハードな巨大ダムの建設に走るということは、説得力に欠けるといわねばなりません。

**渇水緩和機能**

　上記とは逆の場合の無降水時においては、緑のダムは地中に貯留した水を徐々に吐き出して、渇水を緩和してくれるとの期待が世間一般に高いです。けれども、これまで世界中で行われた森林と渇水の関係を調べた研究では、

森林が渇水を緩和した事例は皆無に近いという結果が得られています（蔵治光一郎氏、2004）。これは無降水時でも森は絶えず蒸発散によって水を大気へもどしているためです。

　これに対して国土交通省河川局は、「森林の増加は樹木からの蒸発散量を増加させ、むしろ、渇水時には河川への流出量を減少させることが観測されている」と述べて、森林の渇水緩和効果を否定的に捉えていました。これの根拠は、東京大学の愛知演習林の 1930 年代と 1980 年代の平均渇水流量（1年のうち 355 日はこれを超える流量）を比較して、森林が豊かになった 1980 年代の方が、渇水流量が少ないというデータにもとづくものでした。

　しかしこれに対して蔵治氏はデータ解析を行って、1980 年代はたまたま少雨の冬の期間であったが、1990 年代に入ると少雨は解消して冬の渇水流量は増大していることを示しました。そして愛知演習林の長期間の調査によると、森林の成長の影響はそれがプラスの方向であろうとマイナスの方向であろうと、それほど大きいものではなかったと述べています。以上のことから、一般に考えられている森の渇水緩和の機能に、過大な期待をかけることは難しいことがわかります。

## 水田の貯水機能

　わが国には広大な水田が広がっていますが、水田は森林山地とは異なる貯水機能をもって川とつながっています。そこで永田恵十郎氏（1989）にしたがって、水田の貯水機能に注目します。

　日本の水田面積は約 300 万 ha で、このうち 30 cm の畔高をもつ整備水田が約半分、残りは畔高 10 cm です。したがって雨水の貯水可能量は約 60 億トンになります。ただしこれは水田に水を張っていない状態です。水稲栽培時には水深 3 ～ 5 cm の深さに水を張るので、その水量は 9 ～ 15 億トンになります。それゆえ水田の貯水能力として、これを差し引いた残り 51 ～ 46 億トンが得られます。このように流域に雨が降ったときに、かなりの水量が水田に貯留されて河川への流出が抑制されるので、水田は洪水量の削減に寄与することになります。

一方、1980年頃までに完成しているダムの総洪水調節水量は約24億トンといわれます。したがって水田の貯水容量はその2倍程度も大きいのです。ダムの建設費、償却費などから水田のもつ治水機能を経済的に換算すると、1年に約6,000億円に及ぶとの試算がなされています。この点からも水田の存在意義はきわめて大きいといわねばなりません。

しかし残念ながら1980年当時と比べて、休耕田が増えて正常な水田を維持できなくなって、水田の貯水能力は減少し続けていると考えられます。水田を単に食糧生産の場と考えるだけでなく、一般に認識され始めた自然環境に対する役割とともに、洪水防御の観点からもその価値を見直して、水田の保全維持を図る必要があるように思われます。

## 1.5 山林の土砂災害

森の保全および水系の形成に重要な山地の土砂生産は、土砂災害と密接に関係しています。そこでこれについて簡単に述べておきます。山地における災害の特性と形態については、奥田節夫氏（1971）のまとめがあります。土砂災害の分類は必ずしも統一されていませんが、ここでは太田猛彦氏（2012）にしたがって、表面侵食、表層崩壊、深層崩壊、地すべり、土石流に分類して説明します。ただし現象が複雑であるために、実際には明確に区別するのが困難な場合があります。土砂災害の対策については、例えば矢野勝正氏編（1971）の「水災害の科学」を参照していただくことにして、ここでは触れません。

**表面侵食**

表面侵食ははげ山や畑などの裸地、あるいは手入れが悪くて地面が裸である人工林などに、激しい雨が降って地表流が発生して、地面が削られ、土砂や小石が運び去られる現象を指します。土壌侵食ともよばれます。斜面で発生した地表流は、へこんだ部分に集まって下方へ流れ、流れが強くなって溝を作ります。降雨のたびにこの溝は深まりを拡大して、侵食は激しさを増します。

## 表層崩壊

　地表には岩石が風化された砂、粘土、あるいは火山灰などから成る表土があります。そして植生がある場合には、表土には養分に富む土壌層が形成され、樹木が根を張っています。その下には、風化の程度が弱い基盤岩があり、さらにその下には緻密で堅固な基盤岩が広がっています。土壌層が発達した山腹斜面に大雨が降ると、水は容易に地中に浸透して土壌層は水に満たされます。このときすべりを止めようとする抵抗力が弱まり、樹木の根も支えきれずに、表層が崩れ落ちます。これを表層崩壊といいます。土壌層の厚さは0.5〜2 mの程度であるので、崩壊の厚さもこの程度と考えられます。

## 深層崩壊

　豪雨が続くと、水は風化をそれほど強く受けていない岩盤の中も通って、あるいは岩の割れ目などを通って、さらに深い岩盤に達することがあります。そうするとこれより上部では水に満たされて間隙水圧が高まり、それに耐えることができなくなって、固い岩盤より上部の地層が重力の作用で、全体的に崩壊することが生じます。これを深層崩壊といい、表層崩壊より大規模で被害も大きくなります。

## 地すべり

　深層崩壊では短時間に崩壊が終了しますが、崩壊が時間をかけて比較的ゆっくりと進行するのを地すべりといいます。これは特定の地域や地質条件のところに発生して、同じ斜面でくり返して起こる傾向が認められます。ただし地すべりは一般にはもっと広く使われ、表層崩壊も含めて、地層の崩壊現象すべてに用いられる傾向があります。

## 土石流

　以上の土砂災害では、崩れ落ちるものの主体は土砂礫でしたが、大量の水を含んで流動体として流れ落ちるのを土石流といいます。これは水、土砂、礫、岩などが渾然一体となって激しい勢いで流れ落ちていきます。土石流が

1章　山林中の水の振る舞い

沢、谷、渓流を高速で流下するときは、底の土砂礫や岸の立木を巻き込んで、さらに膨れあがって破壊力を増して突進します。これが長期にわたりくり返されると、出口付近に土石流扇状地が形成されます。

**参考文献**
太田猛彦（2012）：森林飽和－国土の変貌を考える、NHK出版
奥田節夫（1971）：山地災害の形態、水災害の科学・5.1節、技報堂
蔵治光一郎（2004）：森林の機能論としての「緑のダム」論争、緑のダム、築地書館
蔵治光一郎・保谷野初子編（2004）：緑のダム－森林、河川、水循環、防災、築地書館
近藤純正（1993）：多様地表面と大気とのエネルギー交換過程に関する研究、研究成果報告書
コンラッド・ダットマン著、熊崎 実訳（1998）：日本人はどのように森を作ってきたのか、築地書館
鈴木雅一・加藤博之・谷　誠・福嶌義宏（1979）：桐生試験地における樹冠通過雨量、樹幹流下量、遮断量の研究（II）、遮断量の解析、日林誌、第61巻
田中　正（1989）：流出、水循環と水収支・第6章、気象研究ノート、第167号
谷　誠（1989）：林地の水収支・第10章、気象研究ノート、第167号
塚本良則（1986）：山地・森林からの流出、第22回水工学に関する夏季研修会講義集、A-6-1-17、土木学会水理委員会
永田恵十郎（1989）：水田はどれだけ水を貯え養うか、現代農業・臨時増刊号、「もうひとつの地球環境報告」、農山漁村文化協会
中根周歩（2004）：「緑のダム」機能をどう評価するか、緑のダム－森林、河川、水循環、防災、築地書館
日本気象学会（1989）：水循環と水収支、気象研究ノート、第167号
矢野勝正編（1971）：水災害の科学、第5章・山地災害、技報堂

# 2章　平地を流れ下る水の振る舞い

　山林から流出した水は集まって川となり、平地を流れ下って海に向かいます。下流域で海に出会うまでの水の振る舞いを考えます。川の流れに関しては、すこし古いですが野満隆治・瀬野錦蔵氏（1959）の「新河川学」、日本の川については阪口 豊・高橋 裕・大森博雄氏（1995）の「日本の川」の名著があります。川の水理については土木学会編（1999）の「水理公式集」にまとめて解説してあります。

## 2.1　日本の川の特性

　地形が急峻で狭い国土を流れるわが国の川は、広大な大陸を悠々と流れる大河とは大きく異なります。両者を比較してわが国の河川の特性を理解することにします。

**川の勾配と規模**
　図 2.1 に日本と世界の各数例について、川の縦断面曲線が比較してあります。日本の川は勾配が著しく急で、下流に向かうにつれてやや緩やかになっています。また日本では縦断面曲線が屈曲している場合が多いですが、これは地質の変化が激しく、局地的な沈降と隆起が活発なためです。これに対して大陸の川は勾配が非常に緩やかで、縦断面曲線は指数関数的です。明治初期に日本政府が招いたオランダの河川技師ヨハネス・デ・レーケは、常願寺川（富山県）の大洪水を視察したとき「これは川ではない、滝だ」と言ったという有名な話は、日本の川と大陸の川の相違をいみじくも言い表したエピソードといえましょう。
　表 2.1 の（a）と（b）に、日本と大陸のそれぞれ数河川について、流域要

2章 平地を流れ下る水の振る舞い

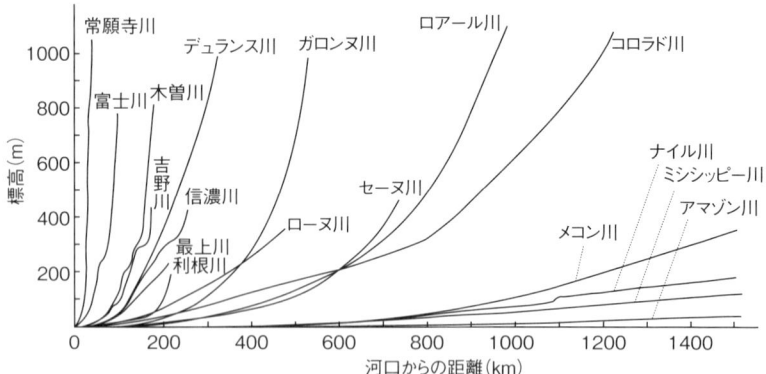

図2.1 日本と世界の河川の縦断面曲線、阪口 豊氏ら（1995）による

表2.1 （a）日本の代表的河川の流域要素、（b）世界の代表的河川の流域要素、阪口 豊氏ら（1995）から抜粋

(a)

| 河川名 | 流域面積 km² | 長さ km | 流域平均幅 km | 比流量* |
|---|---|---|---|---|
| 利根川 | 16,840 | 322 | 52.3 | 2.89 |
| 石狩川 | 14,330 | 268 | 53.5 | 3.88 |
| 信濃川 | 11,900 | 367 | 32.4 | 5.12 |
| 北上川 | 10,150 | 249 | 40.8 | 4.11 |
| 木曽川 | 9,100 | 227 | 40.1 | 5.89 |
| 十勝川 | 9,010 | 156 | 57.8 | 2.74 |
| 淀川 | 8,240 | 75 | 109.9 | 3.90 |
| 阿賀野川 | 7,710 | 210 | 36.7 | 5.85 |
| 最上川 | 7,040 | 229 | 30.7 | 6.08 |
| 天塩川 | 5,590 | 256 | 21.8 | 4.86 |

*$m^3/s/100\ km^2$

(b)

| 河川名 | 流域面積 100km² | 長さ km | 流域平均幅 km | 比流量* |
|---|---|---|---|---|
| アムール川 | 20,515 | 4,350 | 472 | 0.45 |
| 長江 | 17,750 | 6,300 | 282 | 1.60 |
| 黄河 | 9,800 | 4,670 | 210 | 0.20 |
| インダス川 | 9,600 | 2,900 | 331 | 0.84 |
| コンゴ川 | 36,900 | 4,370 | 844 | 0.94 |
| ナイル川 | 30,070 | 6,690 | 449 | 0.10 |
| ボルガ川 | 14,200 | 3,690 | 385 | 0.61 |
| ドナウ川 | 8,170 | 2,860 | 286 | 0.92 |
| アマゾン川 | 70,500 | 6,300 | 1,119 | 2.90 |
| ミシシッピー川 | 32,480 | 6,210 | 523 | 0.27 |

*$m^3/s/100\ km^2$

素を比較しておきました。大陸を流れる大河は、言うまでもなく日本の河川に比べて桁違いにスケールが大きいです。例えば、世界の川で最も流域面積が大きいのはアマゾン川ですが、日本で最大の利根川の流域面積はアマゾン川の1/400の程度にすぎません。川の長さでいえば、日本で一番長い川は信濃川の367 kmですが、世界で一番長いナイル川の1/18です。したがって流域の平均幅（流域面積÷河川長）も、日本の大河は世界の大河に比べて1桁オーダーが小さくなっています。日本で大河とよばれる川も、大陸の大河の小さな支流にすぎないのです。

### 河川流量

流域の広さの違いを考えると、日本の河川の流量が大陸の河川に比べて著しく少ないのは当然ですが、単位時間の流量を流域面積で割った比流量も大きく異なります。比流量は流域を流れる水の豊かさを表すと見なされます。図2.2に描かれているように、世界の主要40河川の比流量（$m^3/s/100 \text{ km}^2$）は、0〜4の範囲にあって約80％の川は1以下と非常に小さいです。一方、わが国の主要54河川の比流量は、1〜9の範囲にわたっていて約70％は3.5以上の大きさをもっています。世界で最も雨量が多くて比流量も世界の主要河川で最大といわれるインドのアッサム地方を流れるブラマープトラ川におい

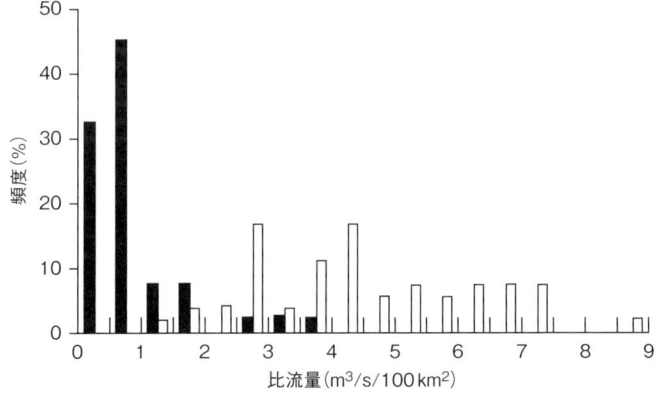

図2.2　日本（白柱）と世界（黒柱）の河川における比流量の頻度分布、阪口　豊氏ら（1995）のデータをもとに作成

ても、比流量は 3.54 にすぎません。アマゾン川の比流量は 2.90 です。このような相違は、これらの川が流れる熱帯湿潤地帯では、気候が乾季と雨季に分かれていて雨の降る季節が限られるためと考えられます。

　これに対して日本は中緯度モンスーン地帯に属して、低気圧、梅雨、夏の雷雨、台風、秋霖などがそれぞれ雨をもたらし、さらに冬季においてもある程度の降雪があり、場所によっては世界的に稀な豪雪があることなど、年間を通して降水があり、特に顕著な乾季は存在しません（図 1.2 参照）。したがって日本の川は世界的に見て、水の豊富な川ということができて、一年中清流が見られる川も少なくないのです。

　一方、治水や利水の便からいえば、流量が年間を通して変化が小さい方が具合が良いです。これを表す 1 つの指標として、年間の最大流量を最小流量で割った河況係数が用いられます。例えば、利根川（栗橋）74、石狩川（橋本町）68、信濃川（小千谷）39、北上川（狐禅寺）68、木曽川（犬山）68 などが得られていて、全般的に日本の川は大陸の川に比べてこの値が高い傾向にあります。この値が大きいほど河川の制御が難しいといえましょう。日本列島では豪雨が発生しやすくて最大流量は大きくなるが、少ない雨は森が広がる集水域に吸収されて流出しにくいので、最小流量は小さくなりがちと考えられます。それだけ日本は河川の管理や防災対策は容易でないといえましょう。

## 侵食速度

　日本列島は地面の傾斜が急であるうえに豪雨が発生するので、大地は川の流れで侵食されやすくなっています。川が運搬した土砂量（$m^3$）を流域面積（$km^2$）と観測期間（年）で割ったものは、川の運搬能力を表します。この単位は $m^3/km^2/$ 年 = $mm/1000$ 年になるので、流域が 1,000 年間に侵食される平均の速さを意味していて、川の侵食能力をも表しています。ゆえにこの量は侵食速度とよばれます。

　この単位を用いたとき、大陸の大河の侵食速度はナイル川が 13、ミシシッピー川が 59、アマゾン川は 58 と報告されています。これに対してわが国では、

中部山岳地帯では特に大きくて、侵食速度が 1,000 以上の河川が多く、黒部川では約 6,800 にも達しています。中部山岳地帯以外の山地はこれよりも小さく、西南日本の太平洋側の山地から流れ出る川や、東北日本の日本海側の山地から流れ出る川では、200 〜 600 の範囲にあります。その他の地域の川では 200 以下になっていて、利根川は 137 です。なお地球表面の陸地全体でいえば、平均の侵食速度は 56 といわれていて、日本の国土はきわめて侵食されやすいことがわかります。

## 2.2 川の流れの作用

川は自らの水流の力で、自分自身および流域の形態を変えてきました。流体が物体の単位面積に及ぼす力は、流体の密度と流速の 2 乗に比例します。水の密度は空気の約 900 倍もあるので、両流体が同一物体に対して同一の力を及ぼすためには、風速は流速の約 30 倍（密度比 900 の平方根）でなければなりません。すなわち、ありふれた流速 1 m/s の川の流れは、30 m/s の風力に相当する力を生みます。30 m/s の風といえば、台風内の暴風であって、人が立っていることに困難を覚えるほどの風力になります。しかも水中の物体は浮力を受けて軽くなっています。したがって空中で重い石や岩であっても、洪水の強い流れで容易に動かされます。川原に見られる巨大な岩も、過去の激しい洪水で山から流されてきたと推察されます。

川の流れの作用は侵食作用、運搬作用、堆積作用に大きく分けられます。

**流速と底質運動の関係**

川の周辺には土、砂、礫、岩など大きさ、重さ、形状が異なるさまざまな底質が存在します。図 2.3 には多くの研究結果をまとめて、それぞれの大きさの粒子が、動き出すときの流速、動き続けるときの流速、および動きが止まって堆積を始めるときの流速が示されています。図の上段には各種の底質の大きさの範囲が示されています。

砂より大きいものは、当然のことながら流速が強くなると動き始め、流速

2章　平地を流れ下る水の振る舞い

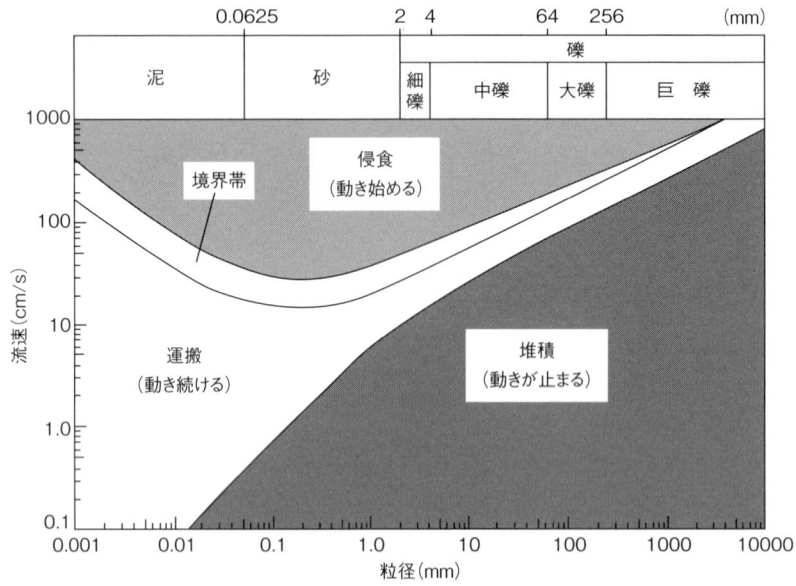

図2.3　泥、砂、礫が動き始める、動き続ける、動きが止まるときの流速の限界値、阪口　豊氏ら（1995）による

が弱くなると動きを止めます。そして砂礫が大きいほど、この限界の流速は大きくなります。一方、粘土やシルトを含む泥は粒径が非常に小さいにも関わらず、流れがある程度強くなければ動き出しません。しかもこの傾向は、泥の粒径が小さくなるほど顕著です。そしていったん動き出した泥は流速が弱くなっても浮遊を続けて、海にまで運ばれます。微細な泥が動きにくい理由は、泥が堆積した河床は滑らかで起伏が微少であるために、底の泥を動かす乱れが発生しがたいことによりますが、泥が粘着力や凝集力をもつ効果も考えられます。

**侵食作用**

　川の流れが岸や底を機械的に削り取ったり、化学的に溶かして、奪い取った物質を下流に運び去り、川の幅や深さを増やすことを川の侵食作用といいます。なお前者の機械的に削り取る作用は洗掘ともいわれます。一方、水は化学物質を溶解する能力が高いので、これによる侵食は溶食とよばれます。

特に溶食されやすいのが石灰岩です。ただし地表の河道内の溶食作用は、機械的侵食作用に比べて弱く緩やかなので、河川水中に存在する溶解分は、主として水が地下水であるときの溶食作用によるものと考えねばなりません。日本の川は外国に川に比べて、溶存ケイ酸や硫酸イオンが多く、カルシウムやマグネシウムが少ないのが特徴です。これは火山の影響が強いためと考えられ、わが国の川の中には酸性が強くて魚が棲めないものもあります。

　機械的侵食作用は、水量が多く、流れが速く、流水に含まれる砂礫が多く、河床地質が軟弱なほど激しいです。水流に含まれる砂礫が多いと、衝撃が強まって侵食が激しくなります。侵食の大部分は洪水時に起きて、洪水後に河川形状が一変する例は少なくありません。長期間にわたる流域全体の平均の侵食速度は前節に述べました。

**運搬作用**

　底質を運ぶには2通りの形式があります。浮流と掃流です。水より軽い粒子はもちろん、水より重い粒子も、浮力が働くので軽くなっており、また川の流れは渦を含む乱流で激しい上下運動を伴っているので、川底から持ち上げられて水中を運搬されます。これを浮流といいます。一方、大きな砂、礫、岩などは完全には持ち上げられなくて、転動といって川底をごろごろと転がって進んだり、跳躍しながら底面付近を移動するものがあります。これらは掃流とよばれます。川の流れはある場所で強く、ある場所で弱く、一様でありません。ゆえに一般に砂礫は運搬される過程で、河床を構成する物質と入れ替わりをくり返しながら流れ下っていくと考えられます。

　浮流と掃流の輸送量の比は、スイスの4河川では3.0から6.9の範囲にあり、前者は後者の数倍でありました。これは山地河川の場合で、日本の河川においても同程度であろうと推測されます。だが大陸を悠々と流れる大河の場合には、この比はさらに大きくなり、10倍から50倍程度であるといわれています。これは輸送の主体である洪水時を考えると、輸送が行われる層の厚さが浮流は掃流よりも著しく大きく、また粒子を動かす速度も前者が後者よりはるかに大きいためです。

一方、溶流によっても物質は輸送されています。溶流物質量と浮流物質量の比は、スイスの2河川では19：81と33：67であり、ナイル川とミシシッピー川ではともに29：71と報告されています。したがっておよそ運搬される物質量の約70％は機械的作用で運ばれ、約30％は化学的に溶けて流されていると思われます。ただし河川での場所、気候、地形、地質などによって、上記の数値は相当程度相違すると推測されています。

**堆積作用**

堆積は流れに運ばれる底質の沈降から始まりますが、図2.3に示されたように底質が大きいほど早く沈降を始めます。一方、上流で生成された岩・礫・砂は流れによって下流へ運ばれる間に、互いの衝突や河床の抵抗によって、割れたり削られたりして、次第に小さくなります。そして図2.1によれば、通常の川では河床の勾配は上流から下流に向けて小さくなるので、川の流れも緩やかになります。かくして川が平地を下る間にあたかもふるいにかけられたかのように、順次礫、砂、泥と別々に分かれて堆積します。これを川のふるい分け作用といって、川における堆積物の分布を考える場合に重要です。

実際に、川が山間地を抜けて平地へ出て間もない扇状地（後記）では、まだふるい分け作用が不十分で大小の砂礫が雑然と堆積していて、粒径が大きい成分が多くなります。これと対照的に海と接する三角州（後記）では、堆積物は十分にふるい分けされて粒径はよく揃っていて、その主成分は粒径の小さい泥や砂です。そして海に出た場合には流れは急に弱くなるので泥の堆積が顕著になります。

## 2.3 波と流れ

**流速**

現実の複雑多様な河床性状と地形の川の流速を求めるのは容易ではありません。そこで先人たちは川の流れの平均流速を表す式として、マニングの式やシェジーの式という半経験式を見出して活用しました。現在も広く使われ

2.3 波と流れ

ています。この式は水理学や河川工学の本に詳しく紹介されています（例えば土木学会編（1999）の「水理公式集」）。

ところで川の流れは断面内で一様でなく変化をしています。その1例を図2.4（a）に示しました。この図で、流れが最も強い部分は水深が深い川の中心付近にあって、水底に近付くほど、また両岸に近付くほど流れが弱くなることが注目されます。これは水底および両岸に近付くと摩擦の影響が強くなるためです。図2.4（b）は、断面方向に水深が放物線状に変化している場合について、簡単な理論にもとづいて、断面内の流速の分布を求めたものです。上記の実際に近い特性は表現されています。

ところで図2.4（a）においてもう1つ注目すべきことは、各地点の最大流速の深さが破線で結ばれていますが、流れが最も強いのは水面でなく、水面より少し深いところです。これは次のように説明されます。川には、川に沿

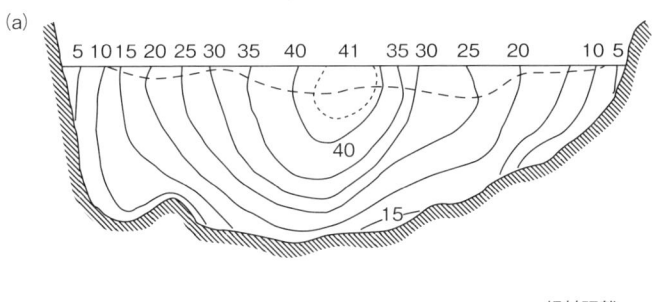

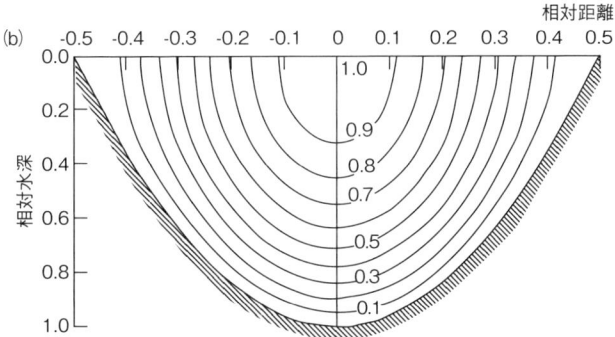

図2.4 （a）河川断面内の流速分布の例（cm/s）、破線は各地点の流速最大の深さを結んだもの、野満隆治・瀬野錦蔵氏（1959）の図をもとに作成、（b）水深分布が放物線状のときに、理論的に求めた流速（最大流速に相対的）の分布、宇野木（2010）による

— 27 —

う方向だけでなく、川を横切る方向にも2次的な横方向の循環流が存在し、表面では岸から河心に向かい、底では河心から岸に向かう流れがあります。この循環流では、表面の流れは流速が小さい岸の水を中央部に運ぶので、中央部における表面の水は遅くなり、その下方に最も速い流れが見られるというのです。

横断面内の循環流の生成には次のような説明があります（野満隆治・瀬野錦蔵氏、1959）。川岸付近では縦渦が発生し、渦の内部は遠心力のために圧力が低いので、底の方では水が流れ込み、上面では水が外部へ流出する傾向があります。この縦渦が順次川の中央に向かって移動して横断面内の循環が生ずるというのです。一方、次のような考えもあります。川の中央部は岸付近より流れが速いので、岸よりも水面が少し低くなっています。それゆえ表面では岸から河心に向かい、水底では岸に向かう横断面内の循環流が存在する可能性があるというのです。

## 長い波

川には長い波が伝播していきます。上流からは次節に述べる洪水が洪水波として伝播し、またダムから放流された水も波として伝わります。一方、下流からは津波や潮汐が遡上してきます。そこでまず基礎的なこととして、浅く水深一様な静止した水路を長い波が進む場合を考えます。この波を長波といいます。これに対して風による短い波は表面波とよばれます。通常、波長が水深の20倍以上ある場合を長波、波長が水深の半分より短い場合を表面波と区別して取り扱います。

長波の進行速度は、波高が水深に比べて無視でき（微小振幅）、水底摩擦がないときは深さの平方根に比例する波速、$C = (gh)^{1/2}$ で進みます。$g = 9.8\,\mathrm{m/s^2}$ は重力加速度、$h$ は水深です。水深と長波の波速との関係を図2.5（a）に示しました。水深1mのときの長波の波速は3.1 m/sであり、通常の川の流れよりもかなり速いです。このとき水の鉛直加速度は重力に比べて無視できるので、圧力は深さとともに増える静水圧になっています。したがって水平な2点間の圧力差、すなわち水平の圧力傾度力は水面差に依存して深さによら

— 28 —

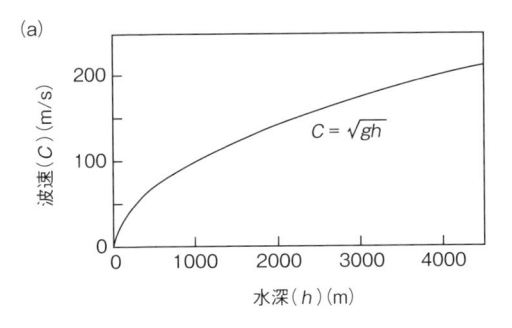

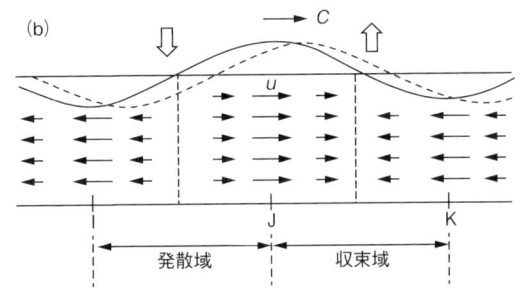

図 2.5 (a) 長波の波速と水深との関係、(b) 長波の波形と水粒子の運動との関係、水面は収束域で上昇、発散域で下降して波は進行する

ず一定です。それゆえ水平流速も深さに関して一定になります。

　波に伴う流れの状態は図 2.5 (b) に描かれています。表面水位が平均水面より高い部分は波と同じ方向、低い部分は逆の方向に流れています。そして流速は水位に比例して、波の山と谷で最も大きくなっています。また上に述べたところから、流れの分布は上下方向には同じ大きさです。

　このとき図に示すように、流れの収束域と発散域が生じます。それゆえ水面が収束域では高まり、発散域では低くなるので、波が前進することができるのです。このように波の速さと水の速さ、すなわち波速と流速とはまったく別であることに注意しなければなりません。例えば、深さ 4,000 m の深海を伝わる津波の波速は、実に 200 m/s とジェット機並みの速さですが、波の山における流速は波高が 2 m の場合、それの 1/4000 のわずか 5 cm/s にすぎないのです。

## 流れを伝わる波

通常は、流れの中を進む波の速さは、流速と上記の長波の波速を代数的に重ねたもので表されます。したがって流水中を波が進行するとき、流速が波速よりも遅い場合には、波は川を遡って進むことができます。しかし流れが非常に速いときには、波は上流に進むことができません。流速が長波の波速より小さい場合を常流、大きい場合を射流、等しい場合を限界流と区別しています。

また流速と長波の速度の比をフルード数といいます。フルード数は、常流の場合は1より小さく、射流の場合は1より大きく、限界流の場合は1に等しくなります。流れの特性は、フルード数の大小によって大きく異なります。例えば、川の流れを構造物で制御しようとするとき、常流のときはこれを下流に設置して制御できますが、射流のときは下流側では制御できず、上流側に設置せねば制御することはできません。

ただし洪水波のように流れがきわめて速く、底の摩擦力も大きく、かつ流れの非線形性が顕著な場合には、単なる重ね合わせでは波の進行速度を正しく説明することはできません。例えば簡単な理論によれば、洪水波の速度はマニングの式を適用すると上記の長波の波速の 5/3 倍、シェジーの式を適用すると 3/2 倍という値が得られています。

## 段　波

ところで波高が大きいとき、すなわち波高が水深に比べて無視できない有限振幅波の場合には、波は一般に波形を保って進行することはできません。なぜならば波速は水深の平方根に比例するので、波の山では水深が大きいので速く進み、波の谷では水深が小さいので遅く進み、波形が崩れてきます。その状況は図 2.6（a）に描かれています。すなわち波の山は前へ前へと進んで前方の部分に追いつく形になり、前面は次第に切り立って崖状になります。このような波を段波といいます。

ダムから大量に放出された水は段波となって、前面は険しく切り立って激しい勢いで川を下っていきます。川を遡上する潮汐波が作る段波はタイダル

ボアとよばれていて、中国の銭塘江の暴漲湍やアマゾン川のポロロッカなどが代表的なものです。これらは頂が白く泡立って激しい勢いで進み、その勇壮な姿は有名です。深海では勾配がきわめてゆるやかな津波も、浅海では次第に険しくなり、ごく浅海では段波状になります。図 2.6 (b) に暴漲湍が銭塘江を、同図 (c) に日本海中部地震津波の場合に津波が米代川を遡上する写真を示しておきました。

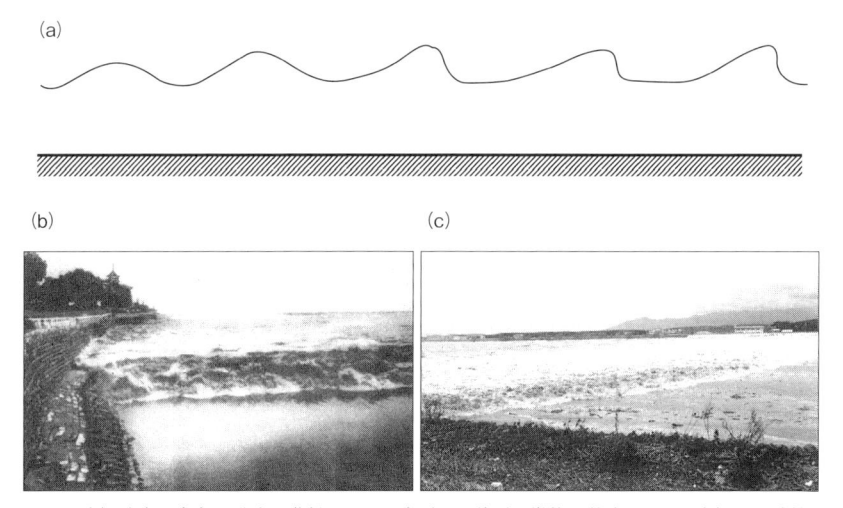

図 2.6 (a) 波高が大きな長波が進行につれて変形し、前面が崖状の段波になる、(b) 中国銭塘江のタイダルボア（暴漲湍）、(c) 日本海中部地震の際に米代川を遡上する津波、「日本海中部地震写真報告集」（東海大学海洋学部海洋土木学科）より

## 2.4 川の形態

　水は傾いた斜面の最大傾斜の方向に進みますが、河道面は起伏が激しく、地質・底質は不均一であるので、流れが直線状に進むことは難しくなります。そして川自体の性質として、地形条件（例えば河床勾配）と流れの条件（例えば流速）が適合したときは安定した流れになりますが、流量が増えるなど条件が合わなくなると、条件が合うように川は方向を変えて屈曲するようになります。そして複雑多様な川の形態が見られます。

## 河床波

　局所的な洗掘と堆積の結果、河床には波状の凹凸ができます。これは河床波とよばれていて、規模の小さなスケールのものから、川幅規模のスケールのものまであります。規模の小さな河床の凹凸は、底面の粗度を変えて抵抗を強め、流速に影響を与えます。一方、川幅規模の大きなものは、河岸近くに洗掘と堆積を生じて河道の変化をもたらします。

　河床波の最小規模のものは砂漣とよばれます。砂の粒径がおよそ 0.6 mm を超えると砂漣は発生しません。これの波長は平均して粒径の 800 倍程度、波高は平均して波長の 1/10 の程度になります。波の峯は、発生初期には流れに直交して 2 次元的ですが、発達とともに不規則になります。砂漣より大きなものは砂堆とよばれ、粗面乱流状態で発生します。波長は水深の 5 ～ 7 倍の程度であり、波高は平均して波長の 4% 程度です。砂堆の形状は不規則であり、これは下流へ移動していきます。底面変動の規模が大きくなると、砂堆は水面上に姿を現すようになります。これは砂州とよばれて、川幅のスケールの大きさまで成長し、流路の変化をもたらします。

## 平面形状

　平地における河川の平面形状は大小さまざまですが、模式的に示すと図 2.7 のように、(a) の直線流路、(b) の蛇行流路、(c) の網状流路に大別されます。網状流路は、低水時に複数の砂州によって水流が分かれて分水路を形成し、これらが再び合流して網目のような形状を呈するものです。蛇行流路においては、川幅の中で砂州が右岸側、左岸側と交互に並ぶ傾向が見られます。蛇行流路や網状流路に伴う砂州は交互砂州とよばれます。なお実際には上記流路の移行状態や、これらの複合と見なされる場合があります。また流路の形状は固定したものでなく、同じ河道区間でも洪水時と平常時では状況が異なってきます。図 2.7（d）は穿入蛇行とよばれていて、山間部の屈曲した河谷に見られるものです。昔低平地で蛇行していた川が、地盤の隆起とともに付近一帯の土台を削り込んで、蛇行を発達させたものです。

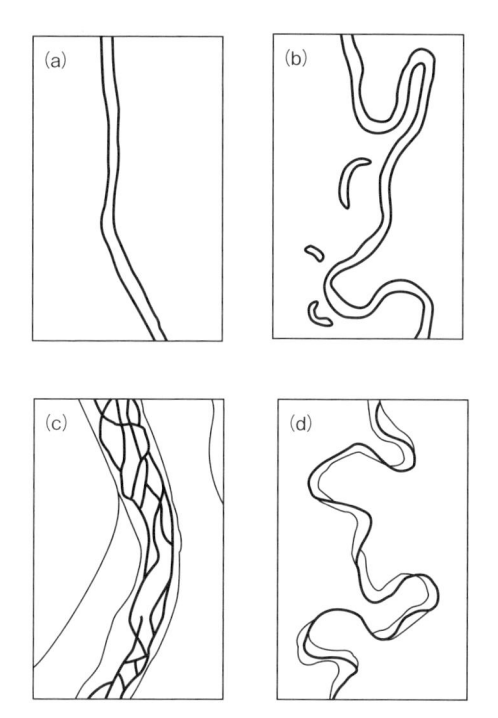

図2.7 流路の形態模式図、(a) 直線流路、(b) 蛇行流路、(c) 網状流路、(d) 穿入蛇行

## 自由蛇行

以前は蛇行流路の発生は、河岸の侵食・堆積で説明することが多かったです。すなわち何らかの原因で生じた岸の凹部に流れが突き当たって侵食し、これが次第に深まります。同じことが下流対岸の衝突部に生じて洗掘が始まります。他方、川の反対側にある岸の凸部では流れが弱い陰の部分に堆積が起こります。このような川の両岸で生ずる凹部の洗掘と凸部の堆積が次々と進行して、蛇行の振幅は増大し、下流へ伝わるという考えです。

これに対して、木下良作氏（1961）は上記と異なって、両岸を固定した直立壁の実験水路においても、当初の一様流が蛇行流に転ずることをいち早く見出しました。すなわち実験開始後、まもなく局所的な洗掘と堆積が生じて、水路床に礫を含む舌状の砂州（舌状砂礫堆という）が形成され、やがて交互砂州となって、これが水流を蛇行させるという実験事実を示しました。また

2章　平地を流れ下る水の振る舞い

網状流路の区間は舌状砂礫堆の集合体であり、網状流路と蛇行流路は水面形状が一見異なるようであっても、形成機構に同様な特性が見られることを指摘しました。この考えはその後実験的にも理論的にも検討されて、現在自由蛇行の発生に関する考え方の主流になっています。

## 河川網

　河川は多くの支流から成る水系、すなわち河川網を形成しています。わが国における河川網の典型を図 2.8 に示します。図中の破線は川の流域範囲を示します。図の（a）は樹枝状型で、最も広く見られるものです。（b）は扇状型で、樹枝状型が横に広がったものです。（c）は求心型で、小盆地に周辺から河川群が集まったもので、中国地方の江の川がその例です。（d）は平行型で、隆起する山脈や火山の斜面に沿って流れる河川群が形成するもので、十勝川にその例が見られます。（e）は格子型で、地質構造に沿って平行に流れる流路と、それに直交する流路が作るもので、吉野川にその例があります。最後の（f）は放射型とよばれるもので、1つの川でなく、複数の川が火山を囲んで四方に流れ下る場合で、国東半島にその典型例が見られます。周りを囲む実線は海岸を表します。本川の洪水の状況は、（a）型では最大流量は

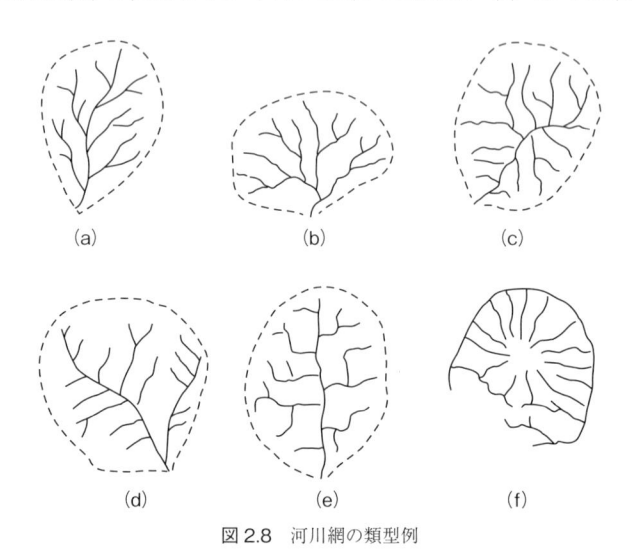

図 2.8　河川網の類型例

緩和されて出水期間は長く、(b)、(c) 型では流量は急増しますが出水期間は短い傾向にあります。

## 2.5 洪　水

　昔バビロンに発生したとされるノアの箱舟の物語が伝えるように、古くから人類は数知れぬ洪水に襲われて、水害に苦しんできました。また古代中国の伝説の皇帝禹は川を治めて初めて国を治めることができたといわれます。わが国も古くから洪水に悩まされてきましたが、先人たちは災害を和らげ、人命を救い、生活を維持することに叡智と努力を払ってきました。だが今なお洪水を完全に制御することは困難で、ときに激しい洪水が発生して甚大な被害が生じています。

**洪水のハイドログラフ**
　河川の任意地点における水位あるいは流量の時間変化を描いた曲線をハイドログラフといいます。流域における降水は時間的・空間的に一様でなく、また流域の各部分の地形、地質、地表面の植生の状況も複雑に異なるので、出水の形態も多様です。一般に洪水のハイドログラフは上流部で時間幅が短く、水位や流量の変化が急で、波形は先鋭です。下流になると時間幅は長くなり、先鋭度は減じて波形は平らに近付きます。

　またハイドログラフの上昇期と下降期を比べると、上流部では対称形に近く、変化はともに急ですが、下流部においては、上昇期に比べて下降期には緩慢な傾向があります。このような上流と下流の相違は、流下時間が長くなるほど顕著になります。ただし後章で述べるように、下流の海に接する感潮域では、潮汐と遭遇するためハイドログラフは上・中流域とは大きく異なります。

　上流で発生した洪水が下流に伝わる時間は川の規模に関係して、日本の川では数時間から1、2日程度にすぎませんが、大陸の長大な川では非常に長くなります。日本とアメリカにおける河川のハイドログラフを比較して図2.9

に示しました。日本の場合は、洪水のピークはきわめて先鋭で、継続時間は非常に短いですが、アメリカの場合には、川の規模が格別に大きいので、水位の上昇は緩やかで継続時間は非常に長いです。特に、湿潤な東南アジアの大河川では、夏の雨季に1～3ヵ月もかかってゆっくりと増水し、洪水が治まるには数ヵ月を要するといわれます。ただしわが国においても、融雪に伴う洪水の継続時間は非常に長いです。その状況は豪雨による洪水と比較した図2.10のハイドログラフによって知ることができます。

### 洪水波の伝播

洪水のとき、川筋の各地点における水位のハイドログラフのピークを追跡すると、これが1つの波として上流から下流へ伝わっていることが認められます。これを洪水波といいます。1935年に発生した利根川と江戸川における洪水波の進行状況が、図2.11に示されていますが、上に述べた流下に伴う波形の変化が見てとれます。すなわち山の鋭さが下流に向けて減じること、上昇部が急で下降部が緩やかになることなどです。ただし河川の川幅、深さ、勾配等が変化し、途中の支川による合流や分流があり、さらに破堤による水の流出などがあるので、実際の洪水波の伝播は単純でなく複雑です。

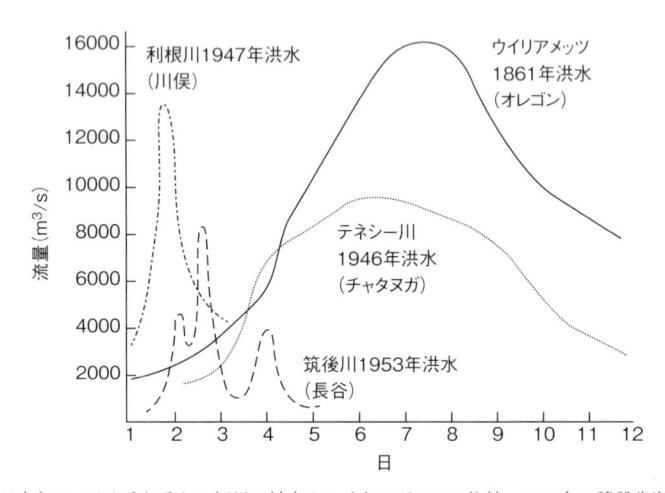

図2.9 日本とアメリカそれぞれ2河川に対するハイドログラフの比較、1989年の建設省資料による

## 2.5 洪 水

洪水波の伝わる速さについては、2.3節で少し触れました。進行する長波では図2.5（b）に示したように、水位が最大のときに流れも最も強いですが、

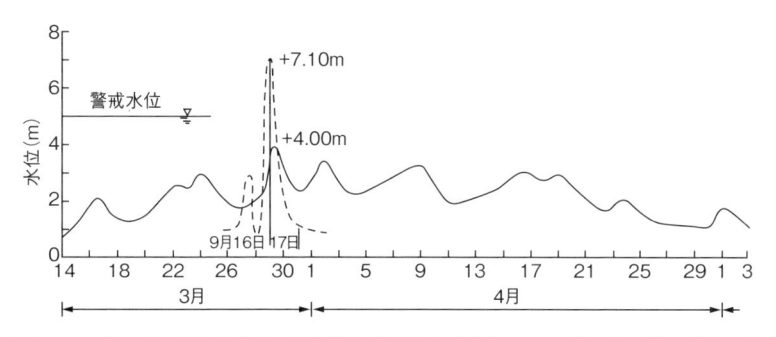

図2.10 1963年1月の豪雪による九頭竜川の融雪洪水（実線、3～4月）と、第2室戸台風による洪水（破線、1961年9月16～17日）との水位曲線の比較、中島暢太郎氏ら（1971）による

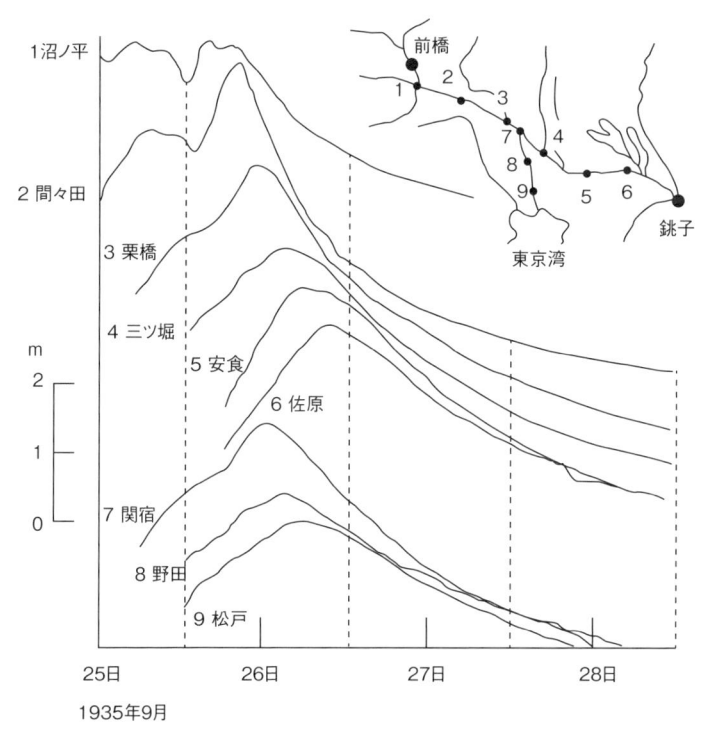

図2.11 1935年9月の利根川の出水における洪水波の伝播、本間 仁氏（1993）をもとに改変

洪水の場合は摩擦が大きいために、両者の発生時刻にずれが生じます。洪水では流速の最大が最初に現れ、その後に水位が最大になります。流速最大の場合を考えると、加速度はゼロ（慣性力ゼロ）で、水面の傾きによる圧力傾度力と摩擦力が釣り合っています。摩擦力は流れと逆向きで上流向きですから、圧力傾度力は流れと同じ下流向きにならねばなりません。すなわち後方の上流側に水面が高くなっていて、水位の山は流速最大より遅れて現れることになります。

## 2.6 氾　濫

　大雨で流量が著しく増え、河道内におさまることができなくなった河川水は、堤防を越え、あるいは堤防を破って河川の外へと氾濫します。

**氾濫が始まる場所**
　氾濫は、洪水のとき川を護る堤防や構造物が堅固でなかった場所で起こります。そして同じ川筋でも、水位が特に高まりやすい地点とか、流れが特に強まりやすい地点が存在すると、そこから氾濫が発生します。そのような場所を考えます。
　河道勾配の急変部：これまで順調に流れていた川の勾配が急に緩やかになると、水位が上昇します。また流れが弱くなるために、上流から運ばれてきた土砂を輸送する能力が弱くなって、土砂が溜まり、河床が高まります。河床と水位が高まるために、そこは破堤されやすくなります。また緩くなった河床では川は蛇行しやすくなります。
　河道の蛇行箇所：蛇行している河道においては、洪水量が非常に多いと、蛇行の凹岸部に流れが激しく衝突して、越流が強くなったり、洗掘が顕著になったりします。このために堤防が破られ、氾濫が始まります。
　河道の分流・合流箇所：河川が分流する地点で河積（河川断面積）が増大する場合には、流れが弱まり、土砂が堆積して河床が高まります。一方、河川が合流する場合には、両河川の洪水のピークが一致したときに洪水量が著

しく増大し、また砂州ができやすくなります。この結果、洪水の疎通障害や河岸への流量集中などが生じて、堤防が破られることになります。

　河道幅の急変部：川幅が急に狭くなると、水の疎通が妨げられて水位が高まりますが、その高まりはかなり上流にまで及びます（背水効果とよびます）。この結果上流側では洪水が発生しやすくなります。一方、狭窄部の下流側では安全性が増します。そこで上流側で洪水を避けるために、狭窄部の川幅の拡幅事業が要請されます。だが下流側では逆に洪水の危険性を心配して、事業に反対するという面倒な事態が生じます。なお川幅が増大する場合にも、流れが弱くなるために土砂が堆積して河床が上昇して越流を生じることがあります。

**氾濫水の挙動**

　堤防を越え、あるいは破って堤外へ流出した氾濫水は、流出の強さと量、氾濫地の地形、植生状態、底質などの影響を受けて広がります。これら条件は単純でなく、また地形や底質は一様でないので、広がり方は多様で複雑です。この広がり方を次の3つに分けることがあります。現実には単純に分けられない場合が少なくないと思われますが、現象を理解するうえに有用と考えられます。

　拡散型氾濫：氾濫水が地形に応じてそれぞれの流向方向に広がっていく場合です。このときの浸水深はそれほど大きくありませんが、流速は強くなり得るので大きな被害を与えることがあります。氾濫水は、当初は段波状に伝播していきますが、時間が経つと河道の洪水状の形態に近付きます。この実例は多く見られます。

　貯留型氾濫：氾濫した水が下流側の道路や堤防などによって堰き止められて、低平地一帯に貯留する状態になることを表します。このときは湛水の深さは大きく、湛水時間も長くなり、被害が大きくなります。木曽三川下流部において、輪中堤に囲まれた地域の氾濫に典型例が見られます。

　拡散貯留混合型氾濫：氾濫域が広大な場合に、氾濫開始地点では拡散型で流下しますが、下流部では貯留型になる状態です。1947年9月のカスリー

2章 平地を流れ下る水の振る舞い

ン台風時における利根川の決壊による大氾濫があげられます。

堤防が破られた後の氾濫水の行動を示す典型的2例を紹介します。

## 扇状地の氾濫

北陸地方には急流河川が多いですが、常願寺川は特に勾配が全体として急であり、大量の土砂を流出する天井川であるために、きわめて治水が困難な川です。図2.12に示すように下流は見事な扇状地（2.8節に解説）であり、扇状地のまま河口に至っています。扇状地の頂の高さは170 mで、平均勾配は1/66と著しく急です。

洪水氾濫は古くから毎年のようにくり返されてきましたが、特に1891（明治24）年の大洪水は凄まじく、破堤の総延長は7.7 kmに達し、被災者は多

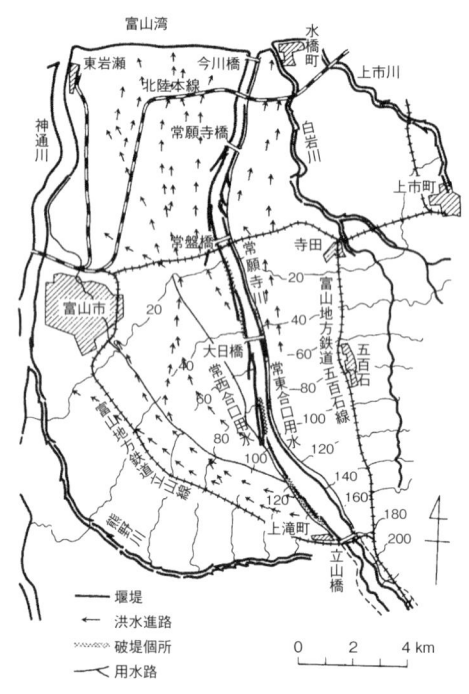

図2.12 扇状地が発達した常願寺川の1891年の大洪水における氾濫流の進路、建設省富山工事事務所資料による（阪口 豊氏ら（1995）を改変）

数にのぼり、甚大な被害が生じました。本章の初めに述べたヨハネス・デ・レーケの、「これは川ではない、滝だ」と言ったという話はこのときのことです。破堤から流出した水の進行方向は、図 2.12 に描かれています。扇状地上部では流出水は等高線に直角に放射状に流下し、やがてその下方では全面的に富山湾に向かって流下しています。拡散型氾濫の適例といえます。

### 平地の氾濫

埼玉・東京の東部地帯は古い昔の利根川の氾濫原野であって、広大な低地が広がっています。1947 年 9 月に襲ったカスリーン台風によって、この地帯は水害によって甚大な被害を受けました。台風による東海地方以北の被害は、全体で死者 1,077 名、不明 853 名、負傷者 1,547 名になり、破損流出住家 9,298 棟、浸水家屋 384,743 棟、浸水耕地 12,927 ha、浸水面積は 44,000 ha に及びました。まさに近年稀に見る大水害といえるでしょう。

このときの利根川決壊に伴う氾濫状況を図 2.13 に示します。決壊場所は栗橋の上流右岸でした。図には氾濫範囲が斜線で描かれ、複数地点における氾濫水の到着時刻が示してあります。堤防決壊後、氾濫流は埼玉県東部平野、東京都東部の広大な地域を水没させつつ、約 5 日後に東京湾に達しました。非常に興味を引かれるのは、古くは東京湾に注いでいた利根川は、江戸時代に東方の太平洋に注ぐように付け替えが行われましたが、氾濫流は古い利根川に沿って東京湾の方へ南下していることです。このように堤防決壊後に、氾濫水が旧河道に向かう例は非常に多く見られます。氾濫水は長く滞留していて、この氾濫は拡散貯留混合型氾濫と見なされます。

洪水と氾濫に伴って甚大な数知れぬ河川災害を蒙ってきたわが国では、その対策に計り知れぬ努力、知力、経費が注がれてきました。その概要は大熊孝氏（2007）の「洪水と治水の河川史」で知ることができます。また阪口豊氏ら（1995）の著書でも見ることができます。具体的な河川災害対策については、矢野勝正氏編の「水災害の科学」にまとめてあります。なお大熊孝氏（2004）は、先人の経験と智恵が詰まったわが国古来の洪水水害に対する伝統技術に、現代でも学ぶべきものが多くあると述べています。

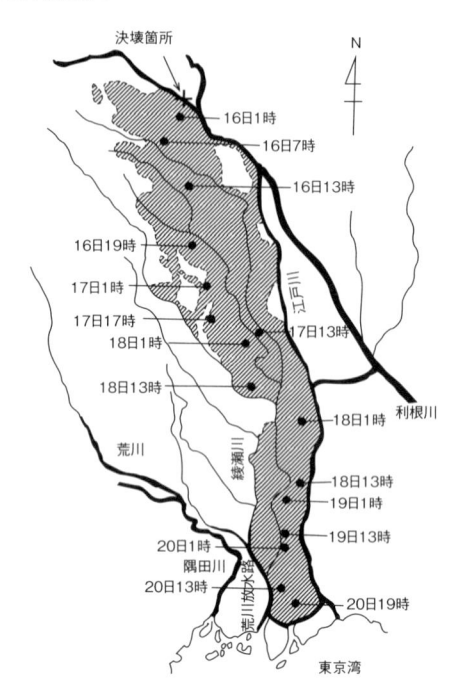

2章 平地を流れ下る水の振る舞い

図2.13 1947年9月のカスリーン台風時における利根川の堤防決壊による氾濫図、近接した地域でも地形によって氾濫水の進入時刻にかなりの遅速がある、建設省資料を用いた阪口 豊氏ら（1995）の図をもとに作成

## 2.7　拡大する洪水

　近年わが国では一見奇妙に思われますが、洪水量が年々増加している河川が多くなっています。この理由について考えます。

**増える洪水量**
　洪水を防ぐ対策が多くの努力と経費を重ねて、これまで営々と続けられてきました。ところが大きな洪水があるたびに、過去の洪水量を超える洪水量が発生しています。このために川の保全を目標とする計画高水流量（治水計画において目標とする洪水処理が可能な流量）を増やして、洪水の防止を図らざるを得なくなっています。利根川を例にこの実態を見ます。

利根川がまだ氾濫をくり返しながら流下していた自然河川の時代には、洪水流量はさほど多くなかったと考えられます。ところが近代的河川工事が始まった後に、流量は次第に多くなってきました。栗橋地点における計画高水流量は、1900 年には 3,750 m³/s でしたが、1910 年には 5,570 m³/s に、1939 年には 1 万 m³/s にも拡大されました。そして前節に紹介したカスリーン台風の大水害後には、1 万 7,000 m³/s を想定し、そのうち 3,000 m³/s を洪水調節ダムが引き受け、残りの 1 万 4,000 m³/s を栗橋の計画高水流量としたのです。さらに 1980 年には、1 万 7,000 m³/s を 2 万 2,000 m³/s に、1 万 4,000 m³/s を 1 万 6,000 m³/s に増やさざるを得なくなりました。

**洪水量が増える理由**

河川工事が進むとともに、なぜ洪水量が増えるのでしょうか。これには基本的な治水の考え方が関係しています。近代の治水は 1896（明治 29）年の河川法の制定から始まったといわれますが、特に第二次世界大戦後には、数十年から 200 年に 1 度発生するような洪水を河道に閉じ込めて、できる限り早く遠い海に突き出すという考えが、河川関係者の間に浸透し、その方向に河川事業が巨費を投じて実行されるようになりました。これを高橋 裕氏（1999）は河道主義と称しています。これは科学技術の進歩に伴って、巨大な堤防、放水路、ダム、堰などの建設が可能になったことが基礎になっています。すなわち流域の水をできる限り早く川に集めて、これを堅固な堤防で固めた川を通して海に流すことにし、流しきれない部分はダムの人造湖に溜め込むことが基本の対策になったのです。

この河道主義の対策では大雨が降ったときに、これまではある期間堤防の外で遊んでいた水までが、直ちに河道に集められるので、洪水量が増えることになります。そして対策が進むとともに河道内の流量が増え、計画高水流量を超える流量になることは当然といえます。洪水量が増えれば、前の計画で建設された堅固な堤防も、耐えることができなくなって水害が発生し、被害を生じます。そして計画高水流量のさらなる増大を必要とします。

さらにこの治水対策では、洪水が河道から溢れ出ないことを前提にしてい

るので、堅固な堤防の外側では人々は安全だと考え、またそのように思い込まされました。この結果、これまで利用されなかった土地を含めて、国および企業は経済効果を狙っての国土開発を無秩序といえるほど活発に進めるようになったのです。また人々は水害を考慮することなく生産活動を行い、生活をするようになりました。このことはわが国の経済発展に著しく寄与しましたが、一方で潜在的危険地域を増やしたことになります。

なお流域におけるこのような利用開発は、次節に述べるように降った雨の地下浸透を妨げて、河川流量の増加にも寄与しました。

### 新たな都市型水害の発生

都市化した地域において、これまで洪水はほとんど問題にならなかったのに、高度経済成長期以降から降水量は変わらなくても、突然洪水が発生して被害を与えることが多くなりました。この新たな水害は都市型水害とよばれます。これは流域の都市化による都市開発、宅地開発、道路整備などの社会構造の変化に伴って、流出条件が変わったために起きるものです。

それとともに、都市への急激な人口急増に伴って活発になった宅地開発が、地価の安い治水条件の劣った地域にまで展開されるようになったことも、都市型水害を増大させています。一般に水田が宅地化される場合が多いのですが、水田は豪雨の一時的遊水地ですから、宅地化しても浸水しやすいのです。また傾斜の急な山の裾に造成された住宅地は、土砂崩れなどによる災害を受けやすくなります。最近では広島市の山裾で、2014年の水害で75人が亡くなった例があります。

都市型水害の典型例として、2000年9月の東海豪雨による水害があります。このとき愛知県では約60万人に避難勧告がなされ、約8,500億円に及ぶ大被害を生じました。一方、規模は小さいが局所的な集中豪雨によって起きたものに、神戸市内においては突然河川や下水が増水して、川遊びをしていた児童が避難する暇もなく押し流された例があります。東京都内でも川底の整備作業や下水道の補修作業に従事していた人たちが、突然の激しい水流で犠牲になったことがあります。なお最近は、膨張が著しい地下街の発展に伴っ

て、浸水が生じています。まだ浸水被害例は少ないですが、将来に深刻化することが憂慮されます。

　流域の最遠点に降った雨が、対象とする流出地点にまで到達するに要した時間を、土木研究所が比較した研究によると、都市化流域においては、そうでない自然流域への到達時間よりも、大略1桁短いという結果が得られています。これは同じ雨でも、自然流域では問題にならなくても、都市化した流域では各地に降った雨が急速に集まり、すぐに大きな出水になることを意味しています。この理由には、次のようにいくつかのことが考えられます。

　都市化が進めば、家屋、各種の構造物、舗装などによって、地表の浸透面積が減少して地表流が増加します。また建物・舗装などがない場所、すなわち庭、広場、空き地においても、腐植土や土壌に覆われた自然流域に比べて水が地中に浸透する能力が少なくなります。また湖、沼、窪地、水田など自然流域がもつ雨水貯留機能が、都市化流域では乏しいといえます。さらに都市では地表をできるだけ平らにするので、表面粗度が小さくて流れに対する抵抗が弱く、地表流が流れやすくなります。いずれにしても大雨の際に浸透する水が少なくて地表流が多くなり、かつ滑らかに流れるので、雨水が川へ多量に早く流入することが可能になり、都市型水害が発生するのです。

## 2.8　川が作る地形

　これまで述べたような過去の洪水や氾濫によって河川が時間をかけて底質を運搬堆積して築き上げた平地・平野を総称して沖積平野とよびます。沖積平野として、典型的には上流側から扇状地、氾濫原、三角州の順に広がっています。ただし実際には、このように判然と区別できない場合も多く見られます。

### 扇状地

　狭い急勾配の谷を流下してきた川が、急に開けて勾配が小さくなった平地に出てくると、水は広がって遅くなり、それまで押し流してきた砂礫の大部

2章　平地を流れ下る水の振る舞い

分をそこに落として堆積します。このようにして長い時間を要して形成された地形は、谷の出口を扇の要として扇状に広がるので、扇状地とよばれます（図 2.14 (a)）。そして等高線は谷の出口を中心にして同心円を描く傾向をもちます。扇状になるのは、平地に出て河流そのものが広がるためではありません。流れ出て土砂が堆積すると、その場所が周辺より高くなるので、洪水時に川筋が横の低い方へ移動します。そしてやがてそこも高くなると隣の場所へ移動します。このようにして順次に広い範囲へ川が動き回って土砂を振り撒き、扇状地が形成されます。

　扇状地の底質の粒径は一般に大きいですが、頂点付近が大きくて麓に向けて小さくなっています。底質の粒径が大きめなので、非常に透水性に富み、地中に浸透する水が多くなります。これが甚だしいときはやがて川の水はすべてが伏流水になって、地上には洪水のときしか水が流れないという涸れ川（水無川）になってしまいます。このようになると、谷から運ばれてきた土砂がそこにすべて堆積して、扇状地の発達を助長します。伏流した水が再び地表に出てくるのは扇状地の下部周辺であって、農耕の適地になっています。

　扇状地に関連して、人間が作った特殊な川「天井川」について触れます。扇状地の川は氾濫しやすいので、堤防を築いて洪水を防ぐことが行われます。そうすると山から運ばれてきた大量の砂礫は、堤防の外に出ていくことができなくて、川の中に堆積せざるを得ません。したがって堤防で護られた河床がどんどん高まるので、それに応じて堤防も高くします。このようにして河床の方が周辺の土地より高いという川ができあがり、天井川になります。天

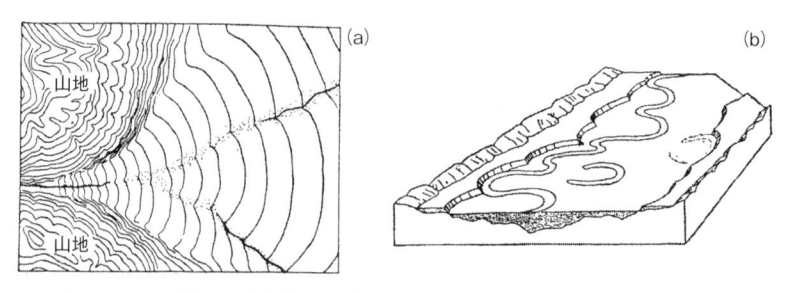

図 2.14　(a) 扇状地の等高線図、(b) 氾濫原と河岸段丘、中野 弘氏（1961）による

井川は日本の各地に見られます。

　なお扇状地でなくとも、輸送土砂が多いが洪水を防ぐために人工の堤防で固められた川では、同様に天井川が形成されることがあります。また軟弱地盤地帯の都市において、地盤沈下した周辺を洪水から護るために、堤防が強化された川が天井川になっている例も少なくありません。

**氾濫原**

　扇状地より下った地域で、洪水の際に多量の砂泥を運ぶ川の水が河道から溢れ氾濫したときに、水が周辺地域に広がって砂泥を落とします。このことが数多くくり返されて堆積地が広がります。この平坦地を氾濫原や氾濫平原とよびます（図 2.14（b））。氾濫原に土砂が多く堆積するのは、濁水が溢れ出たときに広がって遅くなること、外に茂る草木の強い抵抗を受けて流勢が急落すること、地面の透水性が良いために水量が減ずることなどが考えられます。そして氾濫原が広がるのは、川が屈曲して川筋があちこちと変動するためです。

　氾濫原は文字通りに平坦ではなく、大小の凹凸が存在します。河道の近くに見られる高まりは自然堤防です。自然堤防は洪水のときに河道から溢れ出た水が運んできた土砂が、川からさほど遠くないところに堆積した高まりの範囲です。ここで土砂を落とした泥水は背後の低地に流れ込んで後背湿地を作ります。自然堤防は小さな洪水では水をかぶりにくく、かぶっても排水が早く、人々が生活するのに適しています。それゆえ自然堤防には集落が形成され、畑地として利用されます。これに対して、後背湿地は水田にして稲作が行われます。

　図 2.14（b）には、氾濫原のはずれのそれよりやや高いところに、別の平坦面をもつ土地がのびていることが認められます。これを河岸段丘といいますが、かなり多くの川で見出されます。河岸段丘のでき方は単純でありませんが、一般的にいえば、かなり広い氾濫原ができあがった後に、何らかの原因で川の侵食力の若返りが生じて侵食が進み、新たな氾濫原が形成されたときに取り残された旧氾濫原が河岸段丘になるのです。わが国における例では、

侵食力の若返りは大きく2つに分けられます。1つは、最終氷期に上流・中流に形成されていた氾濫原が、後氷期の気候変化による流量の増加で新たな侵食が進んだ場合です。もう1つは、地盤が隆起したり、海面が低下したために、再び侵食が進行する場合です。

## 三角州

　日本の代表的な東京、名古屋の大都市圏は河口に発達した三角州を中心にして発展してきました。これに対して大阪では、大部分の土砂が途中の盆地で堆積するので、三角州の発達は前二者ほど顕著ではありません。なおこれら平地の形成には、人の手による埋立も大きく寄与しています。またそれほど大きくない川でも三角州ができて、そこに地域の中核となる都市が多く開かれています。国土が限られたわが国において、三角州は都市の形成とそれをもたらす商工業や農業などの発展に欠くことができない貴重な土地を提供しています。このことは、ニューヨーク、ロンドン、ブエノスアイレス、シドニーなどの世界の大都市が河口にありながら、その中心部は堅い基礎岩盤の上に造られていることと異なっています。したがってわが国の大都市は、洪水、高潮、地震などの自然災害を蒙りやすいというありがたくない立地条件にあるといえます。

　三角州は次のような過程で形成されます。一般に川は下流になるほど河床勾配が緩やかに、川幅も広くなって流れが遅くなります。特に河口では海に出て急に開けるので、流速が衰えます。一方、河川水は上流・中流において大きな砂礫を落としてくるので、河口付近にまで運ばれてきた土砂は粒径の小さなものが多くなります。河口付近にまで運ばれてきた細かい砂や泥は、流れが遅くなって沈下して、底に堆積します。また河川水と海水が接触すると凝集作用が生じるので、河川水に含まれている多量の懸濁物質も固まって大きくなり、底に堆積しやすくなります。このとき海に出た河川水は一様に広がるのではなく、自らの条件と外的条件によって流れの道筋は変動します。このため三角州も扇状地の場合と同様に、海と接触する地点付近を中心にして前方へ、また左右にと広がっていきます。

これまでは主に自然状態での川の形成過程を見てきました。しかし川ほど人の手が加わった自然はないといわれるほど、水害を免れるために、また利水のために人の手によって改変が行われてきました。特に人口稠密で、平地が乏しいわが国では顕著です。したがって川の形成過程を理解するには、このことを十分に考慮することが必要です。人の手による河川の変遷の姿は、例えば阪口　豊氏ら（1995）の著書で知ることができます。

## 2.9　洪水に対する新たな視点

　一般に洪水はこれまで、社会にとってマイナスの効果を与える恐ろしいものであり、それをどう抑えるか、排除するかが問題にされてきました。しかし例えば、古代エジプトの繁栄の基礎となったナイル川流域の豊かな農業生産は、ナイル川に季節的に訪れる洪水氾濫がもたらした肥沃な堆積土によることが多かったといわれます。わが国の代表的な肥沃な農業生産地帯も、同様な歴史をもっています。そこで上記の洪水に対する考え方が、唯一正しいものかどうか、少し振り返って見る必要が感じられます。

　人類が生活をし、農業をはじめとするさまざまな産業が営まれる大地の大部分は、2.4節に述べた洪水の氾濫によって形成された沖積平野です。したがって洪水を防ぎ、氾濫をなくすことは、この大きな自然の営みにストップをかけることであり、はたして人間がそれだけの力をもっているか、それがもたらす影響を防ぐことができるかが問われます。

　私たちは地震の発生や台風の襲来は人智の及ばぬ自然の力として、それらの排除の対策は取らず、それらの発生は避けにくいこととして受け入れ、被害をできる限り少なくする対策に力を入れています。洪水に対しても、高橋裕氏（1999）らが河道主義からの脱却をよびかけたように、これをハードな施設を造って力尽くで抑え込むというのではなく、洪水の発生を受容して、もっと柔軟な対応を考えねばならないと思います。例えば、何としてもコンクリートのダムでなく、緑のダムの機能を活用することも必要です（10章参照）。

また現在は、洪水の洗礼を受けやすい未整備な川、氾濫原、湿地、潟などは多くの場合無駄で非生産的な場所と考えて、これをつぶして洪水の影響を受けずに、人間にとってもっと都合の良い場所に改変することに努力が払われています。しかし洪水が訪れるこれらの場所は、生態学者によれば、生物の多様性の維持に重要な役割を果たしていて、氾濫防止は生態系を衰退させるということです。なおこれらの場所は、洪水を招きやすい場所でもあり、本来は人間が生活を避けるべき場所でもあるのです。

自然界には平均的ななだらかな変化のみでなく、急激な「パルス」撹乱が必要だといわれます。氾濫のパルスは、川と周辺氾濫原の間の物理的・生物学的相互作用を維持する機能をもっており、この相互作用によって、川も氾濫原も非常に生産的でかつ多様性を保つことができるとされます。一見無駄と思われる上記地域を保存し、また失われたものを復元することは、洪水を減らすのに役立つだけでなく、流域全体の生態系の復活に必要といわれます。これは、1992年に締結された「生物多様性条約」にも沿うものです。

洪水対策において、以前に多用された構造物による「洪水制御」の困難性とそれが含む問題点のために、世界的に氾濫原を管理する「氾濫管理」の方向に進んでいます。これについて例えば世界ダム委員会は表2.2に示す洪水管理のための総合的対策を提示しています。これは洪水規模の縮小、危険度の減少、防災能力の強化の3つから成っています。すなわち洪水を力尽くで抑え込もうとするのでなく、その発生をある程度止むを得ないとして、被害を最小限にしようとするものです。すなわち防災というよりも減災です。

高橋 裕氏（2012）は近著「川と国土の危機」の中で、人々は防災を行政

表2.2 洪水管理のための統合的対策、世界ダム委員会、イアン・カルダー氏（2008）による

| 洪水の規模を縮小する | 水害の危険を遠ざける | 住民の防災能力を高める |
| --- | --- | --- |
| 流域管理方法の改善 | 築堤 | 緊急避難計画 |
| 流出水の制御 | 建物の耐水化 | 洪水予報 |
| 遊水地 | 氾濫原開発規制 | 洪水警報 |
| ダム | | 避難 |
| 湿地の保護 | | 災害補償 |
| | | 災害保険 |

に依存するあまり、自助の意識が薄れ、災害の可能性すら考えなくなっていることを憂慮しています。水源地の森林から河口の海岸まで、川の流域全体を統一した保全思想と、防災立国の構想が必要だと訴えています。

いまは主に洪水のあり方を考えましたが、洪水のみでなく河川のあり方自体が強く問われています。川は社会的共通資本としてきわめて重要な存在です（宇沢弘文・大熊 孝氏、2010）。川がわれわれ人間に与えるさまざまな影響、健全な精神と肉体の形成、貴重な食糧植物の生産と水産資源の提供、さらに植物・動物から成る豊かな自然界の育成維持を考慮した面からの河川対策が必要です。

**参考文献**
イアン・カルダー著、蔵治光一郎・林 裕美子監訳（2008）：水の革命 森林・食糧生産・河川・流域圏の統合的管理、築地書館
宇沢弘文・大熊 孝（2010）：社会的共通資本としての川、東京大学出版会
宇野木早苗（2010）：流系の科学－山・川・海を貫く水の振る舞い、築地書館
大熊 孝（2004）：技術にも自治がある－治水技術の伝統と近代、農村漁村文化協会
大熊 孝（2007）：洪水と治水の河川史－水害の制圧から受容へ、平凡社
木下良作（1961）：石狩川河道変遷調査、基礎編、（1962）：参考編、科学技術庁資源局
阪口 豊・高橋 裕・大森博雄（1995）：日本の川、岩波書店
高橋 裕（1999）：河道主義からの脱却を－河川との新しい関係を目指して－、科学、第69巻
高橋 裕（2012）：川と国土の危機－水害と社会、岩波新書
土木学会編（1999）：水理公式集、土木学会
中島暢太郎・後町幸雄・石原安雄（1971）：豪雨・豪雪の予知、水災害の科学（矢野勝正編）・4.2節、技報堂
中野 弘（1961）：地学概論、創造社
野満隆治・瀬野錦蔵（1959）：新河川学、地人書館
本間 仁（1993）：河川工学、コロナ社
矢野勝正編（1971）：水災害の科学、技報堂

# 3章　感潮域における川と海の遭遇

　平地を流れ下ってきた川の水は、やがて下流において海から遡上してきた海洋波動と出会います。潮汐の影響を受ける川の下流部は感潮域とよばれます。感潮域では川の水は上・中流と著しく異なる振る舞いをします。そしてこの下流域では、水理学的取り扱いが上・中流域と著しく異なることもあって、理解が一般に不足しているように見受けられます。特に海に面した都市を抜ける河川では、市の中心部が感潮域の周辺に広がっていることが多いので、感潮域における水の振る舞いの把握は重要です。なお潮汐とともに海水も進入してきますが、海水の遡上上限は潮汐の遡上上限よりかなり下流になります。この章では物理環境について述べますが、感潮域の環境全般については、西條八束・奥田節夫氏編の「河川感潮域－その自然と変貌」に詳細に述べてあります。

## 3.1　川を遡上する潮汐波

**潮汐波の遡上**
　河口を経て海から川に進入した潮汐波は、河流に逆らって浅い川を遡って次第に減衰します。その状況を図3.1に示しました。これは河口堰が建設される以前の、長良川沿いの5地点における水位の時間変化を描いたものです。実線は旧建設省で観測されたもの、破線は理論計算の結果であって、両者はよく合っています。感潮域の水位変動は周期的な潮汐に支配されており、伊勢湾内と同様に半日周期の変動が卓越しています。
　潮差（干満の高さの差）は河口の城南から上流に進むにつれて減少するとともに、山の前面は次第に険しく、後面は緩やかになって、波形の非対称性は増大しています。この結果、上流に向けて上げ潮の時間が短く、下げ潮の

3.1 川を遡上する潮汐波

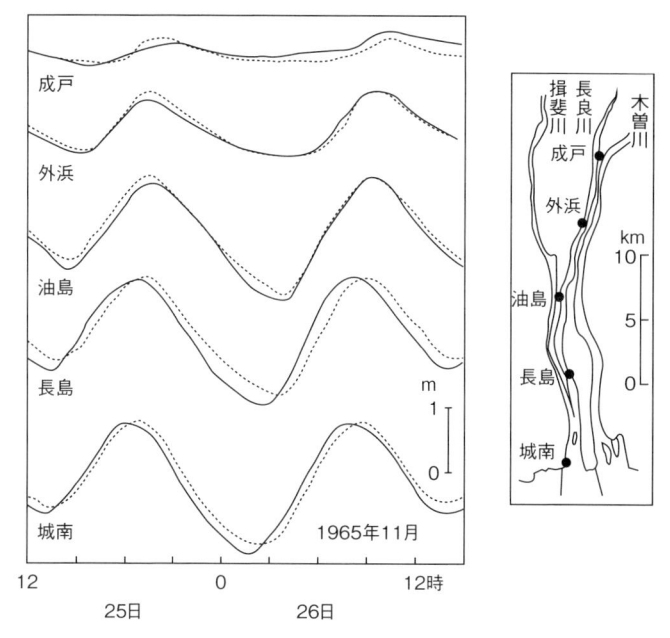

図3.1 長良川の1965年11月(河口堰建設前)の5地点における水位曲線、実線は観測(建設省資料)、点線は理論計算（宇野木、1996）

時間が長くなります。また満潮の時刻は上流がやや遅れるものの、感潮域全域がほぼ同時に満潮に達すると見なされます。これに対して、干潮の時刻は上流に向けて遅れ、遅れの時間は上流で急に大きくなっています。このような潮汐波の減衰と波形の非対称性は、河床の傾きと大きな底面摩擦、浅くなると波速が減少すること、および河川流と潮汐波の非線形相互作用が寄与しているためと考えられます。非線形相互作用とは、2つの事象が単に算術的に重なることでなく、お互いに作用し合って変化が生ずることを意味します。

潮汐の河川遡上で最も顕著な現象はタイダルボアでありましょう。これには中国銭塘江の暴漲湍（図2.6（b））やアマゾン川のポロロッカなどが有名です。これは先端が崖のように切り立って泡立ち、白波を立てて轟音を発しながら前進しています。条件が揃えば潮汐波の先端が2.3節に述べた段波となって進むのです。

— 53 —

## 潮汐波の遡上限界

　図3.1に示した水位曲線を、東京湾平均海面を基準にして並べると図3.2(a)を得ます。河床の上昇に伴って、河口から上流に向けて干潮面は上昇していますが、満潮面は下流から上流までそれほど上昇せず、潮汐波の斜面上の這い上がり効果は小さいことが認められます。これは潮汐波の周期が半日と非常に長いためです。

　いま木曽三川（木曽川、河口堰建設前の長良川、揖斐川）および静岡市の清水市街を流れる小河川の巴川について、東京湾平均海面（T.P.）以下の河積（河川断面積）の河口距離に対する分布を描くと図3.2（b）を得ます。図には感潮域の上限の位置が矢印で示されていますが、その位置はいずれの河川もこの河積がなくなる付近か、それより少し上流になっています。東京湾平均海面は海域の平均水面（静水面）に近いので、この河積のなくなる地点を静水面交点とよぶことにします。静水面交点は海が静止しているときに、海水が河川内部に到達し得る上限を意味します。

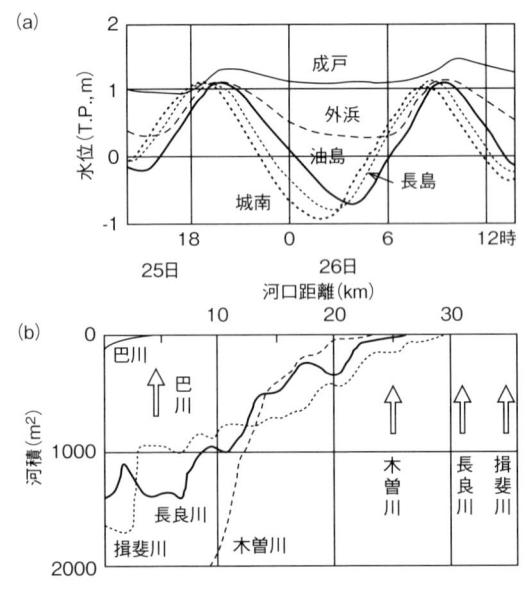

図3.2　(a) 図3.1の水位曲線を基準面（東京湾平均海面）に揃えての比較、(b) 4河川の河積（河川断面積）の縦断方向分布と感潮上限（矢印）、宇野木（1996）による

なお長良川河口堰の建設以前の観測によれば、長良川河口から 40 km 以上の地点にまで潮汐が遡上していたとの報告も見出されます。感潮距離は同一河川でも一定したものでなく、大潮で長く、小潮で短くなり、また河川流量の増大とともに短くなります。また河口付近の傾斜が急で潮汐波の遡上距離が短いときは、潮汐波は減衰する暇がなく、河口の満潮面の延長が河床と交わる点付近にまで遡上するでしょう。

　ただ一般的にいえば、図 3.2（b）によると海の潮汐波は静水面交点付近にくるまでにほぼ消えるので、平常時における河川潮汐の遡上上限の目安として、静水面交点付近かそれより少し上流を考えれば良いように思われます。

## 3.2　感潮域の流動

### 河川潮汐は定常波

　河川下流部の流動は、洪水期は別にして、平常時は河川流よりも潮流に支配されています。例えば長良川伊勢大橋地点の河川流量が 98 m$^3$/s のとき、半日周潮流（周期が半日の潮汐に伴う潮流）の振幅は 676 m$^3$/s であって、前者の約 7 倍にも達していました。しかも下流になるほど潮流の寄与は増大しています。

　河川潮汐は内湾の潮汐が起こしたものです。この内湾の潮汐は、外海から進入してきた潮汐波が流体振動系である内湾に強制的に振動を起こしたもので、定常振動すなわち定常波です。したがって河川潮汐も定常波の性格をもっています。定常波は洪水波のような進行波と性格が異なります。進行波の場合は水底摩擦を考えないと、図 2.5（b）に示したように、水位と流れは同位相で、水位が最大のとき流れも最大です。

　しかし定常波の場合は、水位と流れは 1/4 周期すなわち π/2 の位相差があり、水面が最も高まった満潮時と、水面が最も低くなった干潮時に流れは止まります。そして満潮と干潮の中間で水面が水平になったときに流れ、すなわち上げ潮と下げ潮は最も強くなります。水面が水平なときに流れが最も強いということは、一見奇妙に思われますが、これは慣性力と水面の傾斜による圧

力傾度力がともにゼロになるからです。一方、満干潮時には湾奥の水面勾配はなくなり、やはり圧力傾度力と慣性力はともにゼロで釣り合っています。

図3.3に矩形湾を対象に、満潮と干潮のときの水面と、その中間に当たる上げ潮最大時の流速分布を示しました。上げ潮最大時の水面は水平で、湾奥から湾口に向けて流速は増大します。この図で湾口を河口、湾奥を潮汐の遡上上限と考えれば、河川内の潮汐・潮流のおよその状況は理解できると思います。

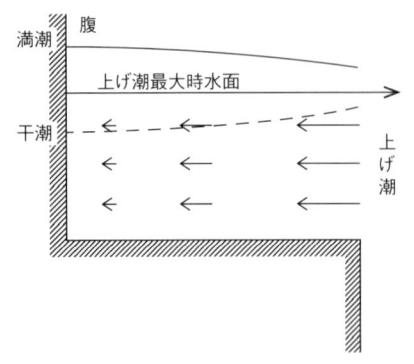

**図3.3** 矩形水域に進入した潮汐波による定常振動、流れは上げ潮の状態

## 流れの分布

川筋に沿っての断面平均流速の分布が図3.4に描かれています。これは長良川の場合に数値計算で求めたものです。斜線部は下流向きの流れを表します。水位変化に対応して、潮流も周期的変化をしています。図3.1に見たように、感潮域全体でほぼ同時に満潮になることに対応して、転流の際下げ潮の始まりは全域がほぼ同時です。一方、上げ潮の始まりは河口で早く上流で遅いので、河口側で上げ潮が始まっても、上流側ではまだ水面は下がり続けています。そして潮汐流量が河川流量に及ばなくなった地点より上流では、常に下向きの流れになって流れの逆転すなわち転流は生じていません。

いまは断面平均の流れについて述べましたが、断面内の流れは一様ではありません。前に述べた巴川における流れの断面分布を図3.5に示します。下げ潮、干潮、上げ潮、満潮の4潮時における観測結果が描かれています。最強流部は下げ潮では表層にあり、上げ潮では中層に現れています。感潮域では上層は軽い河川水の、下層は重い海水の影響が強いです。したがって上げ潮は下層から始まって流れは下層から中層にかけて強く、下げ潮は表層から始まり、そこで流れは最も強くなっています。そしていずれの潮時において

— 56 —

3.2 感潮域の流動

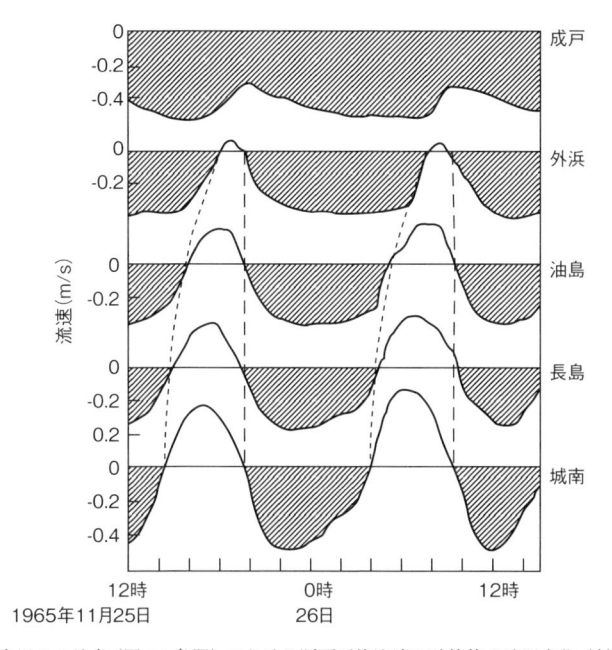

図 3.4 長良川の 5 地点（図 3.1 参照）における断面平均流速の計算値の時間変化、斜線部は下げ潮、宇野木（1996）による

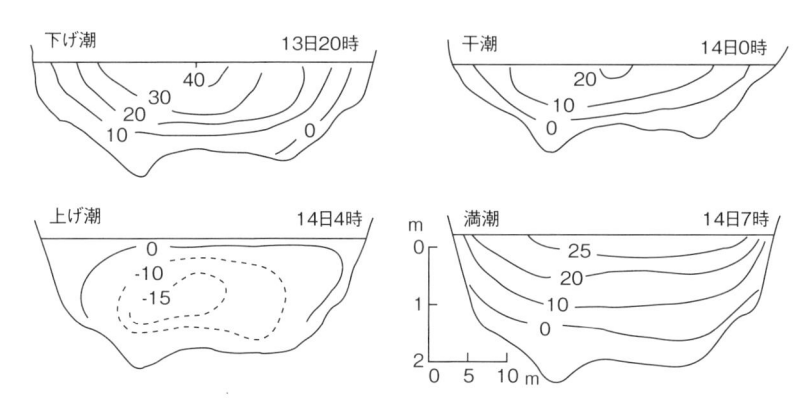

図 3.5 巴川稚児橋（静岡市清水）の下げ潮、干潮、上げ潮、満潮時における流速の横断面分布、単位：cm/s、正は下流方向の流れ、宇野木（1996）による

も、摩擦のために両岸と水底に向けて流れは弱くなっています。

## 3.3 感潮域の洪水、高潮、津波

**洪水時の水位変化**

　感潮域へ下ってきた洪水波の振る舞いは、上・中流域における場合と著しく異なります。その例として、洪水時に長良川下流域の各点で観測された水位記録を図 3.6 に示します。これは 1976 年 9 月の台風 17 号によって生じた、長良川筋における洪水時のものです。河口より 50.2 km 上流の忠節において、洪水流量のピークは 6,386 m$^3$/s に達しました。この洪水は約 4 日間にわたって続き、その間に 4 回も水位のピークが現れています。

　ところが上流側のこの顕著な水面変動は、下流に近付くにしたがって平滑化されて小さくなっています。特に河口の城南においては洪水の変動は微弱で、4 回もあった洪水のピークの存在は潮汐変動に隠されて認めることができません。一方、潮汐波も平常の河川流量の場合に比べて、上流に向けての水位変化の減少は急激です。このことは洪水と潮汐の相互作用が非常に大きなことを示唆しています。

**洪水波と潮汐波の相互作用**

　図 3.7 は揖斐・長良川の河口の城南における半日周潮の振幅と、河川流量との関係を示したものです。伊勢湾内の潮汐は同じであるにも関わらず、河

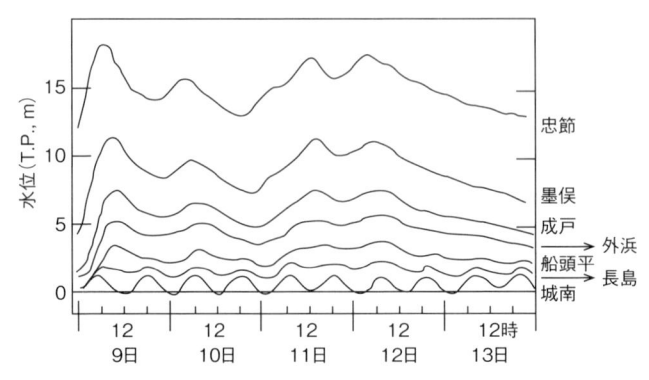

図 3.6　1976 年 9 月の洪水における長良川筋の水位変化、建設省河川局らの資料による

## 3.3 感潮域の洪水、高潮、津波

川流量の増大につれて河口の潮汐は著しく減少することが認められます。これは河川流と潮汐波との間に非常に強い非線形作用が存在することを教えています。

そこで洪水波と潮汐波の相互作用の効果を数値実験によって確かめてみます。図3.8に大潮時の潮汐変動に各種河川流量が重なったときの実験結果を示します。これは伊勢湾奥から長良川下流域における最高水位の分布を描いたものです。この計算は、境界条件として木曽三川それぞれの上流に河川流量を、伊勢湾口に大潮時の潮汐変動を与えて、伊勢湾全体と木曽三川を含めて計算

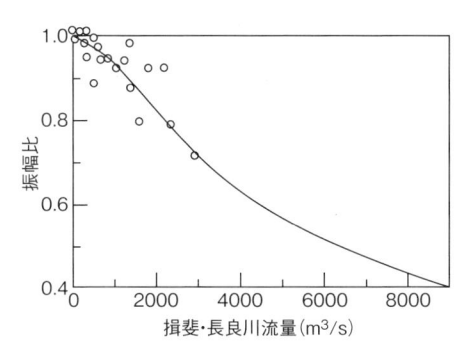

図3.7 揖斐・長良川の河口城南（図3.1）における半日周潮の振幅の河川流量に伴う変化、縦軸は河川流量がないとした場合に対する比率、白丸は実測値、実線は伊勢湾全体と木曽三川を含めた領域の数値計算の結果、宇野木（1996）による

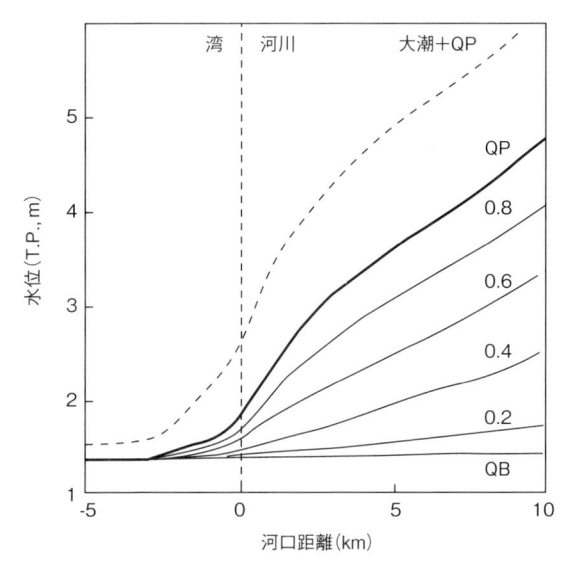

図3.8 大潮に洪水が重なったときの長良川筋における最大水位の計算値の縦断面分布（実線）、QPは計画高水量（本文参照）で、数値はそれに対する比率、破線は大潮とQPがそれぞれ単独にあるときの値を加えたもの、宇野木・小西（1997）による

したものです。図中で QP と付した太線は、洪水流量が河川計画で想定されているもので、木曽川が 12,500 m³/s、長良川が 7,500 m³/s、揖斐川が 3,900 m³/s です。その他の数値は QP に対する比率を表します。QB は平水流量（日平均流量が 1 年のうち 185 日はこれを超える流量）です。一方、破線で描かれているのは、大潮時の水位変動と流量 QP の洪水がそれぞれ単独にある場合の計算水位を、単純に重ね合わせたものです。

　この図によると、洪水があっても湾内の潮汐は河口近くを除いて変化は認められません。そして河川内の水位は、同じ QP の流量に対して、両者が共存するときは（太い実線）、両者が単独であるものを重ね合わせた結果（破線）よりもかなり小さくなることがわかります。すなわち洪水と潮汐の相互作用は非常に大きくて、安全側に働いていることが理解できます。また QP と QB に対する水位差は、上流 10 km では約 3.3 m もありますが、河口では約 0.4 m と縮小しています。このことは 図 3.6 において、洪水による水位変化が下流部で目立たなかった事実を説明しています。

## 河川内で発達する高潮

　わが国の高潮は、湾口が南に向く東京湾、伊勢湾、大阪湾、有明海などの浅くて長い湾に、南方から進んできた強勢な台風が、湾の西側を北上するときに発達します。これは 1 つには、台風中心部の気圧が周辺に比べて著しく低いので、気圧の吸い上げ作用で台風内部の水位が高まるためです。もう 1 つは、台風においては進行方向の右側半円（危険半円ともいわれます）の風が強烈であって、それが湾奥に向けて吹くためです。すなわち台風が湾の西側を通過するとき、湾上には危険半円の強い南寄りの風が吹き続き、湾奥の水位を高めるのです。これを風の吹き寄せ作用といいます。通常は風の吹き寄せ作用が、気圧の吸い上げ作用を凌駕しています。この 2 つの作用で水位が高まった湾奥に、さらに強い波浪が襲いかかって高潮被害を大きくします。

　湾奥の高潮は、湾に注ぐ河川の中へ進入します。図 3.9 に伊勢湾の木曽川と東京湾の江戸川における川筋に沿った高潮の分布を示しました。縦軸の高潮比は河川内の高潮と河口の高潮の比です。その分布の下に河床の形状を描

3.3 感潮域の洪水、高潮、津波

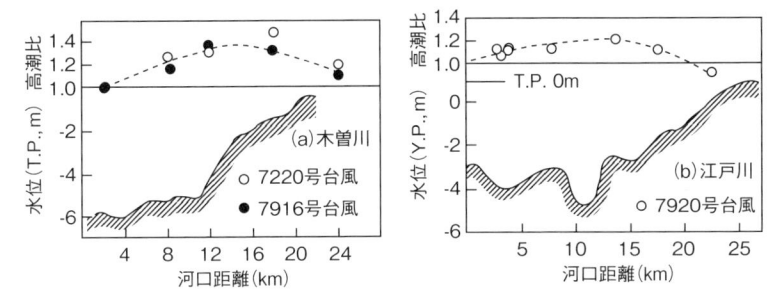

図 3.9 河川内における高潮（平常潮位からの偏差）の河口に対する比率と、河底地形の縦断面分布、(a) は木曽川、(b) は江戸川で、T.P.：東京湾平均海面、Y.P.：江戸川に用いられる水位基準、小西達男・木下武雄氏（1983）による

いておきました。いずれの場合も高潮のピークは河川内に現れることに注目しなければなりません。これは水面を吹く強風によって、浅い河川内で高潮がさらに発達することを教えています。最も高潮が高まるのは、河床勾配が急変して水深が浅くなる付近です。ピークの高さは河口の高潮の 1.2 〜 1.4 倍の程度にもなっています。

　一方、最近は河道主義（2.7 節）による河川事業のために、降った雨がいち早く河道に集められ、洪水のピークが早くなる傾向が見られます。このため高潮と洪水の発生が重なる可能性が高まっています。このときも洪水と高潮の相互作用が顕著で、水位はそれぞれが単独にある場合の値を単純に重ね合わせた水位よりも低くなって、安全側に働くことがわかっています。

**遡上する津波の振動**

　川の水は下流で津波と遭遇することがあります。2011 年 3 月 11 日に発生した巨大地震（東北地方太平洋沖地震）による大津波は、東日本を襲って甚大な被害を与えました。田中 仁氏の調査を伝えた朝日新聞によると、北上川では河口で高さ 7 m の津波は、河口から 17 km の地点にある高さ 3 m の堰を乗り越えて、約 50 km の上流地点にまで遡上したといいます。おそらくわが国における津波の最長遡上記録といえるでしょう。1854 年の安政南海地震のときには、津波は大阪の木津川・安治川に押し上がって、橋梁流失 25、船舶損失 1,496、水死者 382 の被害を与えたと伝えられます。なお遡上

— 61 —

した津波が市街や農耕地を側面から襲って、被害を与えることに留意しなければなりません。

1983年5月秋田県沖を震源とした日本海中部地震津波の際に、阿部邦明氏が5河川で実施した、痕跡調査にもとづいて、津波の高さの分布を求めた結果を図3.10に示します。およその高さの分布が実線で、平常時の水面が破線で描かれています。これらの中で震源に最も近い米代川で津波が最も高く、全体の傾向として震源から遠いと津波は低くなっています。また雄物川と最上川は、途中に取水が行われているために、遡上距離が他に比べて短くなっています。高い津波が海岸に迫るときや河川を遡上するときには、図2.6(c)に示したように先端が崖のように切り立った段波として前進することが多く見られます。

図3.10によれば河川内の津波の分布は単純な分布を示さず、遡上区間の

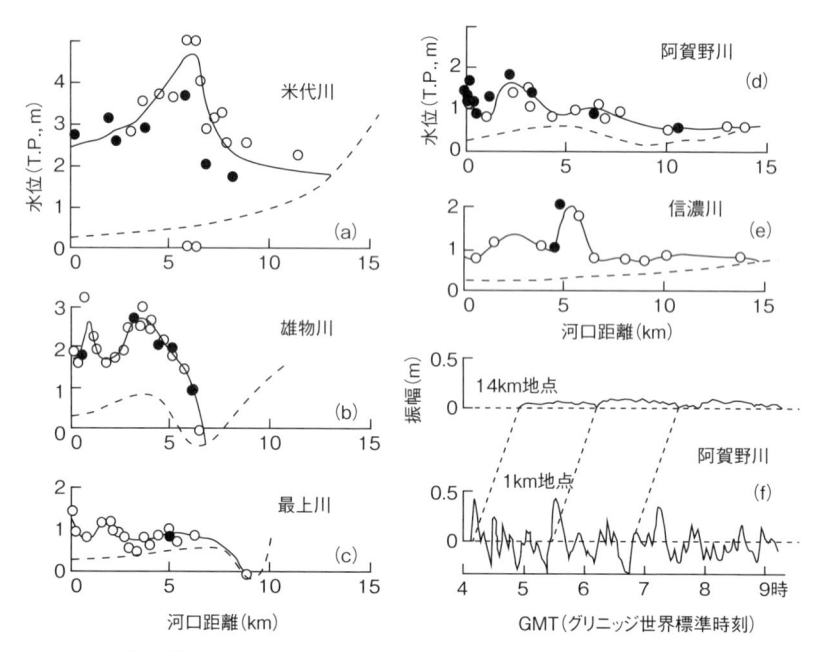

図3.10 日本海中部地震津波の際の5河川における最大水位の分布((a)〜(e))、白丸は右岸、黒丸は左岸、破線は平常水位、(f)は阿賀野川の河口から1km地点と14km地点における津波記録、点線は対応する位相を結んだもの、阿部邦明氏(1986)による

途中で 1 つまたは 2 つのピークが存在することが注目されます。これは河川内に定常振動が発生するためです。このように津波は単に遡上するにつれて減衰するのではなく、川筋の途中で最も高くなり得ることに十分留意する必要があります。なお図 3.10(f) によれば、阿賀野川において河口から 1 km の地点では短周期の津波が卓越していますが、14 km の地点では長周期のもののみが目立っています。これは、津波はスペクトル構造をしていて、川を遡上するときに周期が短い成分が早く減衰することを表しています。

## 3.4　感潮域における水循環

　上流から下りてきた淡水の河川水は軽く、海から差し込んだ海水は塩分を含んで重いです。両者が接する下流域で、どのような循環が生じるかを調べます。静止状態では河川水は上層に、海水は下層に位置して重なり、2 つの水は容易に混じらず水の循環は生じにくいです。しかし河川流と潮流があるために、これらの混合作用で密度分布を生じて循環が発生します。

　混合の強さは河川水と海水の 2 つの流れの強さに依存して、循環は強混合型、緩混合型、弱混合型に大別されます。なお海水の影響は下層を通じて上流に及びますが、その影響範囲は潮汐波よりも狭く、一般に塩分遡上点は潮汐遡上点よりかなり下流側に位置しています。3 つの型は模式的に図 3.11 のようになります。左側は塩分の縦断面分布、中央は塩分の鉛直分布、および右側は流速の鉛直分布を表します。

**強混合型**

　この型の感潮河川では、河川流が弱くて潮流が強いので鉛直混合が活発に行われます。それゆえ図 3.11（a）に描かれているように、塩分の分布は上下方向に一様で、河口から上流に向けて塩分は次第に薄くなります。鉛直混合が強くて鉛直循環は生じにくいですが、底面付近では平均的に上流に向かう弱い流れの存在も考えられます。

3章 感潮域における川と海の遭遇

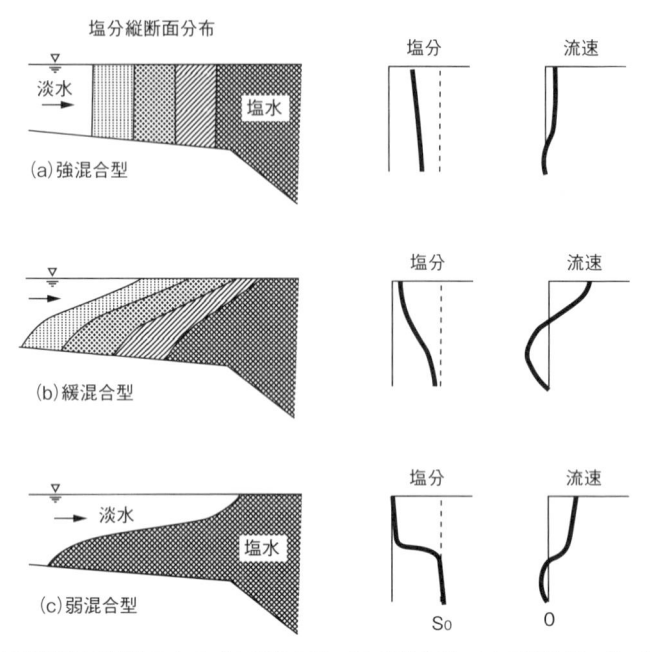

図 3.11 河川感潮域の循環タイプ：(a) 強混合型、(b) 緩混合型、(c) 弱混合型、左：塩分縦断面分布、中央：塩分の鉛直分布（$S_0$ は河口塩分）、右：流速の鉛直分布（正は下流方向）

緩混合型

　わが国では多くの場合に潮流も河川量もある程度強いので、両者の影響でこの型が現れやすいです。塩分は上流から河口に向かうにつれて、また上層から下層に向かうにつれて濃くなります。これに対応して図 3.11 (b) の流速分布が示すように、上層では下流に、下層では上流に向かう鉛直循環が発達します。

弱混合型

　この型は潮汐が小さい場合に現れるので、日本海に注ぐ河川に多く見られます。この典型例は塩水くさびとよばれるもので、混合作用が弱くて海から川へ進入した海水が、底面に沿ってくさび状に川の上方にまでのびます。塩分の鉛直分布は図 3.11 (c) に描かれていますが、くさび上部の境界面はかなり明瞭です。だが超音波で見ると内部波（後記）が発生して境界面が波打

## 3.5 懸濁物質の輸送と堆積

ち、乱れが発生して下層水が上層に取り込まれる連行加入現象が起きています。これは境界面で速度差があるために不安定（シア不安定という）が生じたためです。

以上のように3つの型に分けて説明しましたが、実際にはこのように明確に分けられるとは限りません。また同一河川でも、月齢に応じて潮流が変化し、降水によって河川流も変化するので、循環の型は変化することに留意しなければなりません。川からの取水や流域の塩害などの実際問題においては、塩水の遡上範囲や、塩水の深さなどを知る必要があるので、この河口循環の理解は重要です。

### 3.5 懸濁物質の輸送と堆積

一般に河口付近では懸濁物質が多くて水は濁っています。これは上流から土砂が多く運ばれてくること、河川水と海水の接触による凝集作用によって懸濁粒子のかたまり（フロックとよばれる）が多く発生すること、および強い潮流による混合作用が加わるためです。凝集作用については8.1節で説明します。

図3.12に杉本隆成氏（1988）にしたがって、弱混合型と緩混合型の場合における懸濁物質の分布と堆積状況を示します。図(a)は弱混合型の場合で、濁度最大域は塩水くさびの先端付近に出現します。ここでは上層から下層へ沈降する懸濁粒子の量は、下層で下流から運ばれてくる量よりもかなり多くなっています。

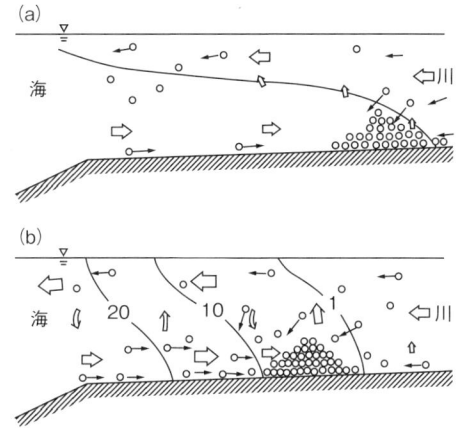

図3.12 河川感潮域における鉛直循環、塩分分布（下図、数値は塩分）と堆積物の最多場所。(a) 弱混合型、(b) 緩混合型、杉本隆成氏（1988）による

これに対して図（b）の緩混合型の場合には、濁度最大域は底に沿って上流に向かう流れが止まる場所、すなわち淀み点付近に現れます。この場合は、下流側から運ばれてくる懸濁粒子の方が、上層から沈降する量よりも多いといわれます。

**参考文献**
宇野木早苗（1996）：感潮域の水面変動、河川感潮域－その自然と変貌・第1章、西條八束・奥田節夫編、名古屋大学出版会
宇野木早苗・小西達男（1997）：河川感潮域の流動特性に基づく設計水位について、沿岸海洋研究、第34巻第2号
小西達男・木下武雄（1983）：高潮の河川遡上に関する研究、第1報、（1985）：第2報、防災科学技術センター研究報告、第31号、第34号
西條八束・奥田節夫編（1996）：河川感潮域－その自然と変貌、名古屋大学出版会
杉本隆成（1988）：河口・沿岸域の環境特性・第1章、河口沿岸域の生態学とエコテクノロジー、栗原　康編、東海大学出版会
Abe, K.（1986）：Tsunami propagation in rivers of the Japanese Islands, Cont. Shelf Res., Vol.5

# 4章　海へ流出した河川水の振る舞い

　平地を流れ下ってきた河川水は海へ流出します。その振る舞いについて調べます。

## 4.1　地球自転の効果

　沿岸の自然現象は一般に空間的にも時間的にもスケールが大きいので、河川内では無視できた地球自転の効果が重要になってきます。最初にこの効果について説明しておきます。

**コリオリの力**
　地球自転の効果はコリオリの力として現れます。これは地球上で動いている物体を、北半球では右方向に、南半球では左方向に逸らそうとする力です。これが生じる理由は次のように考えられます。
　いま図4.1（a）に示すように、地表面のA点に居る人が北極Nに向けて

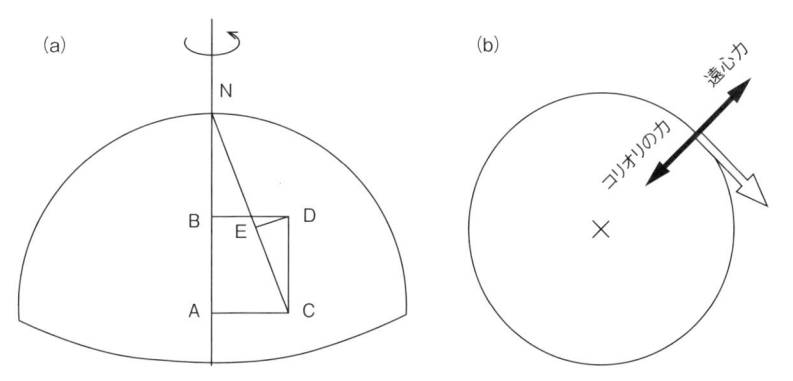

図4.1　(a) コリオリの力の説明、(b) 自由に動き出した水粒子が描く慣性円、コリオリの力と遠心力が釣り合っている

大砲を撃ったとします。短い時間を考えると、弾丸は B 点に達するでしょう。しかし地球が回転しているために、弾丸は慣性のために同じ時間に AB の右方向にある C 点にまで動くはずです。これは石を下に落としたとき、地表面が超高速で動いているにも関わらず（日本付近の緯度 35 度で秒速 379 m）、石は自分の足元に落ちることから理解できることです。慣性によって人の手を離れても、石は人とともに動いているのです。それゆえ実際に弾丸が到達した位置は、AB と AC をベクトル的に合成した D 点になります。

ところで弾丸を撃った人も同じ時刻に C 点に達しています。そしてこの人は、地球が回転していることを知らないので、自分が撃った弾丸は北極 N に向かって AB に等しい距離にある CE の E 点に到達していると思うでありましょう。だが実際には弾丸は D 点に位置しているので、この人は弾丸には E 点から D 点に動かす力が働いたと考えざるを得ません。

すなわち地表面で動く物体には、運動の右方向に働く力が作用していると考えます。この力がコリオリの力です。いまは弾丸を北極に向けて撃ちましたが、どの方向に撃っても同じことが理解できます。コリオリの力は物体の速度に比例し、また緯度によって異なり、赤道ではゼロで北極に向かうにつれて大きくなります。なお、いまは北半球を考えましたが、南半球ではコリオリの力は物体の運動方向の左方に働いています。

**コリオリの力が影響する時空間スケール**

コリオリの力は地表で動くどの物体にも作用していますが、われわれが日常経験する物体や流体の運動ではその効果はきわめて小さくて無視できます。コリオリの力が効果を現すには、注目する現象の時空間スケールがある程度以上大きくなければなりません。例えば大気の場合には、低気圧や台風などの規模の現象です。

静止した海において何らかの原因で水粒子が動き始めたとき、自由運動の場合には北半球では常に右へ右へとコリオリの力が働くので、図 4.1（b）に示すように水粒子は右回りに円を描き、元の位置にもどってきます。このときは図示したように、コリオリの力と遠心力が釣り合って円運動が行われる

のです。この水平円運動の回転周期は慣性周期とよばれます。慣性周期の大きさは日本近海の緯度30度、35度、40度の場合に、それぞれ24.0、20.9、18.7時間です。コリオリの力が効果をもつのは、現象の時間スケールが慣性周期より長い場合です。

　一方、地球自転に関係する水平スケールは海域の成層状態に関係して、密度一様な場合はロスビーの変形半径、成層している場合はロスビーの内部変形半径とよばれる長さが基準になります。前者のロスビーの変形半径は数百km程度の大きさです。一方、後者のロスビーの内部変形半径は、密度成層の程度や深さに関係しますが、浅い沿岸においては通常数km程度以上と考えられます。

## 4.2　河川水の基本的な流出形態

**水平循環**

　最初に、風も流れもない静止した直線状の海岸の成層した海へ、河川水が流出した場合を考えます。出現する基本的な流出形態は、杉本隆成氏（1988）によると図4.2のような4つのパターンに大別されます。ここでは北半球を考えます。

　図 (a) は河川流量が少なくて慣性が弱く、放射状に広がる場合です。図 (b) は洪水時の多量な河川水が勢い良く流出して、噴流（ジェット）の状態になる場合です。このとき流れは乱れて周辺の海水を取り込む連行加入が加わるために、進行に伴って流量が増え、幅も広がります。しかし強い乱れによってエネルギーを消耗し、次第に遅くなって噴流でなくなります。

　一方、川幅や流量が多くなって河川の規模が大きくなると、前節に述べた地球の自転に起因するコリオリの力が効果を現すようになります。この力は北半球では運動の右方向に作用するために、図4.2 (c) に示すように流出した水は河口を出て右に曲がり、その後は岸に沿って狭い幅を保って進行を続けます。ここでは水面は岸に向けて高まっていて、水面の傾きに伴う沖向きの圧力傾度力と岸向きのコリオリの力が釣り合っています。流れの幅はロス

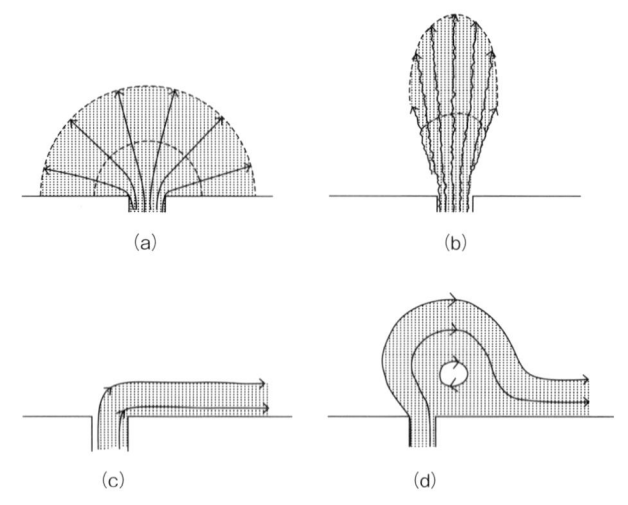

4章 海へ流出した河川水の振る舞い

図 4.2 静止した海への河川水流出パターンの模式図、杉本隆成氏 (1988) による

ビーの内部変形半径の程度です。

　河川流量が著しく多くなると、強い慣性のために図 (d) に描かれてあるように、河川水はいったん沖の方へ突き出る形をとります。だがコリオリの力のために時計回りの環流を形成し、これが岸に出会った後には図 (c) の場合と同様に岸を右に見て岸沿いに進んでいきます。

**鉛直循環**

　河川水の流出に伴って鉛直循環も発達します。この場合は、感潮域における緩混合型の循環の延長として、図 4.3 (a) に示すように、河口を出た軽い水は上層を河口から沖の方へ、沖側の重い水は下層を沖から河口に向かう循環を形成します。この循環をエスチュアリー循環といいます。エスチュアリーとは河川水の影響を強く受けた海域を意味し、通常河口域と訳されますが、実際はこれよりも範囲が広くて東京湾のような内湾もこれに含まれます。この循環は河口循環や河口密度流とよばれることもあります。

　ただし実際には、河川水流出に伴う循環は3次元構造を成しています。湾におけるその構造を模式的に図 4.3 (b) に示しました。この流系においては、

— 70 —

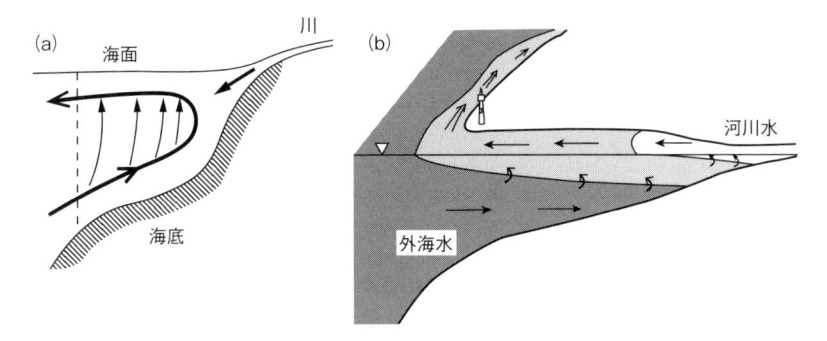

図 4.3 エスチュアリー循環、(a) 鉛直断面内の循環、(b) 3 次元循環

上層では河川水を含む水塊(プリュームとよばれる)が岸を右に見て岸に沿って外海に向かい、下層では外海水が湾奥に向けて進入しています。湾口に達したプリュームは、他の流れがなければコリオリの力の効果で、やはり右に曲がって外海の海岸沿いに進むはずです。なお湾では横幅が限られるので、やはりコリオリの力を受けて、上層の外に向かう流れは湾口に向かって右岸側に卓越し、下層の湾奥に向かう流れは左岸側に卓越する傾向が見られます。この場合には図4.3 (a) は横方向に積分した流れに対する鉛直循環と考えることができます。

### エスチュアリー循環の流量

上層流出・下層流入のエスチュアリー循環に伴う流量を、水と塩分の連続条件を用いて求めた結果を表 4.1 に示しました。季節や条件による違いはありますが、この流量は河川流量の数倍から 10 倍、場合によっては 20 倍以上に達していて、非常に発達した流れであることがわかります。

このように河川流量の何倍もある強い循環ができる理由は次のようです。いま水槽を 2 つに仕切って、片側に軽い水（河川水）、片側に重い水（外海水）を入れておき、仕切りを外せば不安定が生じて、重い水は軽い水側の底層の方へ潜り込み、軽い水は重い水側の表層に進入して、鉛直循環が発生します。このとき最初に比べて全体の重心が次第に下方に下がって、位置エネルギーが減少します。エネルギー保存の法則から、減少した位置エネルギーが運動

4章　海へ流出した河川水の振る舞い

表4.1　エスチュアリー循環流量（鉛直循環流量）と河川流量、その比率、宇野木（2010）による

| 海域 | 季節 | 河川流量 R($m^3$/s) | 鉛直循環流量 Q($m^3$/s) | 流量倍率 Q/R | 出典 |
|---|---|---|---|---|---|
| 東京湾 | 夏 | 396 | 2,201 | 6 | 海の研究、1998 |
|  | 冬 | 124 | 1,635 | 13 | 宇野木 |
| 伊勢湾 | 夏 | 800 | 3,000 | 4 | 海の研究、1996 |
|  | 冬 | 250 | 6,000 | 24 | 藤原他 |
| 三河湾 | 夏 | 137 | 1,169 | 9 | 海の研究、1998 |
|  | 冬 | 60 | 1,272 | 21 | 宇野木 |
| 大阪湾 | 夏 | 130 | 3,300 | 25 | 沿岸海洋研究、1998 藤原他 |
| 大阪湾 | 秋 | 120 | 4,520 | 38 | 沿岸海洋研究、1993 湯浅他 |
| 広島湾 | 年 | 87 | *（最大） | 7 / 14 | 沿岸海洋研究、2000 山本他 |

エネルギーに転換されて、このように顕著な運動が生じるのです。

　だがいまの場合は摩擦の効果もあってやがて運動は止みますが、エスチュアリー循環の場合には、河川水の連続流入によってエネルギーが絶えず供給されるので、循環が継続されます。また上層と下層の境界に乱れが発生して連行加入が行われ、循環流量が増大します。

　表4.1によれば、エスチュアリー循環流量と河川流量の比は冬に大きく夏に小さくなっています。これは夏には河川流量の増大や水温の上昇により、海では密度成層が強まるために、鉛直方向の輸送や混合が抑制されるためです。またわが国の南岸の湾においては、夏の南寄りの季節風はこの循環を弱め、冬の北寄りの季節風はこの循環を強めることも寄与しているでしょう。ただし夏には河川流量自体が多いために、比率は小さくても鉛直循環の流量はむしろ夏の方が冬よりも多い場合が生じます。

河口フロント

　軽い河川水がより重い海水の広がっている海へ流れ出たとき、当然のことながら流出当初は不連続的な変化が生じます。その後時間をかけて両者は混じり合っていくのです。広島湾に注ぐ太田川を例にして、河川水が海に出たときの密度と流れの鉛直分布を図4.4に示します。図（a）は上げ潮のとき、

## 4.2 河川水の基本的な流出形態

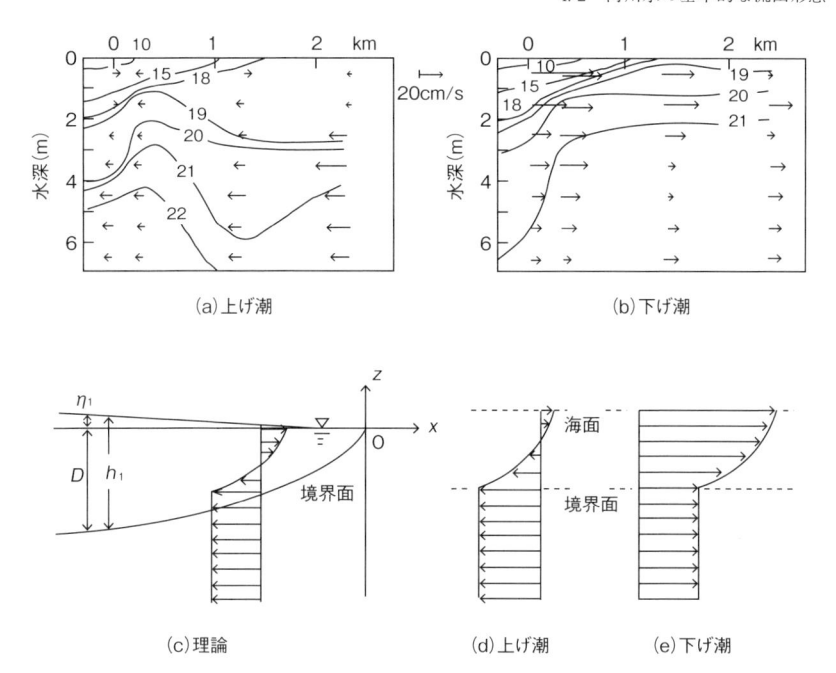

図4.4 広島太田川河口前面の密度($\sigma_t$)と流れの鉛直分布、(a)上げ潮、(b)下げ潮、上嶋英機氏(1986)による。(c)流速の鉛直分布の理論値、(d)これに上げ潮流を加えた場合、(e)下げ潮流を加えた場合

図(b)は下げ潮の場合です。密度は $\sigma_t$(シグマーティ)で表されていて、これは MKS 単位で密度 $\rho$(ロー)と、$\sigma_t = \rho - 1000$ の関係にあります。海水密度の変化は小さいので、微少部分を強調するために用いられます。

河川水が海水と接する先端では、密度が急激に変化してフロントが形成されます。これを河口フロントといいます。この変化は下げ潮のときが顕著で、その後の混合過程の結果として上げ潮のときはやや緩やかになっています。不連続層の深さは沖に向けて浅くなります。

不連続面を通しての流れの変化は、潮流が加わっているので密度ほど顕著ではありません。だが上げ潮、下げ潮を除いて平均流を考えると、エスチュアリー循環の表層流出、下層流入の存在が認められます。図4.4(c)に理論的に求めた流れの鉛直分布を示しておきました。これに上げ潮と下げ潮を加えた流れが図(d)と(e)に描かれています。この結果は図(a)と(b)に

示す太田川河口前面における観測事実を比較的良く説明しているといえます。河口フロントは河川流量が多い暖候期に顕著です。

## 4.3　多様な河川水の流出実態

図 4.2 に河川水の基本的な流出形態を示しましたが、実際の流出形態は条件に応じて多様であるのでその実態について述べます。

**現地観測の結果**

図 4.5 (a) は渇水期の石狩川河口付近における流線を描いたもので、図 4.2 (a) に近い状態が見られます。図 4.5 (b) は信濃川における河口前面の塩分 30 の深さの水平分布を描いたもので、希釈水の厚さが 1.5 m より厚い範囲が

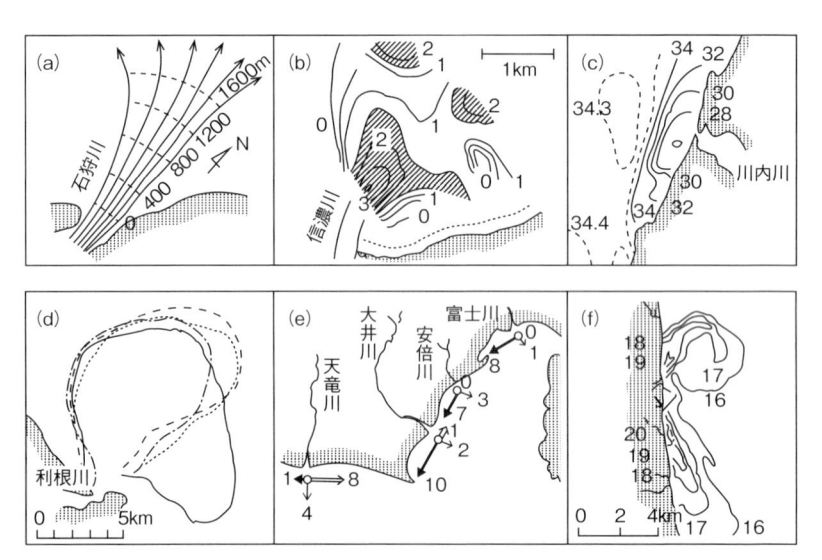

図 4.5　河川水の流出形態、(a) 石狩川河口の表層流線、柏村正和・吉田静男氏 (1966) による、(b) 信濃川河口における塩分 30 の等深線 (m)、川合英夫氏 (1988) による、(c) 鹿児島県川内川河口の表面塩分の分布、高橋惇雄氏 (1974) による、(d) 利根川における河川水流出範囲の 4 例、関根義彦氏ら (1988) による、(e) ランドサット画像 13 例にもとづく遠州灘と駿河湾における河川水プリュームの進行方向（左、右、沖の 3 方向）の出現回数、宇野木・岡見 (1985) による、(f) 福島第一原子力発電所の前面海域における水温の分布、1982 年 11 月 11 日、福島県資料による

斜線で示されています。これが河川水プリュームを代表すると考えられます。図によれば流出した河川水は連続的に分布せず、むしろ途切れて断続的に分布していることが注目されます。観測した川合英夫氏（1988）は希釈水の形状や分布を解析して、これは急速に広がった河川水が連行、収束、発散などによって変形して左右非対称になり、肥大した部分が分離したために生じたと考えました。上記の2例は日本海に注ぐ川の場合で、潮流の影響が小さくなります。

　一方、流出した河川水が沖の方へ広がらずに、岸沿いに流れる例は非常に多いです。その1例を図4.5（c）に示しました。これは鹿児島県の川内川におけるもので、塩分の分布を描いたものです。河口を出た河川水が岸に平行に細長くのびています。この場合には潮流の影響が強いので、河川水は潮流によって往復運動をくり返して、その間に希釈され、かつ小水塊に分離して長い時間をかけて沖の方へと拡散しています。なお河口の右側の方へ河川水プリュームがのびる傾向が見られて、コリオリの力の影響がうかがえます。

　図4.5（d）は利根川で得た4事例で、航空機で観測したプリュームの範囲が描かれています。プリュームは数キロメートル沖の方まで張り出していますが、利根川の流量が多いために慣性が強く働くためと思われます。その中の1例ではプリュームは沖に向かうとともに、右の方にものびていて、図4.2（d）と比較して、コリオリの力の影響が考えられます。

　原子力発電所における大量の温排水の広がりは、軽い水の流出という点で河川からの流出形態を理解するうえに参考になります。図4.5（f）は福島第一原子力発電所から温排水が放出された地先海面の、水温の分布を観測したものです。この分布は図4.2（d）の規模の大きな河川からの流出形態と相似たパターンを示し、多量の温排水の広がりにも地球自転の影響が及ぶことが推察されます。以上の諸例から大規模流出の場合には、地球自転の効果を考慮する必要があることが理解できます。

4章　海へ流出した河川水の振る舞い

## 衛星画像から見た流出パターン

　図4.5（e）はランドサット画像13例にもとづいて、遠州灘と駿河湾に注ぐ4つの河川の流出方向を、河口の左側、沖方向、右側の3方向に分けて統計したものです。駿河湾内の富士川、安倍川、大井川の3河川のいずれにおいても、流出水は右方向に逸れて岸沿いに南下する例が圧倒的に多くなっています。これには黒潮の接岸・離岸に伴って生じる湾内の循環流の影響もあるでしょうが、コリオリの力の影響が大きいことが認められます。

　一方、外海に面する天竜川においては、図4.5（e）に示されるように河口を出て左方向に流れる例が多いです。これは黒潮の影響を受けた東向きの沿岸流の存在を示唆しています。言うまでもなく沿岸に別の原因による流れが存在する場合には、その影響を考慮しなければなりません。

　流出量がきわめて大きいときの例を図4.6に示しました。これは東海地方の大規模な洪水後のランドサット画像を表したもので、大量の河川水が駿河湾や遠州灘に流れ込んだ状況を、海水が含む濁りを対象に写したものです。駿河湾に流出して白く輝いて見える河川水プリュームは、すべての川において河口を出て岸を右に見て南下しており、コリオリの力の影響がうかがえま

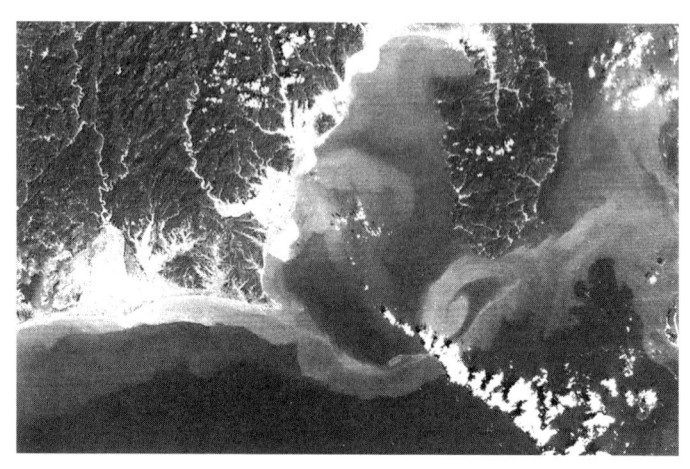

図4.6　東海沿岸における河川水プリュームのランドサット画像、1979年10月22日、3日前に静岡県北部を通過した台風20号は大量の雨と洪水をもたらした、旧宇宙開発事業団地球観測センターの提供による

す。そして流出して岸付近で捉えきれなかったものは、さらに沖に出て大きな時計回りの還流を形成しています。

一方、駿河湾西岸を南下した河川水プリュームは、遠州灘に沿って東流してきた河川水プリュームと、駿河湾口の御前崎沖で合流し、沿岸部の黒潮の流れに乗ってさらに東へと運ばれています。そして一部は枝別れして相模湾へ流入している状況もうかがえます。

## 4.4 内湾の海洋構造

河川が流入する内湾における海洋構造と河川水の分布を、東京湾を例にして調べます。

**鉛直分布の季節変化**

東京湾中央部における水温、塩分、密度（$\sigma_t$）の鉛直分布を図4.7（a）、（b）、（c）に示します。1、2月には海面冷却のために鉛直対流が発達し、また強い北寄りの季節風のかき混ぜも加わって、鉛直方向に水温・塩分の一様化が進んでいます。だが底層には外洋水の影響が及んでいるため、下層の方がや

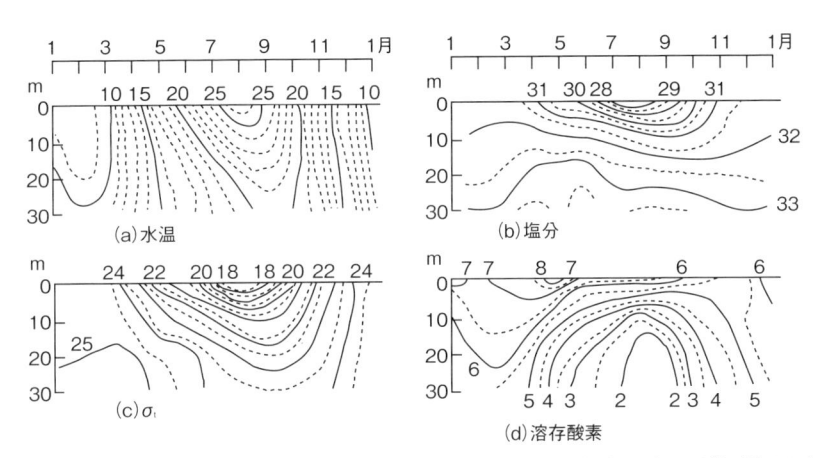

図4.7 東京湾中央部における水温（℃）、塩分、密度（$\sigma_t$）、溶存酸素（mg/L）の長期平均から求めた鉛直分布の年変化、宇野木（2010）による

や暖かく温度逆転が見られます。しかし下方に向かって塩分が増加しているため、密度逆転は生じていません。

やがて3月後半には海面の加熱が始まり、表面温度は上昇します。海面の加熱が進むにつれて混合も弱まり、表面水と下層水の間に温度が急変する層いわゆる温度躍層が形成されます。図は長期間の平均のため変化は顕著でありませんが、実際には不連続的な変化が生じます。最高水温の起時は、表面は8月ですが、深さとともに遅れ、30 m層では9月になります。9月には海面の冷却が始まり、10月には水柱全体で水温がほぼ一様になります。ただし塩分や密度は深さ方向に一様でないから、上下の混合が十分に行われたことを意味するものではありません。これ以降は表面と底層の間に温度逆転を保って、水柱全体が冷え続け、翌月2月の水温最低期に至ります。

塩分は、年間を通して表層から底層に向けて高くなります。また年間における変動幅は表層から底層に向けて小さくなります。塩分の季節変化の特徴は、上層では寒冷期に塩分が高く、温暖期に低いことに対応して、下層では逆に寒冷期に塩分が低めであることです。これは寒冷期には、鉛直混合が盛んで上層の影響が下層に及ぶためです。以上の結果、寒冷期には高温は高塩分に、温暖期には高温は低塩分に対応して、水温と塩分の関係は季節により逆相関になっています。

図4.7（c）の密度の鉛直分布によれば、寒冷期には上下の密度差は非常に小さくて成層の安定性は弱く、わずかな海面冷却や風の働きで容易に対流が生じます。温暖期には上下の密度差が大きくて成層は安定しています。この成層の安定は上下方向の物質輸送に大きな影響を与えます。その1例は図4.7（d）に示す溶存酸素の季節変化で見ることができます。温暖期には安定成層のため、海面から底層への酸素供給が抑制されます。このとき底層においては、上方から沈降してきた有機物の分解に伴う大きな酸素消費があるために、海底付近に顕著な貧酸素水塊が発生して、生物環境に悪影響を与えます。

## 水平分布

2月と8月の表層の水温と塩分の分布を示す図4.8によれば、水深が小さ

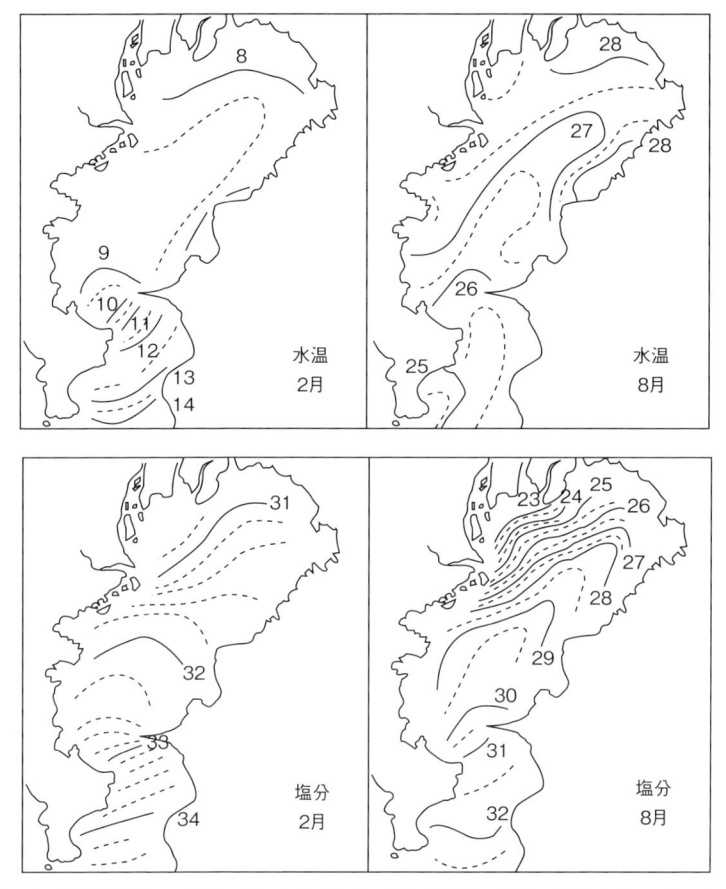

図 4.8 東京湾表層の 2 月と 8 月における水温（℃）と塩分の分布、宇野木（2010）による

い浅海部では海面の加熱冷却の影響を強く受けるので、水温は湾奥から湾口に向けて、夏季には低くなり、冬季には逆に高くなります。塩分は年間を通して、河川水の湾奥部への流入に対応して、湾奥から外海に向けて高くなります。また河川の流入場所およびコリオリの力の影響で、塩分は西岸側で低く、東岸側で高い傾向があります。

　海洋要素が急激に変化するのは、暖候期には河口付近、寒候期には湾口付近で、それぞれ河口フロントと沿岸熱塩フロントが出現します。河口フロントについては 4.2 節で説明しました。湾口付近に現れる沿岸熱塩フロントに

4章　海へ流出した河川水の振る舞い

ついては、4.5節で説明します。いずれも河川水の流入に関係していますが、両者においてフロントを挟んで密度分布が著しく異なります。すなわち密度は、河口フロントでは急激に変わり、沿岸熱塩フロントでは連続的に変わることは興味深いことです。

### 河川水の分布

　内湾に加わる淡水は、河川流量と海面への降水量を加えたものから、海面からの蒸発量を差し引いたものです。だが降水量と蒸発量の差は河川流入量に比べて小さいので、淡水含有率はほぼ河川水含有率と見なすことができます。ある地点の塩分を $S$、外海の塩分を $S_0$ としたとき、海水に含まれる河川水の割合は $(S_0 - S)/S_0$ で求まります。ゆえに河川水の分布は塩分の分布の裏返しになっています。

　図4.9の (a) と (b) に、2月と8月の東京湾における表層海水の河川水含有率の水平分布を示しました。外海の塩分として房総沖の塩分を考え、2月には34.7を、8月には33.9を用いました。2月には河川流量が少ないことに対応して、淡水含有率は湾奥では10％程度で外海に向けて減少し、湾口では1％程度にすぎません。だが8月になると河川流量の増大と安定成層に対応して、湾奥では40％程度と大きく、湾口でも4％程度あります。

　図4.9 (c) には、東京湾中央付近における河川水含有率の鉛直分布の年変化を示しました。夏季には、表層では20％程度ですが、底層付近では4％以下にすぎません。一方、冬季には河川流入量が少なく、鉛直混合も激しいので、全般的に底層水の河川水含有率は少ないですが、年間における河川水含有率が最も少ないのは春の終わりから夏の初めです。

## 4.5　熱塩循環

### 沿岸の熱塩循環

　海水密度は河川水の流入ばかりでなく、海面の加熱冷却によっても変化します。ただし暖候期の海面加熱は表層密度を小さくして、河川水流出の効果

## 4.5 熱塩循環

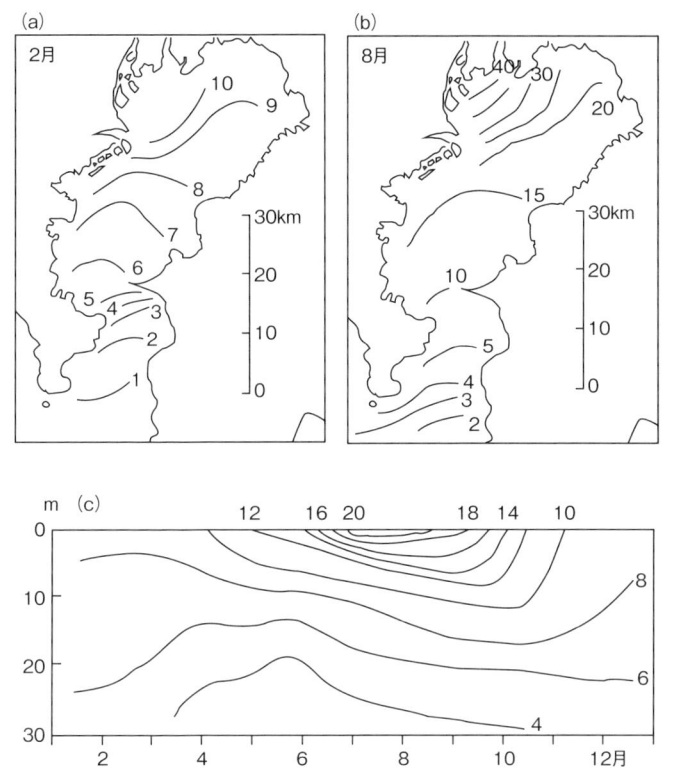

図4.9 東京湾の表層海水に含まれる河川水含有率（%）の水平分布（(a) 2月、(b) 8月）、(c) 東京湾中央付近における河川水含有率（%）の鉛直分布の年変化

と同じで特別なことは生じません。一方、海面の冷却は表層密度を大きくするので、河川水流出と海面冷却の相乗効果で、沿岸の熱塩循環とよばれる興味深い流れを生じます。この循環には温度と塩分が関係するので熱塩の名称が付けられています。

　この循環に伴って湾口付近には、沿岸熱塩フロントとよばれる顕著なフロントが現れます。1例として、冬季に吉岡 洋氏（1988）によって紀伊水道で観測されたフロント付近の、表層における水温分布を図4.10（a）に示しました。図によれば幅が非常に狭く顕著な水温勾配をもつフロントが、南北に長くS字形を成して、紀伊水道の東岸から西岸へ、数十kmにわたってのびていることが認められます。水温の最も大きな水平勾配は、距離200mで

4章 海へ流出した河川水の振る舞い

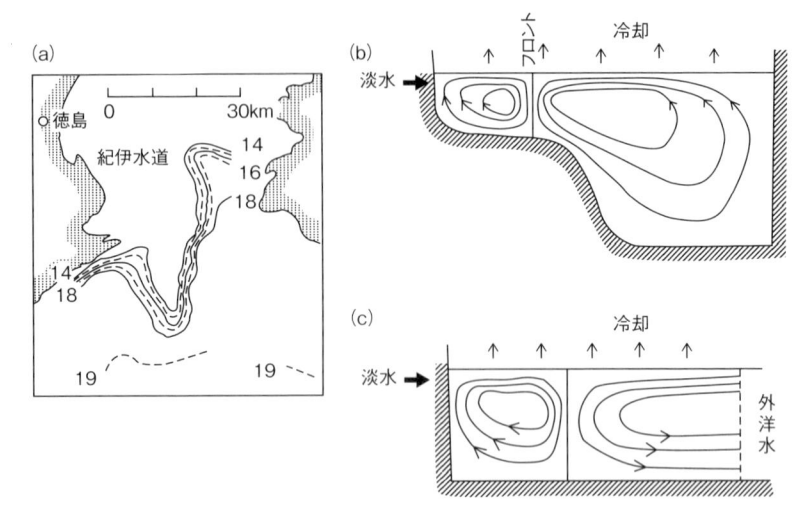

図4.10 (a) 紀伊水道の熱塩フロントにともなう水温分布（℃）、1972年1月、吉岡 洋氏（1988）による。沿岸熱塩循環に伴う流線の模式図、(b) は遠藤昌宏氏（1977）、(c) は原島 省氏ら（1978）のモデルによる

2℃にも達します。また塩分分布においてもフロントに大きな水平勾配が見られます。そしてフロントの南側の暖かい外洋水は海域の東岸側から北方に張り出し、北側の冷たい沿岸水は西岸側から南方へ張り出して、地球自転の効果が認められます。

　この発生機構を遠藤昌宏氏（1977）にならって、模式的に図4.10（b）に示しました。いま、大きく深い外海に小さく浅い内湾が接続して、湾奥から河川水が流出し、海面が一様に冷却される場合を考えます。湾奥から流出した河川水が、湾外に向けて表層を進む間に冷却が進んで次第に重くなって沈降し、図示されるような湾内で閉じる鉛直環流を形成します。一方、両海域の貯熱容量が異なるために、外海水が湾水よりも暖かくて軽いので、表層で外海から湾口に向かう流れが生じます。その間にこの水は冷却されて次第に重くなり、沈降して図示されるように湾内と逆向きの鉛直環流が生じます。両環流が接するところがフロントになります。

　なおこのモデルでは沖側に水深が大きな外海を考えましたが、必ずしもその必要はなく、原島 省氏ら（1978）によると、全域で水深が一様であっても、

外海側の境界を通して高熱塩が絶えず供給されるならば、同様な循環系が発生することがわかります。その状況を図4.10（c）に示しました。

　フロントに近付くほど冷却が進むので、フロントにおいて密度の極大が現れることになります。そして興味深いことに温度と塩分の効果が消し合って、フロントにおける密度は不連続でなくて連続的に変化しています。なお周辺海域よりもフロントの密度がわずかに高いので、ここで海水が沈降して鉛直環流を生じ、フロントの形成維持に寄与していると考えられます。そして海面冷却が強いとフロントが発達し、河川流量が多いとフロントは沖寄りになります。この傾向は観測によって認められます。このような機構で生じる熱塩循環は湾口付近にあって、冬季における内湾と外海との海水交換にとって重要な働きをしていると考えられます。

**大洋の熱塩循環**

　一方、海洋では海水が熱帯域で暖められ極域で冷やされるために、表層では低緯度から高緯度へ、深層では高緯度から低緯度へ向かう鉛直循環、すなわち海洋全体をめぐる熱塩循環が形成されます。この循環経路は複雑で、循環に要する時間は2,000年程度と考えられます。この循環によって暖水は高緯度へ、冷水は低緯度へ運ばれて、地球全体の熱の分布が平均化されて、極端な気候が避けられています。

　ただし氷河期の終わりの今から約1万3,000年前の頃、大洪水による出水によって北大西洋のグリーンランド沖の海面が大量の流出河川水に覆われて、高緯度の表面の水が沈み込むことができず、熱塩循環が止まったことがありました。このため大洋の表層において低緯度から高緯度に熱が運び込まれず、地球の表面が寒冷化してしばし氷河期にもどり、厳しい寒さが1,000年も続いたといわれます。この大洪水は氷河期の終わりに、広大な陸地を覆っていた氷河が融け始めて、カナダ南部の谷状低地に大氷河湖が形成され、これが決壊して発生したと考えられています。

## 4.6　大河川からの流出

　河川流量が多いとその影響は広い海域に及びます。世界一の大河アマゾン川の場合には、流量は毎秒 20 万トンにも達するので、河口から数十 km の沖においても、濁った河川水を含む色が異なった海水が認められます。さらに河口から約 400 km の沖にまで、周辺に比べて塩分が低い海水が存在しています。

　ここでは日本近海の例として、東アジア第一の大河長江（揚子江）からの流出に注目します。東シナ海や黄海には大小無数の河川が流出していますが、河川流出量の約 90% は長江が占めています。長江の流量は年変化が大きくて、最小は 1 月の約毎秒 1 万トン、最大は 7 月の毎秒 5 万トン余り、年平均で約毎秒 3 万トンです（図 4.11 (b)）。

　東シナ海周辺の 7～8 月における表層塩分の分布を図 4.11 (a) に示しておきました。長江河口の東側から北側の中国沿岸に、渤海湾を除いて最も低い塩分 30 以下の多量の低塩分水が広がっていることが認められます。これは長江からの大量の河川水流出によるものです。そしてこの低塩分水の影響は、対馬海峡の方までのびています。

　いま磯辺篤彦氏（2008）にしたがって、長江の流量と対馬海峡の表面塩分の年変化を比較して、図 4.11 (b) に示しました。対馬海峡には夏から秋にかけて低塩分水が現れますが、これは長江起源の低塩分水と黒潮起源の高塩分水が混合したものと考えられて、長江希釈水とよばれています。図 4.11(b) によれば、長江の流量が最大になる 7 月から、対馬海峡で塩分が最低になる 9 月までは、ほぼ 2 ヵ月間の時間差があります。長江の水が周辺の水と混合して希釈されながら、この間に約 700 km の距離を進むとすれば、1 日に 10 km 強の速さで進んだことになります。

　そして対馬海峡横断面における塩分と流速の測定結果から、断面を通過する淡水流量を見積もると、年平均値は毎秒 3 万トン程度となって、この値は前述の長江の年平均流量と同じオーダーになるのは注目されます。この結果、太平洋や南シナ海に向かう長江の水は、あるとしても小部分と考えられます。

4.6 大河川からの流出

日本海には長江に匹敵するほどの大河は存在しないので、長江は日本海にとっても影響がきわめて大きい重要な大河といわねばなりません。

なお9月をすぎれば海域には北東季節風が吹き始めるので、夏まで北東に

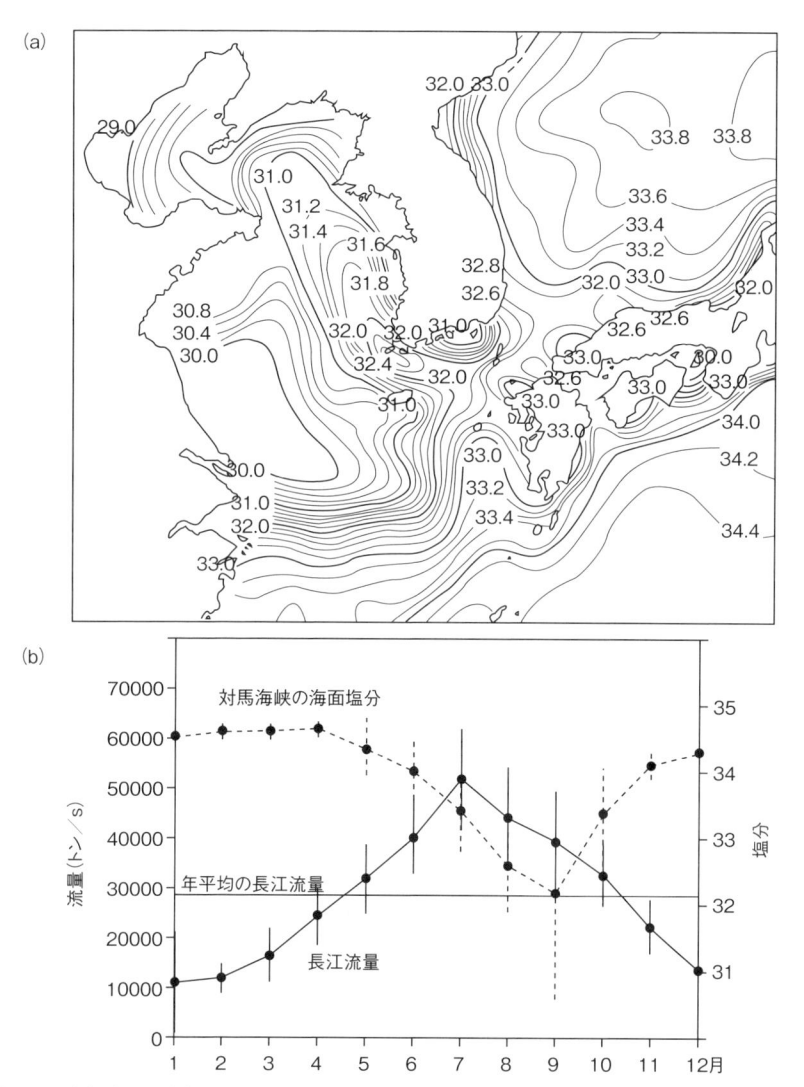

図4.11 (a) 東シナ海付近の7～9月における表層塩分の分布、日本海洋データセンターの資料による、(b) 長江の流量（実線）と対馬海峡の表面塩分（点線）の年変化、縦線は標準偏差、磯辺篤彦氏（2008）による

のび続けた長江希釈水は、季節風によって吹きもどされ、冬には中国沿岸に張り付く分布をするようになります。これに応じて冬と春には、対馬海峡を通過する長江起源の淡水の通過量は非常に乏しくなります。

**参考文献**
磯辺篤彦（2008）：東シナ海・黄海とその流入河川、川と海−流域圏の科学・第17章、築地書館
上嶋英機（1986）：瀬戸内海の物質輸送と海水交換性に関する研究、中工試研究報告、第1号
宇野木早苗（2010）：流系の科学−山・川・海を貫く水の振る舞い、築地書館
宇野木早苗・岡見　登（1985）：LANDSAT画像から見た駿河湾・遠州灘沿岸の流動、水産海洋研究、47・48号
Endoh, M.（1977）：Formation of the thermohaline front by cooling of the sea surface and inflow of the fresh water, Jour. Oceanogr. Soc. Japan, Vol. 33
柏村正和・吉田静男（1966）：河口を出る淡水の流れ、第13回海岸工学講演集
Kawai, H.（1988）：Divergence and entrainment in a river effluent : the heartbreak model, Jour. Oceanogr. Soc. Japan, Vol. 44
関根義彦・木下　章・松田　靖（1988）：関東・東海地区の主要河川水の流出状況の航空機観測、沿岸海洋研究ノート、第25巻第2号
杉本隆成（1988）：河口・沿岸域の環境特性、河口沿岸域の生態学とエコテクノロジー・第1章、東海大学出版会
高橋惇雄（1974）：海へ流入直後の小河川水の分散について、沿岸海洋研究ノート、第12巻第1号
Harashima, A., Y. Onishi and H. Kunishi（1978）：Formation of water masses and fronts due to density − induced current system, Jour. Oceanogr. Soc. Japan, Vol.34
Yoshioka, H.（1988）：The coastal front in the Kii Channel in winter, Umi to Sora, Vol.64

# 5章　沿岸の流動

　沿岸海域には河川水の流出に関係しない流れも存在して、河川水と同様に海域の環境形成に大きく寄与しているので、主なものについて説明をします。なお内湾では一般に周期的な潮流が目立ちますが、そうでない流れも多く、これらは平均流や恒流とよばれています。ただし文字通りに一定の恒流ではなく、成因に応じて変動しています。

## 5.1　潮汐・潮流

　潮汐・潮流は外洋潮汐が沿岸海域に伝播してきたもので、周期的な水位変動と流れを引き起こします。これは多くの周期成分（分潮）から成っていますが、一般に半日周期と1日周期が卓越しています。

### 内湾の潮汐

　すでに3.2節で述べたように内湾は流体振動系であるので、内湾の潮汐は外海からの進入潮汐波によって強制的に誘起された定常振動、すなわち定常波の性格をもっています。そして内湾の固有振動周期が潮汐周期に近いほど、共振の効果で内湾の潮汐は発達します。このときの潮位振幅は、わが国の規模の内湾では湾口から湾奥に向けて増大し、湾全体が同時に満潮や干潮になります。潮流の分布の特性は図3.3に示されています。

　例として図5.1（a）に、東京湾の$M_2$分潮（最大の分潮、周期12.42時間）の振幅（実線）と位相（破線、1周期を360度で表す）の分布を示しました。振幅は湾奥に近付くほど大きく、湾奥は湾口の1.4倍程度になっています。一方、満潮の時刻は湾内同時とはいえず、湾口から湾奥に向けて、15度すなわち30分程度と少しの遅れが見られます。しかし遅れは周期に比べて小

5章　沿岸の流動

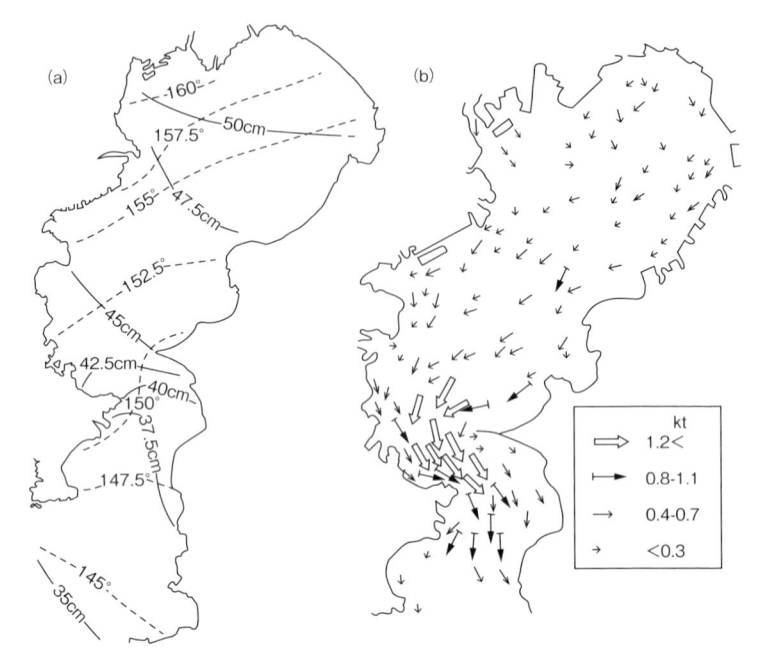

図 5.1　東京湾の潮汐と潮流の分布、(a) $M_2$ 分潮の振幅（実線、cm）と遅角（破線、月が 135° E の子午線通過後における満潮時の位相角）、(b) 海上保安庁の潮流図から作成した下げ潮最強時の流況（ノット）、宇野木 (2010) による

さく、大略的には湾内同時に満潮または干潮になると見なしても良いでしょう。このわずかな位相の遅れは、海底摩擦とコリオリの力の作用によるものです。

　ここで興味深い例として、天体の運動に起因する潮汐が、内湾の地形変化に応じて変化を生じたことを示しておきます。図 5.2 (a) は東京湾における東京港の、(b) は伊勢湾における名古屋港の大潮差（大潮時の平均潮差）の経年変化を示したもので、近年、潮汐が次第に小さくなっていることが認められます。これは激しい海岸埋立による湾面積の減少と、浚渫による水深の増加に伴って、湾の固有振動周期が小さくなって、湾外の潮汐に対する湾水の応答が弱くなったためと考えられます。これに伴って潮流も弱まり、近年の顕著な沿岸開発とともに、湾内の環境を悪化させる一因になったといわれます。

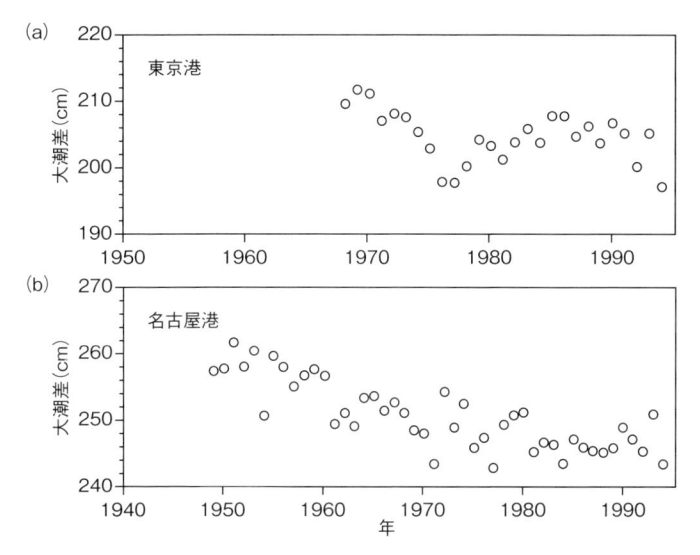

図 5.2 東京港 (a) と名古屋港 (b) における大潮差（大潮時の平均潮差）の経年変化、宇野木・小西（1998）による

### 内湾の潮流

　一方、潮流は湾奥から湾外に向けて増大し、湾口で最大になる性質があります（図 3.3）。そして湾内の水面が最も高まったとき（満潮）に上げ潮は止まり、最も低まったとき（干潮）に下げ潮は止まります。また上げ潮と下げ潮の最強時は、満潮と干潮の中間に生じて、湾内水面が水平になったときに現れます。

　東京湾における下げ潮最強時の流速の分布を、図 5.1（b）に描いておきましたが、湾口に向けて潮流が強くなる傾向が認められます。なお最も速い流れは浦賀水道に見られますが、これは湾幅が狭くなっている地形効果のためです。

　きわめて強い潮流は水路幅が急激に狭くなる海峡や水道で発生します。わが国で最大の潮流は紀伊水道と播磨灘を結ぶ鳴門海峡に見られて、最大 10 ノットにも達します。このように強い潮流は、海峡両端に大きな水位差があるときに生じて、流速は海峡両端の水位差の平方根に比例します。紀伊水道と播磨灘とでは潮時にほぼ 5 時間の差があるので、片側が満潮のときに片側

— 89 —

5章　沿岸の流動

がほぼ干潮になり、大きな海面差が生じて強い潮流が発生します。

**潮汐残差流**

　一般に潮流は混合作用が強いと考えられています。だが周期流であるため1周期後に水粒子は元の位置にもどってくるので、水平方向の物質輸送の役割は小さいと見なされます。しかし潮流が強くて地形が急変している海域では、流れの非線形性のために上げと下げの流向流速が同じにならず、水粒子はもとの位置にもどらず、1周期で平均したときに環流が現れることがあります。これを潮汐残差流といいます。

　この例は多いですが、きわめて顕著な例は図5.3に示した大阪湾西部に現れる時計回りの環流で、沖ノ瀬環流とよばれるものです。これは明石海峡の強い潮流が、海峡を出て大阪湾で急激に広がるために生じます。この環流は下層にも及び、かつ年間を通して存在することが観測によって認められています。このように強い潮汐残差流は湾内の物質輸送に無視できない効果をもっています。

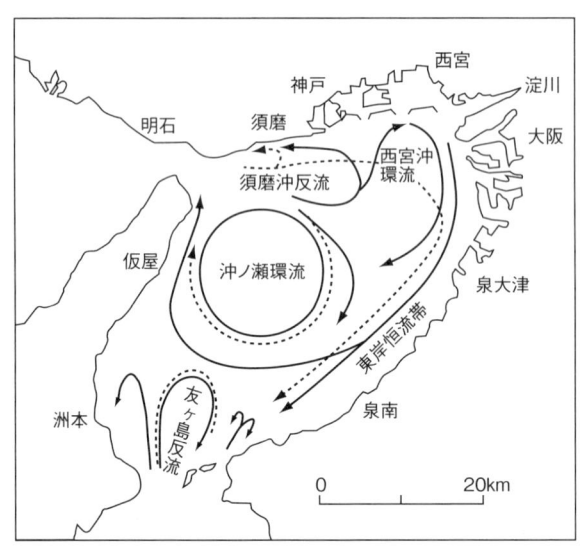

図5.3　大阪湾の恒流系、実線は上層、破線は中下層、藤原建紀氏ら（1989）による

## 内部波と内部潮汐

　成層した海では隠れた波、内部波が発達します。河口付近で泳ぐと溺死しやすく危険といわれています。これは河口付近の流れは速くて複雑であることに加えて、軽い水が重い海水の上に広がっているためです。このときは水をかく力が境界面付近の水を揺り動かして、内部波を起こすことに費やされて、推進力を得ることができずに力尽きるためです。このように密度の異なる水が重なっていると、その境界に内部波とよばれる波が発達しやすいのです。船の推進力が弱い時代に、船が進まなくなって船乗りがひき幽霊とか海坊主などといって恐れた現象も、同様な事情によるものと思われます。

　表面に卓越する通常の波（表面波）に比べて、内部波の波速は非常に小さく、このため波長も著しく短いです。波高は海面ではほとんどゼロですが、内部においては非常に大きくなります。これは、密度成層した水中を上下運動する水粒子は、浮力を受けるので重力の作用は非常に弱められ、水粒子はわずかな力でも大きく昇降することができるためです。したがって波高が大きく波長が短い内部波は、波形勾配が険しくなって容易に砕波します。内部波の砕波は乱れを生成し、渦動拡散作用によって流れに影響し、海洋構造の形成や物質の広がりに重要な働きをしています。

　成層した海では潮汐運動に伴って内部波、すなわち内部潮汐が発達します。例えば定置網の漁業者を悩ませる上層と下層で向きが逆になる潮流（二重潮または逆潮）、あるいは底面付近で特に発達した潮流などはその顕著な例です。駿河湾奥の東部に位置する内浦湾では、古くから成層期に急激に流れが強くなる急潮が起こることで有名です。

　図 5.4（a）に内浦湾の 1 点の各層で測定された水温の時間変化を示しました。各層で潮汐周期の内部潮汐が見られます。目に見えない内部波の存在は、図のように等温線の上下変動から認められます。図 5.4（a）の場合には、最大波高は 60 m にも達しています。

　図 5.4（b）に躍層の上と下に位置する海面下 5 m と 102 m における流れの東西成分（湾の主軸方向）を描いておきました。内部波では躍層の上側と下側では流れの向きが逆になるという著しい特徴があります。図 5.4（c）に

5章 沿岸の流動

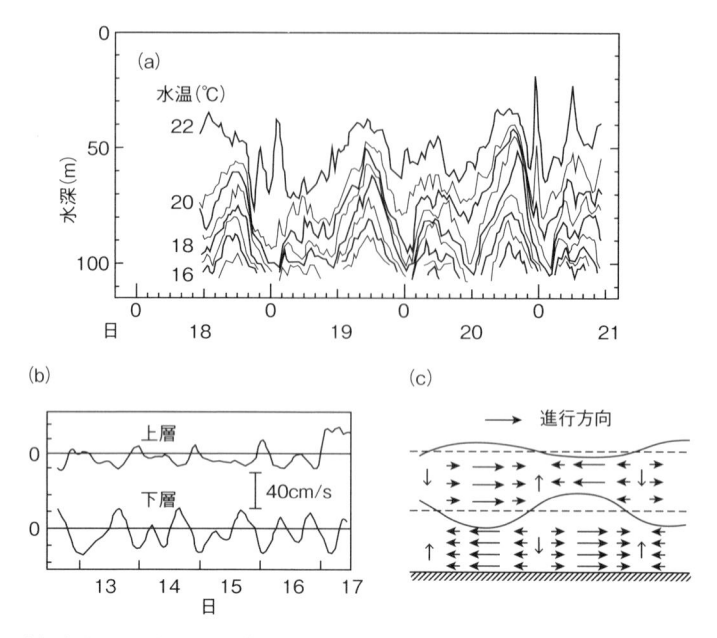

図 5.4 (a) 内浦湾の1点における各深度の水温（℃）の時間変化、1974年10月18〜21日、(b) 内浦湾の内部潮汐に伴う海面下5m（上層）と102m（下層）における流れの東西成分の時間変化、1972年11月12〜17日、松山優治・寺本俊彦氏（1985）による、(c) 長い進行性内部波に伴う界面変位と流れの関係

　長い内部波の進行に伴う流れと躍層境界面の変位との関係を描いておきました。長波が密度一様な海を進むときの図 2.5 (b) と比べたとき、内部波では界面より上では同じ関係ですが、下では逆の関係であることが認められます。

　内部潮汐は海底地形が変化しているときに、表面潮汐に伴う潮流が鉛直方向に強制的に動かされるために、成層による平衡状態が破れて発生することが多く、日本の多くの沿岸で見られます。特に相模湾と駿河湾の内部潮汐がよく知られていますが、これは北太平洋を西に進んできた潮汐波が伊豆海嶺にぶつかって鉛直運動が強くなって発生し、これが海嶺に沿って北上してきたものと考えられます。ただ興味深いことに、ここでは述べませんが内部潮汐波の伝播特性が周期によって異なるために、駿河湾では1日周期の、相模湾では半日周期の内部潮汐が卓越しています。

## 5.2 吹送流

　風による流れを吹送流といいます。密度が一様な海域に風が吹き続く場合を考えます。

**海域が狭い場合**

　風に引きずられて表層に風に平行な流れができます。そして風の作用は鉛直渦動粘性によって深さ方向に及びますが、底では摩擦によって流れは止められるので、図 5.5（a）に示すように流速は海底から海面に向けて直線的に増大します。

　風下に陸地があると、流れはせき止められて水面が高まります。このとき沖向きの圧力傾度力が働いて下層では風と逆向きの流れを生じ、図 5.5（b）に示すような鉛直循環が発生します。図 5.5（c）は 8013 号台風の強風が、広島湾奥に吹きつけたときの、湾の横断面における流速の分布を描いたものです。上層は風と同じ陸向きの、下層は風と逆の湾外への発達した鉛直循環が見られます。

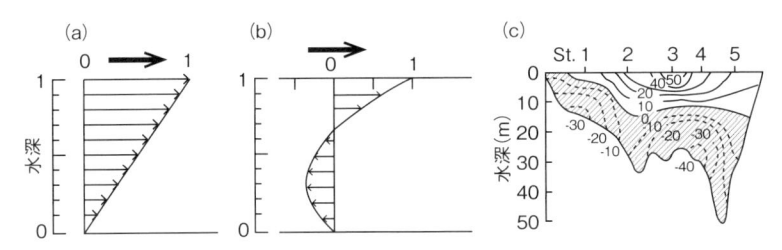

図 5.5　(a) 鉛直 2 次元の吹送流の鉛直分布、表面流速との相対比、(b) 風下に岸がある場合、(c) 1980 年 9 月の 8013 号台風による広島湾奥部の横断面における吹送流の分布（cm/s、潮流を除く）、上嶋英機氏（1982）による

　湾内の水深が一様でないときには、海底地形の影響で吹送流の分布は複雑になります。1 例として図 5.6（a）に示す海底地形の東京湾を考えます。この湾に北寄りの風が卓越する冬季 1 ヵ月間に観測された平均流の分布を図（b）に示しました。湾内に時計回りの循環が発達しています。この流系は、図（c）に示す 1 層モデルで計算された流系でよく表現されていて、流系が

5章 沿岸の流動

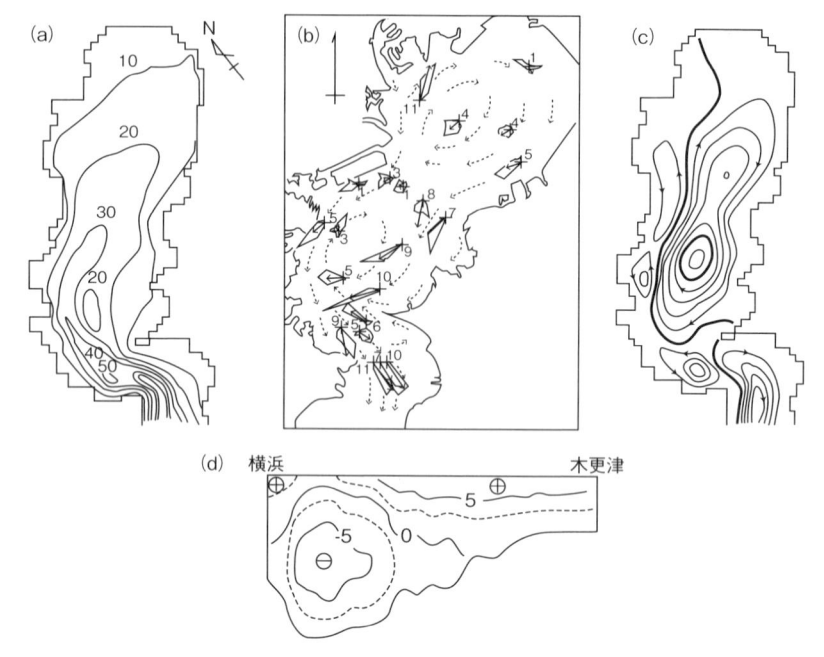

図 5.6 (a) 東京湾の水深分布 (m)、(b) 東京湾の冬季 1 ヵ月間（1979 年 1 ～ 2 月）における 25 時間移動平均流の頻度分布と平均流、宇野木 (2010) による。(c) 1 層モデルで計算した東京湾の北東風による循環、(d) 東京湾の横浜－木更津横断面に直交する風による計算流の断面分布、流速は無次元値で正は風の方向、(c) と (d) は長島秀樹氏（1982）による

海底地形と密接に関係していることがわかります。図 (d) は東京湾に北寄りの風が吹き続けたときの、横浜－木更津の断面における流速の鉛直分布を理論的に求めたものです。海底地形は千葉県側で浅く、神奈川県側で深くなっています。北寄りの風に伴って、風と同じ方向の流れは浅い千葉県側の表層に卓越し、逆向きの流れは深い神奈川県側の下層に卓越しています。したがって水平的に見れば、図 5.6 (b) に示すように、表層では時計回りの環流が生じるのです。

## 海域が広い場合

海域が広くて深く、風の吹送時間が長い場合を考えます。また陸岸や海底の影響は無視できるとします。このときは地球自転が効果を現します。いま

## 5.2 吹送流

図 5.7（a）に示す単位表面積をもって海底にまで及ぶ鉛直水柱を考えて、これに働く力の釣り合いを考えます。陸地がなくて水深が深いので、海面は水平で圧力勾配力はなく、海底摩擦は無視できます。

したがってこの水柱には図 5.7（a）に示すように、海面に働く風の摩擦応力（$T$）と、水柱の各部分に働くコリオリの力の水柱全体の合力（$C$）が釣り合っていて、両者の向きは反対です。北半球ではコリオリの力は流れの右方向に働くので、断面を通る全流量は図に示すように $C$ の左方向を向かねばなりません。全体の流量が風の方向（$T$）ではなくて、それに直交するということは一見奇妙なことで、回転系の流れは常識では判断しにくいという1例です。風の右方向に運ばれる流量（$Q_E$）はエクマン輸送とよばれます。

風による流れの鉛直分布には有名なエクマンの吹送流理論があります。北半球に対する理論の結果が図 5.7（b）の太い実線で描かれています。この曲線は各深さの流れのベクトルを同一水平面に投影して、ベクトルの先端を結んだもので、流れの鉛直分布を示しています。海面では風の右45度の方向に流れ、渦動粘性の働きによって流向は深さとともに右に偏して螺旋状に回

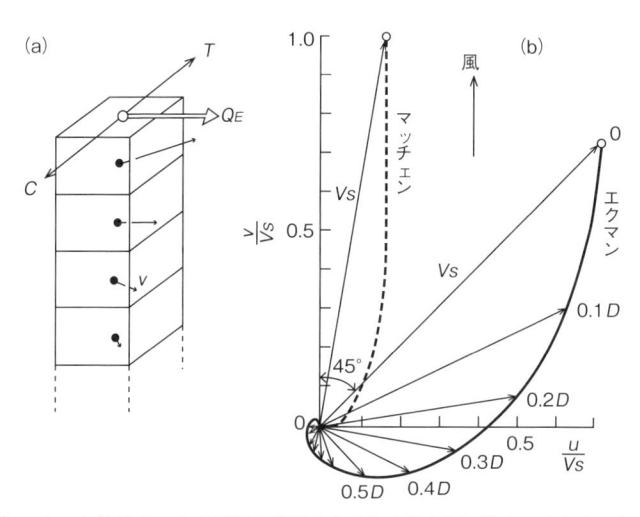

図 5.7 （a）エクマン輸送 $Q_E$、および風の摩擦応力 $T$ と水柱全体に働くコリオリの力 $C$ との釣り合い、（b）エクマンとマッチェンの吹送流の螺旋、表面流速 $V_S$ に対する相対流れ、横軸：風の右方向、縦軸：風方向、螺旋に付した数字は摩擦深度 $D$（流向が表面と逆向きになる深さ）に対する相対深度

転しています。この曲線はエクマン螺旋とよばれます。風の応力は漸次下方に伝わりますが、同時に海水はコリオリの力を受けるので、流向は深さとともに右回りの螺旋を描いて変化します。実際の海でもエクマン螺旋の存在を概ね認める観測が報告されています。そしてエクマン流が存在する厚さは思いのほか薄く、外洋でも 30 〜 50 m の程度と考えられます。

　一方、エクマンの理論では鉛直渦動粘性係数は一定と考えましたが、海面近くでは渦運動が制限されるので、粘性係数が深さとともに増大するという仮定で求めたマッチェンの吹送流の理論もあります。これで求められた吹送流の鉛直分布が図 5.7（b）の太い破線で示されています。この場合は表面流が風と成す偏角は小さく、深さ方向の減衰は急です。船舶事故などで流出した油が流れる方向と風と成す角度が、10 度かそれ以下と小さいことや、流れの風に対する応答が比較的早いとの観測例もあって、この理論が実際に近いとの考えもあります。

## 5.3　風による湧昇

　陸地に接する海に風が吹くと、海水の上昇または下降が生じます。海洋では一般に、表層の水は貧栄養で、下層の水は底層に沈降した有機物が分解されて栄養塩が豊富です。したがって下層から表層へ水の上昇すなわち湧昇があると、海域の水質、生態系、漁業などにきわめて大きな変化が生じます。

**沖向きの風による湧昇**
　風が陸から沖に向けて吹くときは、図 5.8（a）に示すように岸付近の水が沖に吹き払われ、それを補償するために下方から底層の水が湧昇してきます。底層水が汚濁していなければ、底層から豊富な栄養塩が供給されるために沿岸の生物生産は高くなります。一方、沿岸開発が進んだ夏季の内湾にしばしば見られるように、底層が汚濁して貧酸素水が存在すると、貧酸素水塊が湧昇して岸付近で大量の魚介類が斃死する青潮の現象が発生します。青潮の名前は、貧酸素水塊に含まれていた硫化水素が上昇して大気に接すると、酸化

## 5.3 風による湧昇

されて硫黄の単体を生じて水が青白く見えることに由来しています。

しかし沖向きの風による湧昇は風の吹き始めか、風の連吹時間が短い場合であり、局地的なものです。風の連吹時間が慣性周期を超えるようになると、コリオリの力の影響で岸に平行に吹く風による湧昇が発達します。

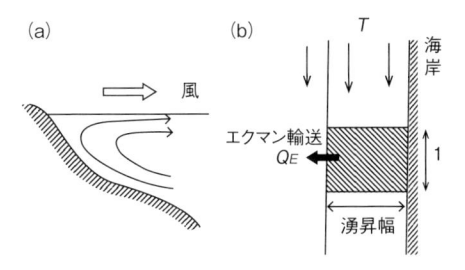

図 5.8 （a）沖向きの風による湧昇、（b）岸を左に見て吹く風による沿岸湧昇の関係図、$Q_E$：単位幅当たりのエクマン輸送

### 岸に平行な風による湧昇

世界的に海水の湧昇が顕著な海域は、大洋の東端の海岸に沿って、極から赤道に向かう岸に平行な風が卓越しているところです。そこでは湧昇域が幅狭く長くのびています。湧昇域では栄養に富む水が下方から次々に供給されて、光合成が活発に行われるので、生物の生産性が非常に高くなっているので、特に沿岸湧昇とよばれて注目されています。例えば、沿岸湧昇域を中心とする全世界の湧昇域は、海洋の表面積の0.1％にすぎませんが、世界の漁獲量の半分を生産しているという見積もりもなされています。

北半球において図5.8（b）に示すように、海岸を左に見て風が吹くとき、コリオリの力を受けて海水は風の右方向、すなわち沖に向かって押しやられます。これを補うために下層から海水が上がってくるのです。大洋東端の代表的湧昇域においては、湧昇速度は $10^{-2}$ cm/s のオーダーであって、風が数日間吹き続くと躍層の下の冷水が表層に上がってきて、低温の湧昇域が形成されます。湧昇幅はロスビーの内部変形半径（4.1節参照、成層海でコリオリの力が影響し始める水平スケール）の程度で、大陸沿岸では 10 km から数十 km の大きさになります。この湧昇の発生について、初めて上記のような力学的解釈を明確に行ったのは吉田耕造氏（1974）でありました。

5 章　沿岸の流動

## 内湾の湧昇

　内湾における成層期の内部変形半径は数 km の程度しかありません。したがって湾幅がこれよりも大きい内湾においては、風の連吹時間が慣性周期を超えるようになると、コリオリの力が効果をもつようになります。そうすると内湾においても、岸に平行な風によって、前項に述べたような沿岸湧昇が、ただし規模を小さくして発達します。

　この1例を図 5.9 に示します。これは東京湾の成層期に、湾の東岸に平行な北寄りの風が 2 日間吹き続いた場合です。図の (a) は風の最盛期における上層と下層の流れを、(b) と (c) は同時期の上層の水温と塩分の水平分布を描いたものです。低温高塩分の湧昇域は東岸に平行に幅狭くのび、その沖側には湧昇フロントが出現しています。湧昇域の幅はロスビーの内部変形半径の程度です。一方、東京湾の西岸側ではエクマン輸送で運ばれてきた表

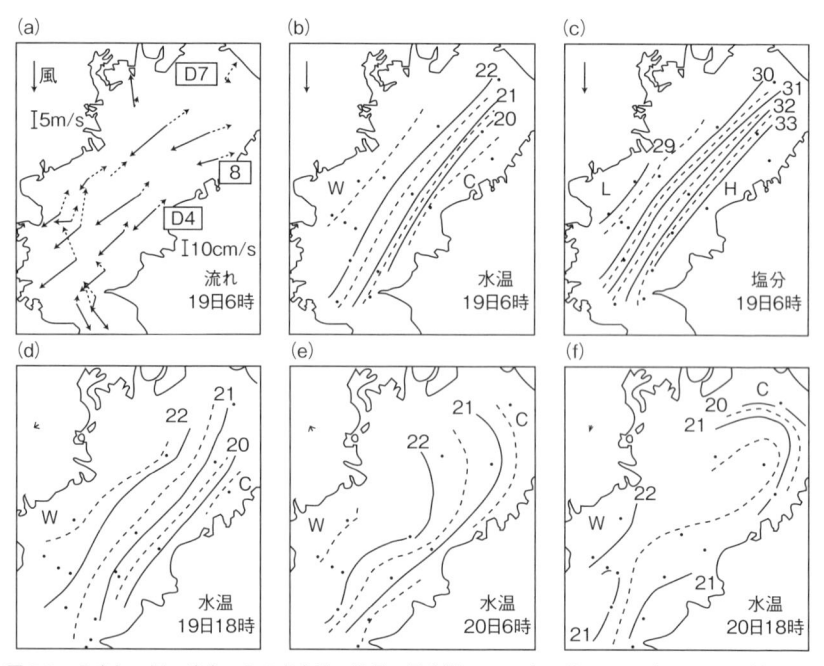

図 5.9　北寄りの風の連吹による東京湾の湧昇、最盛期の 1979 年 7 月 19 日 6 時における (a) 流れ (実線は上層、破線は下層)、(b) 水温、(c) 塩分の分布、(d)、(e)、(f) はそれ以後 12 時間ごとの上層水温の水平分布、宇野木 (2010) による

— 98 —

層の高温低塩分の水が堆積しています。

　図5.9 (a) によれば、上層では海水は湾内ほぼ全域で湾の主軸方向に20～30 cm/sの流速で湾外へ流出し、下層では逆に10～15 cm/s程度の流れが湾奥に向かっていて、全域で鉛直循環が発達しています。これは図5.6 (b) の冬季の同様な北寄りの風による循環流と著しく異なっています。冬季にはむしろ水平循環が発達していました。このことは成層が発達していると、一様でない海底地形の影響は上層に及びにくいことを教えています。風が止むと、東岸側に形成された湧昇域は、図5.9 (d)、(e)、(f) に示されるように、陸岸を右に見て反時計回りに進行していきます。

　以上のことは、東京湾に大きな被害を与える青潮の原因となる湧昇現象を全体的に理解するには、単に青潮が発生する湾奥部だけでなく、もっと広い範囲に注目する必要があることを示唆しています。

## 5.4　海面の加熱冷却に伴う対流

　海面の加熱冷却に伴って生じる密度流を考えます。狭い沿岸海域では加熱冷却は一般に一様と考えられますが、水深が一様でなければ貯熱容量の相違によって、温度差ができます。このため密度の不均一分布が生じて流れが発生します。

　図5.10 (a) のように海底が傾斜した沿岸が、一様に冷やされた場合を考えます。浅海域の海水が沖よりも水温が低くて重くなり、図に示すように上層では岸に、下層では沖に向かう循環流が発生します。冷却が強い三陸沿岸の湾では、このような例が多いといわれます。

　時空間スケールが大きくなるとコリオリの力が働いて、同図 (b) に示すように圧力傾度力とコリオリの力のバランスから、表層の水は岸を左に見て岸に沿って流れるようになります。この岸に向かう圧力傾度力は、岸近くの水が冷えて海面が低くなることによるものです。冬季の陸棚はよく冷却されて、冷え方が少ない陸棚斜面水との間に陸棚フロントが形成され、この図に示すような流れが生じることがあります。そして岸から中央に向けて深くな

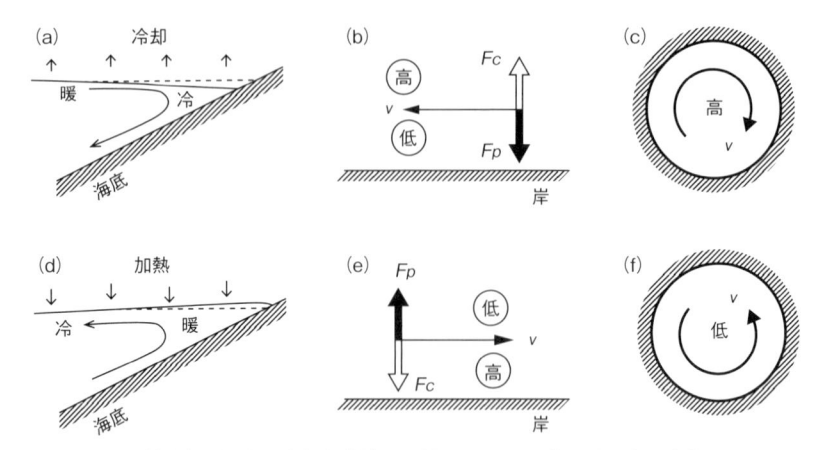

図 5.10 海面一様冷却の場合の (a) 鉛直循環、(b) コリオリの力 $F_c$ と圧力傾度力 $F_p$ の釣り合いによる表層流、(c) 中心部が深い閉鎖水域の表層環流、(d)、(e)、(f) は海面一様加熱の場合

る湖では、冷却により同図 (c) が示すように、時計回りの循環が現れます。

次に、海面が暖められる場合を考えます。この場合には加熱効果は下層に及びにくいので、循環は冷却の場合のように発達しにくいです。だが傾向として加熱の場合は、図 5.10 (d) ～ (f) が示すように、冷却と逆の循環が生じます。夏季の琵琶湖に比較的安定して出現する反時計回りの循環は、図 (f) の場合に対応すると考えられます。

## 5.5　外海の影響

沿岸・内湾の環境形成には、それが接する外海との海水交流は重要です。

### 日本近海の海流

日本沿岸の沖合には顕著な海流が流れていて、沿岸の環境に強い影響を与えています。そこでどのような海流が流れているかを調べます。図 5.11 に日本近海の海流系を模式的に示しておきました。

最も著名な海流は言うまでもなく黒潮です。これはフィリピン東方沖を発して、台湾と石垣島の間を抜けて東シナ海に入り、ほぼ大陸棚の斜面に沿っ

## 5.5 外海の影響

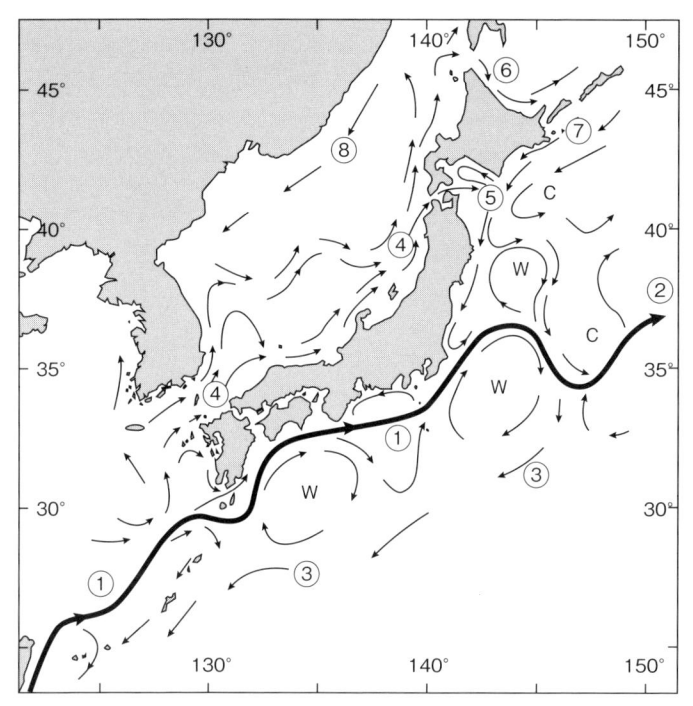

図 5.11 日本近海における表層海流の模式図、①黒潮、②黒潮続流、③黒潮反流、④対馬暖流、⑤津軽暖流、⑥宗谷暖流、⑦親潮、⑧リマン海流、W は暖水塊、C は冷水塊

て北東進します。その後トカラ海峡を抜けて九州東方に出た後、四国、本州の太平洋岸に沿って伊豆海嶺に至ります。そして主に伊豆大島と八丈島の間を通過した後は、常磐沖から東方に進みますが、これは黒潮続流とよばれます。黒潮および続流から枝分かれした一部分は、南に転じて黒潮反流を作ります。黒潮の流量として毎秒 6,000 万トンの観測例があります。なお黒潮は日本の南方沖で、図 5.12 に示すように、大蛇行と非大蛇行に大別される流路経路をとり、日本沿岸の海況や漁況に大きな影響を

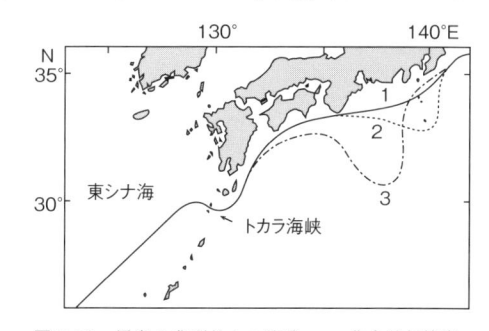

図 5.12 黒潮の典型的な 3 流路、1：非大蛇行接岸型、2：非大蛇行離岸型、3：大蛇行型、川辺正樹氏（1995）による

— 101 —

与えています。

　一方、対馬暖流は九州西方で黒潮から分かれた支流と見なされることが多かったですが、九州西方で黒潮と対馬暖流を直接結び付けるような流れは観測されていません。最近では黒潮系水と東シナ海水の混合水と、黒潮から間歇的に切離した水とが、混じり合って日本海に流入するものと考えられています。対馬海峡を通過する流量は年平均値として毎秒220万トン程度と報告されています。この海流は対馬海峡を通過後、おおむね本州沿岸に沿う流れと沖合を進む流れに分かれますが、東北地方の沖で合流します。合流後に一部は津軽暖流として太平洋に流出し、一部はさらに北海道西岸に沿って北上し、その大部分は宗谷海峡を抜けてオホーツク海に入り、宗谷暖流になります。

　日本付近で黒潮と並んで有名な海流は寒流の親潮です。親潮はその名前が示すように、海の生物の生存・生活にとってきわめて重要な環境を形成して高い生産力をもち、これにもとづく豊かな水産資源をわれわれに提供してくれます。黒潮は透明度が高く澄んで濃い藍色を呈しますが、親潮は植物プランクトンが豊富なために、透明度は低く緑がかった水の色を示します。親潮は、ベーリング海に起源をもってカムチャッカ半島から千島列島の沖を流れる東カムチャッカ海流の水に、千島列島のウルップ水道を通って太平洋に流れ出たオホーツク海の水が合流して、北海道や三陸沖に達し、その後東方に向きを変えた海流と考えられます。流速は黒潮に比べてかなり小さいですが、層は2,000 m前後と非常に厚いので、黒潮ほどではないがそれに近い流量をもつ可能性があるといわれています。

## 外海水の流入

　内湾水に比べて重たい外海水は、エスチュアリー循環の図4.3に示されたように、一般に底層から内湾に流入して、内湾の海況の形成に寄与しています。陸岸からの河川水流入と海面の加熱冷却とともに、この外海水の流入によって、内湾の海洋構造がどのように変化するかについては、4.4節で学びました。

5.5 外海の影響

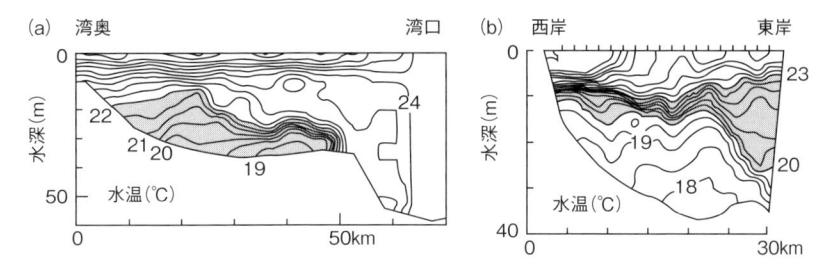

図 5.13 (a) 伊勢湾縦断面における水温の分布（1997年9月）、(b) 伊勢湾津沖の東西横断面における水温の分布（1995年8月）、高橋鉄哉氏ら（2000）による

　このとき外海水は、底層から進入して内湾の海況に影響を及ぼしている場合を考えましたが、そうでない場合もあります。伊勢湾において、外洋系の水は4月から10月には中層より進入し、それ以外の季節には底層から進入しています。図5.13（a）に温暖期の伊勢湾縦断面の温度分布を示しました。湾口部の伊良湖水道では強い潮流によって上下混合が激しく行われて混合層の水温は鉛直的に一様になり、この混合水の密度は湾の下層水よりも小さいので、図に示されるように混合水は湾内の躍層より下方の中層を通って湾奥へ進入しています。

　この外洋系水の進入深度の季節変化は、湾内水と外洋系水の密度の季節変動が異なることによるものです。なお津沖の東西横断面の温度分布を示した図5.13（b）によれば、中層の水は地球自転の影響を受けて知多半島側に沿って厚い層を成して湾奥へ進んでいます。この外洋系水の下層には、上方からの酸素の供給を断たれて、発達した貧酸素水塊が見出されます。

急　潮

　わが国の太平洋沿岸や日本海沿岸には、古くから急潮とよばれる強い流れが突然来襲して、定置網の破損や流出などの大きな損害を与えて問題になっています。この場合は水温の急上昇を伴うことが多いです。急潮の発生原因としては、海流の沿岸への接近、台風などの気象擾乱の通過、内部潮汐流の発生などがあります。

　ここでは黒潮の接近による急潮を考えます。図5.14（a）と（b）に駿河湾

5章　沿岸の流動

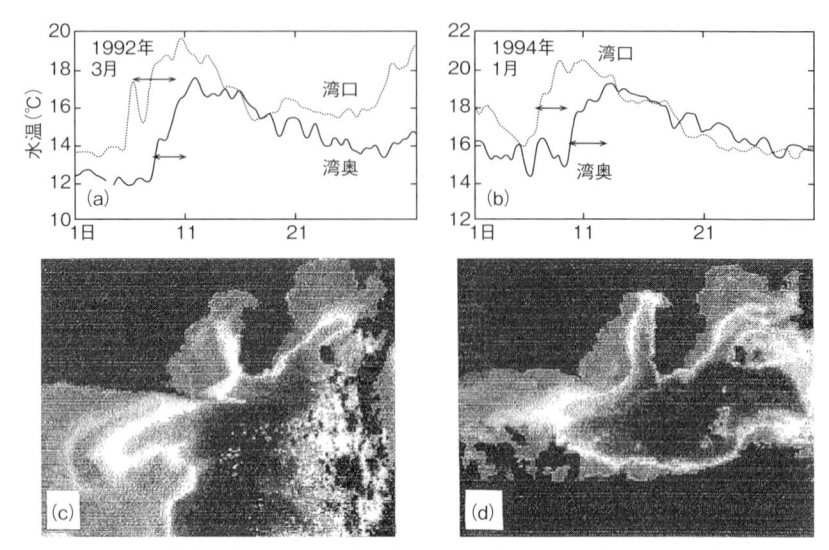

図 5.14　駿河湾の急潮、稲葉栄生氏ら（2003）と勝間田高明氏（2004）による、(a) 1992 年 3 月の水温急上昇、(b) 1994 年 1 月の水温急上昇、(c) 急潮発生時の 1992 年 3 月 8 日における NOAA の熱赤外画像、(d) 同 9 日における画像、白い部分が高温の暖水舌を表す

に急潮が押し寄せたときの 2 例について、西岸寄りの湾口と湾奥の 2 測点における水温の変化を示しました。2 例とも短時間に 4～6 ℃も水温が急上昇していて、この急上昇は伊豆半島西岸に沿って、すなわち岸を右に見て湾口から湾奥に向けて伝播していることが認められます。図 (a) のときに得られた 2 枚の NOAA の熱赤外画像が図 5.14 の (c) と (d) です。両図の間隔は 1 日です。白黒画像であるために水温分布の詳細は明らかとはいえませんが、伊豆半島に接近した黒潮から、駿河湾にのびた暖水舌が伊豆半島西岸に沿って湾奥に深く進入して、急潮を引き起こしている様子が明瞭に認められます。このときの急潮の伝播速度は 0.8 m/s でした。

　相模湾にも黒潮の接近による急潮がしばしば起きています。図 5.14 の (c) と (d) にも、黒潮から分離した暖水舌が伊豆半島と大島の間を通って、相模湾へ進入して急潮を生じている様子をうかがい知ることができます。この場合にも、急潮は湾の東部から進入して岸に沿って、湾内を反時計回りに回っています。これも地球自転の効果です。黒潮の接近に伴う急潮は一般に寒冷

期に出現します。この頃暖かい黒潮と冷却した沿岸水の境界には黒潮前線(フロント)が発達し、黒潮前線波動が発生しやすくなります。暖水舌はこの波動が不安定になって砕け、黒潮から分離したものと考えられます。

　観測によると急潮に伴う流れの厚さは 100 m 程度と見なされます。それゆえこれより浅い内湾には、急潮のような急激な外海水の進入は起こりにくいと考えられます。ただし、例えば日向博文氏ら（2001）によれば、黒潮の流路変動に伴って、外海水が東京湾に進入した例が報告されています。このときは海水密度の相違で、外海水は中層から湾に進入したのです。

**参考文献**
稲葉栄生・安田訓啓・川畑広紀・勝間田高明（2003）：1992 年 3 月上旬に発生した駿河湾の急潮、海の研究、第 12 巻
上嶋英機（1982）：台風通過に伴う物質輸送の変化、海岸工学論文集、第 29 巻
宇野木早苗・小西達男（1998）：埋め立てに伴う潮汐・潮流の減少とそれが物質分布に及ぼす影響、海の研究、第 7 巻
宇野木早苗（2010）：流系の科学－山・川・海を貫く水の振る舞い、築地書館
勝間田高明（2004）：駿河湾への外洋水の流入過程、東海大学大学院博士論文
Kawabe, M. (1995): Variations of current path, velocity, and volume transport of Kuroshio in relation with the huge meander, Jour. Phys. Oceanogr., Vol.25
高橋鉄哉・藤原建紀・久野正博・杉山陽一（2000）：伊勢湾における外洋系水の進入深度と貧酸素水塊の季節変動、海の研究、第 9 巻
長島秀樹（1982）：傾いた底を持つ水道の吹送流、理研報告、第 58 巻
日向博文・灘岡和夫・八木　宏・田淵広嗣・吉岡　健（2001）：黒潮流路変動に伴う高温沿岸水波及時における成層期東京湾内の流動構造と熱・物質輸送特性、土木学会論文集、684 号
藤原建紀・肥後竹彦・高杉由夫（1989）：大阪湾の恒流と潮流、海岸工学論文集、第 36 巻
Matsuyama, M. and T. Teramoto (1985): Observations of internal tides in Uchiura Bay, Jour. Oceanogr. Soc. Japan, Vol.41
吉田耕造（1974）：湧昇、海洋物理学 I・5 章、東京大学出版会

# 第2部
# 水系内の相互関係

# 6章　土砂の流れ

　川が運ぶ土砂は、礫、粗砂、細砂、シルト、粘土などの多様な粒径から成っています。通常流れが下るにつれて粒径が大きなものから順次底に沈んで淘汰選別されます。河口付近に達したもので、細かいものは沖に運び去られますが、他は河口付近に堆積するか、沿岸の流れによって岸沿いに運ばれます。わが国ではかつてはこの砂の流れによって白砂青松の美しい海岸が形成されていました。だが最近は流れ出る土砂が減少して、多くの地点で海岸侵食が発生して問題になっています。この土砂の行方について考えます。

## 6.1　川が運ぶ土砂

### 山地の土砂生産

　まず山地における土砂の生産に注目します。わが国の山地は地殻変動帯に属し、斜面は険しく、かつ中緯度の多雨地帯であり、一部は豪雪地帯であります。また火山噴火や地震の発生も頻繁です。しかも日本の山地を構成している第四紀の地質は多様で、かつたび重なる変動で破砕されて砂山化して脆いところが少なくありません。したがってわが国の第四紀の地層が削り剥がれる速度は、世界の大起伏山地と比較しても1桁も大きいです。

　山地の土砂生産は地面の侵食速度に対応しますが、侵食速度については2.1節においてすでに述べておきました。1,000年間にmmの単位で表した流域に対する侵食速度は、大陸の河川では数十のオーダーですが、わが国の河川では数百のオーダーであり、特に中部山岳地帯では1,000を超え、数千に達する川も存在しています。

　山地で削り剥がれた岩屑はいったん谷に入って静止した後、出水時に掃流の形式で運ばれるのが普通です。そして当初は大きかった岩屑も、河川にお

いて掃流として運ばれている間に次第に細粒化していくのです。

### ダムの堆積土砂

　山地から川へ流出する土砂量の直接測定は困難を伴います。それゆえダムなどの貯水池へ堆積した土砂量からの推定が行われています。ただしこの場合には、ダムの上流側における堆積量、放水時にダムから水とともに流出する量、微細で水に浮んで運ばれるウォシュロードなどが除かれるので、ダムの堆砂量は上流域の土砂生産量に対して過少評価を与えることに留意しなければなりません。

　ダムの堆砂量は流域の面積、地形、地質、降雨量、植生などに関係して複雑であり、いくつかの実験式が報告されていますが、精度は高いとはいえません。一方で、比堆砂量（流域の単位面積当たりに1年間にダムに溜まる堆砂量）がダムの規模に関係するという報告があります。旧建設省が総貯水容量500万$m^3$以上の主要な50ダムについて公開している資料をもとに、岡本　尚・山内征郎氏（2001）は図6.1（a）を作成しました。縦軸は比堆砂量です。横軸には本来はダムの水の平均滞留時間または滞留率（総貯水容量÷水の年間総流入量）が望まれますが、流入資料が入手できなかったので、その代用として総貯水容量÷流域面積を用いています。図によると両者の間に明瞭な直線関係が認められます。すなわちダムの水の滞留期間が長いダムでは、土砂の捕捉率もまた大きいことがわかります。

　ここで上記建設省の資料にもとづいて、上位4ダムの年間堆砂量を記すと万$m^3$/年の単位で、天竜川の佐久間ダムが293で最大、次は大井川の畑薙第1ダムが118、大井川の井川ダムが101、天竜川の平岡ダムが91と続き、きわめて大きいです。いずれも中部山岳地帯から太平洋に南流する川におけるものです。ダムの堆砂は海への土砂流出を減じて、河川地形と海岸地形に重大な影響を及ぼすので、大いに注目されるところです。

　最近はダムにおける土砂の堆積が進んで、その機能が失われることが問題になっています。そこで上記50のダムについて、ダムの年堆砂率の頻度分布を作成して図6.1（b）に示しました。年堆砂率の逆数はダムの寿命を表す

6章 土砂の流れ

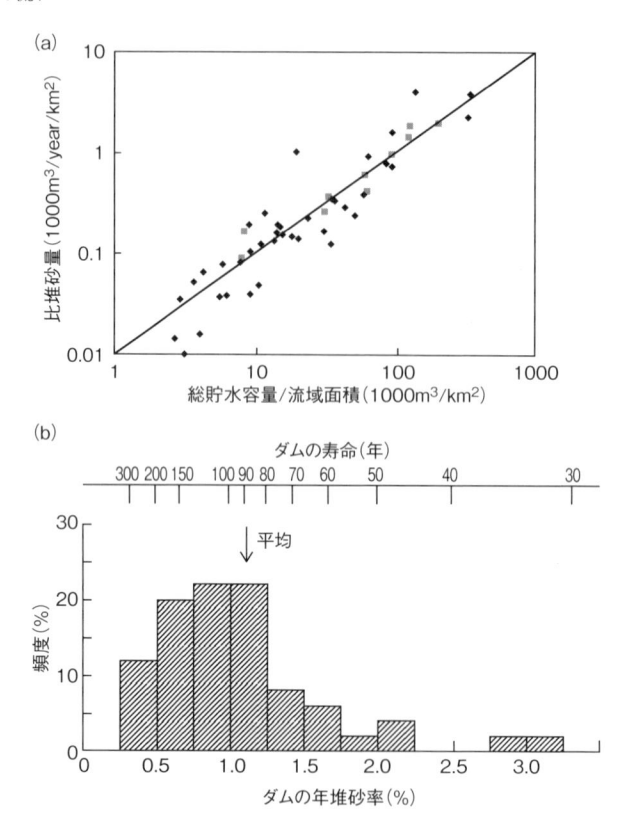

図6.1 (a) ダムにおける比堆砂量と水の滞留指数（総貯水容量/流域面積）の関係、岡本 尚・山内征郎氏（2001）による。(b) わが国の主要50ダムにおける流入土砂の年堆積率の頻度分布（黒部川出し平ダムの5.16%ははみ出して図示されていない）、旧建設省のデータをもとに作成

ので、その値も図の上の横軸に示してあります。50ダムに対する平均の年堆積率は1.1%であり、ダムの平均寿命は約90年です。これは日本人の平均寿命をわずかに超える程度で意外に短いのです。

近年ダムの寿命を延ばすために排砂や浚渫、穴あきダムなどが種々試みられていますが、課題を多く抱えて満足すべき方法はまだ得られていないようです。ダムの土砂堆積についてどのように対処すべかはまだ定まっていないのに、次々とダムの建設計画が進められていて、近い将来を考えるときわめて大きな問題になると思います。

— 110 —

## 急激な土砂の流入

　山地からの土砂の流出は常に変化していて、河川流域の地形や生態系もそれに応じて変化しています。しかし急激に多量の土砂が川に流入して、それに対応できなくて、河川地形や生態系が一変することがあります。その顕著な例を述べます。

　1984年の長野県西部地震による御嶽崩れの場合を紹介します。この地震に伴って御嶽山の南斜面で巨大な崩壊が起こり、崩土は約13 kmの距離を流下し、王滝川の河床を約2 kmにわたって40～60 cm上昇させたといわれます。それまでの王滝川はV字型の深い渓谷を形成して、巨大な石が点在し、その間を瀬や淵が縫っていて、渓流魚の絶好のすみかとなっていました。しかし御嶽崩れ以後は、上昇した河床が河原を形成し、引き続いて起きた大量の土砂の流入と侵食・堆積の頻繁なくり返しによって、水生植物や魚類はほとんど生息できなくなったといわれています。

　これほど顕著ではありませんが、豪雨などに伴う土石流（1.5節）によっても大量の土砂が供給されます。土石流の多くは斜面が崩壊し、その一部またはほぼ全部が流動化して発生します。土石流は河川の上流部にやや頻繁に起こります。

## 川から海への土砂流出量

　次に、川から海へ流出する土砂量に注目します。だがこの量を明確に見積もることは容易でありません。これは土砂には河口において、川から海へ運び出されるものの他に、潮流や波浪によって川に運び込まれ、また運び去られるものがあり、かつ時間的に変動が大きいためです。洪水の前後における河口地形の変化から移動土砂量が見積もられていますが、この中では平常時に川にもどるものがあるので、この量を川から海への流出土砂量そのものと見なすことには疑問が残ります。なお流出土砂の中には水中に浮かんで運ばれるウォシュロードの細かい粒子が存在しますが、これは汀線近傍の地形変化には関係ないと見なされて、一般に考慮されていないことにも留意する必要があります。

6章　土砂の流れ

　一方、安定した海岸においては、河川から流出する砂と海岸を漂流する砂（漂砂）とは、長期間では同程度の量であろうと推測されます。そこでわが国の比較的大きな河川が注ぐ開けた海岸の漂砂量を、宇多高明氏（1997）が求めた例を、表 6.1 に示します。これによればわが国の大きめの川からは 1 年間におよそ 10 〜 20 万 m$^3$ 程度の砂が流出していることになります。ただし漂砂量の正確な見積もりは非常に難しく、また沖の方へ逃げる量も少なくないと思われます。さらに砂浜が安定して砂の流れが平衡状態にあるかどうかも確かとはいえません。したがって上記の漂砂量から推定した川から海への砂の流出量は概略値を与えるもので、控えめの値であると考えねばなりません。この範囲を大きく超える場合もあり得ると思います。

表 6.1　日本の各地海岸における年間の漂砂輸送量、宇多高明氏（1997）による

| 海岸 | 流入河川 | 漂砂量（万 m$^3$/年） |
| --- | --- | --- |
| 大洗海岸 | 那珂川 | 23 〜 30 |
| 富士海岸 | 富士川 | 10 〜 12.5* |
| 静岡・清水海岸 | 安倍川 | 10 〜 13.5* |
| 駿河海岸 | 大井川 | 8* |
| 遠州灘海岸 | 天竜川 | 23 |
| 高知海岸 | 仁淀川 | 14 |
| 宮崎海岸 | 大淀川 | 11 |
| 能代海岸 | 米代川 | 18 |

* 急傾斜海岸で深海へ流出する部分が多いと考えられるので、実際はこの数値より大きいと推定される

　1 例として、上流における山地崩壊が激しいことで知られる静岡県の安倍川の場合を紹介します。安倍川が注ぐ静岡・清水海岸における漂砂量は、表 6.1 によれば年間 10 〜 13.5 万 m$^3$ でした。その後の国土技術政策総合研究所の見積もりによれば、20 年間の年平均値として安倍川からの土砂流出量は 15.9 万 m$^3$ であり、その中身として 1.8 万 m$^3$ の土砂が河口テラス（図 6.2 参照）に堆積し、沿岸方向の漂砂量として 9.1 万 m$^3$、沖方向の漂砂量として 5.0 万 m$^3$ が得られました。

## 6.2 河口の地形変化

　河口の土砂の動きには川の流れだけでなく、外海からの波浪、潮流および周辺の海浜流が強く影響しているので、河口の地形変化は上流側と異なって複雑です。河口地形の変化は河川に課された自然条件と人為条件によって著しく相違します。澤本正樹氏ら（2010）は「日本の河口」の著書の中で27河川について詳細に解説しているので、わが国の河口変化の実態を理解するうえに有用です。

**変動する河口地形**

　河川水が流出する河口に、沖から波浪が進んできたときの河口の地形変化を、篠原謹爾氏ら（1960）が横方向の変化を考えない2次元波浪水槽を用いた移動床実験で求めた結果を図6.2（a）〜（c）に示します。図には底質の粒径と海底勾配を同じにして、河川流速と沖から入射する波の波形勾配が変化したときの海底地形が比較されています。図（a）の波形勾配が小さい場合は、河川流がないときは波の作用で河川内に砂の堆積が、海側で侵食が生じます。だが河川流が強くなると、河川内の堆積は減じ、海側は侵食が堆積に変わります。そして図に示すように、波形勾配が大きくなるにつれて、河川内の侵食と海側の堆積の傾向は強まります。特に河川流が強くなると、川から運び出される砂は増大し、海側の堆積は顕著に、堆積域は沖にのびます。

　実際には波浪とともに周期的な潮流が重なって、河口と沖との間に砂のやり取りが行われています。さらに側方の海岸との間にも、海浜流の働きによる砂のやり取りがあって、河口地形は絶えず変化しています。河川内の掃流力が弱いときには砂は河口に堆積し、堆積は河口の川岸から始まって次第に成長します。これに側方からの多量の沿岸漂砂が加わると、河口を横切る河口砂州が発達します。小河川ではこれらの堆積が強まって河口閉塞が生じることになります。

　砂の堆積によって生じる河口の地形は河口デルタとよばれます。そして川と海の条件で砂の堆積が沖の深いところに及ぶと、図6.2（d）に示すような

6章 土砂の流れ

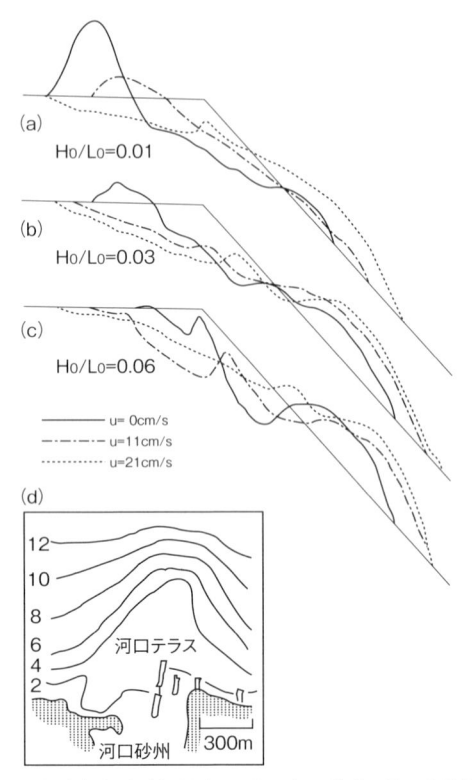

図6.2 (a)〜(c) 河川流（u）と波形勾配（$H_0/L_0$）が河口地形に及ぼす効果に関する2次元移動床実験結果、篠原謹爾氏ら（1960）による。(d) 相模川河口沖の河口テラスと水深分布（m）、宇多高明氏ら（2005）をもとに作成

海底に平坦な河口テラスが形成されます。洪水前後の地形を比較した観測によれば、洪水時に河口砂州から押し流された砂は、河口テラスの前面付近に堆積しますが、洪水後には波の作用でテラスの砂は次第に河口へもどってきます。条件によって異なりますがごくおおまかにいえば、洪水後の河口テラスの形成には数時間から日のオーダー、砂がテラスから河口にもどる作用が活発な期間は週のオーダー、さらに元の河口砂州を形成するのには月のオーダーといわれています。そして次の洪水によってこのことがくり返されます。このように砂の移動にサイクルが存在することは注目すべきことです。

6.2 河口の地形変化

## 自然状態の河口変化

最近の河口は人間の手が加わって大きな変化を受けています。そこでまず自然状態に近い河口の変化を理解するために、昭和初期の鳥取県美保湾に注ぐ日野川に注目します。この時代の河口変化を調べた豊原氏の結果を図 6.3 に示します。この河口は日本海に面するために潮流は弱く、河川流量とともに風の影響を強く受けます。図によれば短期間に河口の形状は大きく変化していて、自然状態で河口地形はいかに変化に富むかが理解できます。

1937 年 7 月から 11 月までは、砂州は河口を横切って右岸側から左岸側にのび、12 月から翌年 5 月までは逆に左岸側から右岸側へとのびて、それぞれ河口を狭めています。これは松江における風の観測結果から理解できることですが、季節による卓越風の変化に伴って、海浜流が岸沿いに運ぶ漂砂の方向が両季節で逆になることが主因です。河口砂州の消長に伴って河口幅も変化しています。特に 1938 年 6 月には梅雨時の洪水によって、河口砂州が破られて河口幅が大きく広がっていることが注目されます。だが 9 月になると再び右岸側から左岸側へと砂州がのびてきています。

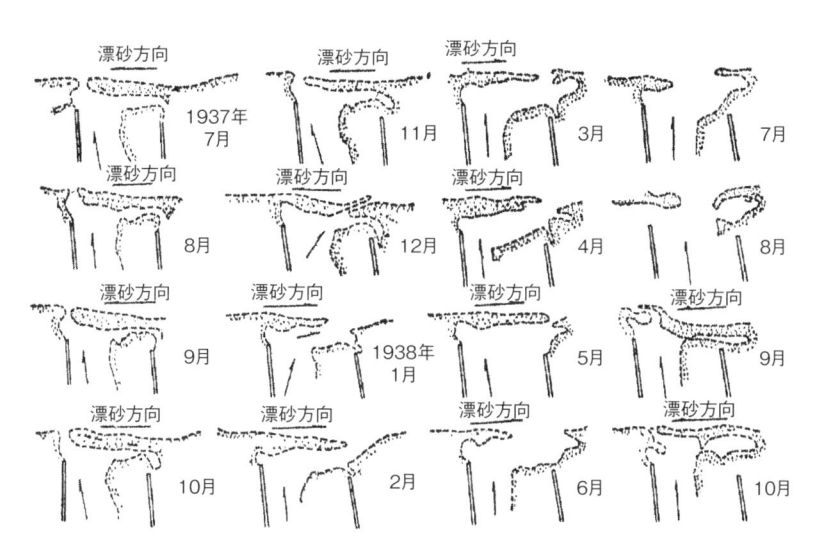

図 6.3 鳥取県美保湾に注ぐ日野川の河口地形の変化、豊原氏による、冨永康照氏（1966）より一部改変

6章 土砂の流れ

　図に示した期間は河川改変がまだ激しくなかった時代で、河口両岸の堤防を除けば特別の河口処理の施設は見当たらず、以上に述べた地形の変化は自然の営みにしたがっていると考えられます。

## 人の手が及んだ河口変化

　第二次大戦後は災害からの復興と防災、および河川の活用のために多くの川で人の手が加わりました。このような川の例として、太平洋岸に注ぐ相模川の河口に注目します。宇多高明氏（2007）は1946年から1993年までの8枚の航空写真をもとに、河口周辺一帯の地形変化を詳細に論じました。ここではこの航空写真をもとに、河口付近のみの地形変化を描いて図6.4に示します。

図6.4　相模湾に注ぐ相模川の河口地形の変化、宇多高明氏（2007）に記載の航空写真にもとづき作成

終戦直後の図①の場合には、河川からの供給土砂が豊富であったかつての
わが国の典型的な河口の姿が見られます。すなわち外海に面する海岸に沿っ
ては、幅約 100 m の砂浜が東西に長く続いて河口周辺には砂丘も存在します。
河口には右岸側から長さ約 370 m の砂州がのびて川幅を著しく狭めていま
す。1961 年の図②の時代になると、洪水対策のために河口左岸側に導流堤
が建設されたために、左岸側から導流堤に向かう砂州が発達し、右岸側の砂
州は縮みました。1960 年代までには従来砂浜であった場所に保安林が形成
され、陸側では市街地が広がって砂浜幅が狭くなって、本来の緩衝地帯とし
ての役割が減りました。

　1967 年の図③によれば、外海の海岸線は東側も西側も侵食されて、1961
年に比べて大きく後退しています。1972 年の図④においては、右岸側にも
導流堤が建設されて、西からのびてきた砂州とつながりました。

　1977 年の図⑤における顕著な特徴は、フック（砂州先端がかぎ状に曲がっ
た部分）が発達して長さ約 300 m の長大な砂嘴が左岸導流堤の先端部から河
口と反対方向の上流へとのびたことです。これは上流からの砂の供給が減少
して、波の作用で海から河川内へと砂が流入したためです。また河口東側の
海岸では汀線は後退して、前浜の幅が非常に狭まり、ほぼ消滅したところも
出始めました。1983 年の⑥では、前図に見られた上流に向かう長い砂嘴は
洪水によって消滅しています。海側の海岸侵食は進み、東側では汀線の後退
量は最大 50 m に達しました。

　1988 年の⑦においては、東側海岸の前浜は約 550 m にわたって完全に消
失しました。一方、左岸側の河口砂州は約 40 m も上流側に移動しました。
右岸側では航路保持のため河川内部の浚渫土砂が投棄されたために、右岸導
流堤にまで砂州がのびています。最後の 1993 年の図⑧の場合には、左岸側
の河口砂州の上流側への移動はさらに顕著になり、左岸導流堤は孤立状態に
なりました。西側海岸では平塚新港の建設も始まっています。

　以上に述べた河口付近の地形変化の主因は、顕著な砂利採取、河口部の浚
渫、相模ダムの建設などによって、河川からの砂の供給が著しく減少したこ
とがあげられます。そして河口砂州は外向きと内向きの砂の供給がバランス

## 6章 土砂の流れ

して維持されますが、上流側からの砂の供給の減少に伴って、河口砂州が河口の上流側へ移動したと考えられます。

## 6.3 流出土砂が作る海岸

海岸を形成する底質の起源にはいろいろなものがありますが、ここでは川から流出した土砂が主体となって形成される海岸を考えます。

**土砂を運ぶ流れ**

河口から流出した土砂を運ぶ岸近くの流れには、潮流や風による吹送流が加わりますが、主体は砕波帯付近の波によって生じる海浜流です。波が進むとき水粒子は往復運動をしています。波が低いとき水粒子は閉じた軌道を描きますが、波が高くなると前進運動が後退運動より大きくなります。このため水粒子は差し引き少しずつ前に進むようになります。1周期平均として波の進行方向を向くこの流れはストークスの質量輸送とよばれます。この大きさは波高の2乗に比例しています。

さて波が岸に斜めに入射して砕けたとき、砕けた水が引き下がる地点は入射地点より前になるので、平均的に岸に沿う流れが生じます。したがって高い波が岸に斜めに寄せるときには、砕波と上記の質量輸送が重なって岸に沿う流れが生じます。

しかし海岸に沿っては一般に波も地形も一様でないので、海浜流も単純ではありません。このような場合の流系を、Shepard and Inman 氏にならって模式的に図6.5に示しました。この流系は沖から岸に向かう質量輸送、岸に沿って流れる並岸流、沖に向かう離岸流（リップカレント）から成っています。なお並岸流は海岸工学の分野では沿岸流とよばれていますが、海洋学では沿岸流は大陸棚を含む広範囲の沿岸の流れを意味するので、ここでは誤解を避けるために並岸流を用いることにします。離岸流の先頭部にある離岸流頭から外に出た流れの一部は、質量輸送とともに岸の方へもどって循環流を形成します。この流系が形成される理由については次項で述べます。

— 118 —

6.3 流出土砂が作る海岸

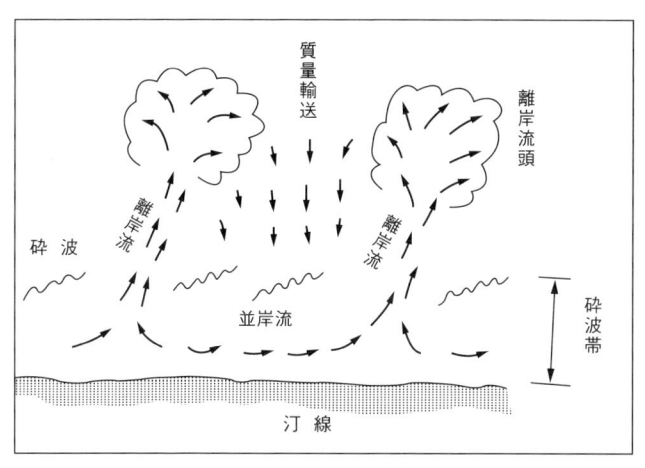

図 6.5 海浜流系の模式図、Shepard and Inman 氏による

　海浜流系は図 6.6 (a)、(b)、(c) のように 3 つのタイプに大別されます。Harris 氏によればこれらの発生頻度は、対称セル (a) が 38 %、非対称セル (b) が 52 %、並岸流系 (c) が 10 % であったということです。タイプの相違は波の岸への入射角に関係し、この順に入射角が大きくなります。なお波は岸近くでは屈折して岸に直角に向かう傾向がありますが、波と地形の条件ではこれが十分に行われずに、波が斜めに岸に入射することが生じます。卓越風向やうねりの

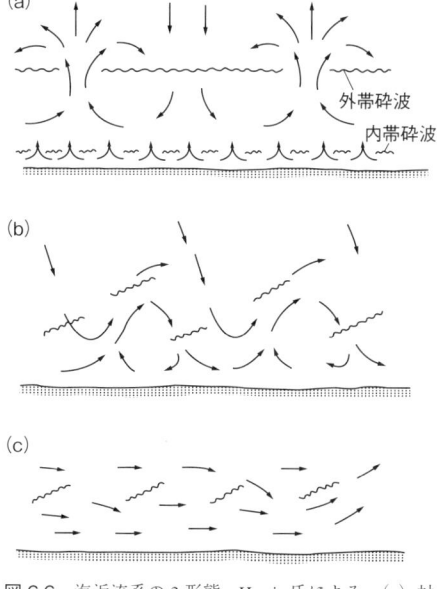

図 6.6 海浜流系の 3 形態、Harris 氏による、(a) 対称セル、(b) 非対称セル、(c) 並岸流系

入射方向が変われば、海浜流の向きも変化し、逆になることも生じます。

— 119 —

## 海浜流

　図 6.5 に示した海浜流系の形成は以下のように説明されます。上記で波が高いときには、平均として波の進行方向の流れ（質量輸送）が生じることを述べましたが、このことは波の進行方向に直交する鉛直断面を考えたとき、この面を通して波の進む方向に運動量が運ばれていることを意味します。任意の面を通っての運動量の付加は、ニュートンの運動の法則によれば、面の外から内側へ力が働いたことを意味します。この力はいまの波の場合にはラジエーション・ストレスとよばれていますが、ここでは簡単に波応力とよぶことにしましょう。この大きさは波高の 2 乗に比例しています。一方、波の進入を受けた側の流体は、作用反作用の原理で、面の反対側（沖側）の流体に対して、上記と逆向きで同じ大きさの波応力を及ぼしています。

　次に、荒波が次々と押し寄せて砕ける海岸では、岸近くの平均水面が全般的に高まります。定常状態においてこの水面の高まりを維持するためには、図 6.7（a）の砕波線より岸側の A 点の水柱において、この水面の高まりから生じる沖向きの圧力傾度力 $F_p$ に釣り合う力が必要で、この働きをしているのは波応力の合力 $F_w$ です。すなわちごく浅い砕波帯では、波は砕けて波高はほぼ水深の程度に抑えられるので、波応力は岸に向けて減少しています。このために A 点の水柱の両側鉛直断面に働く波応力の合力 $F_w$ は、圧力傾度力とは逆に岸を向いて、砕波線より岸側の水面の高まりを支えることが可能になります。

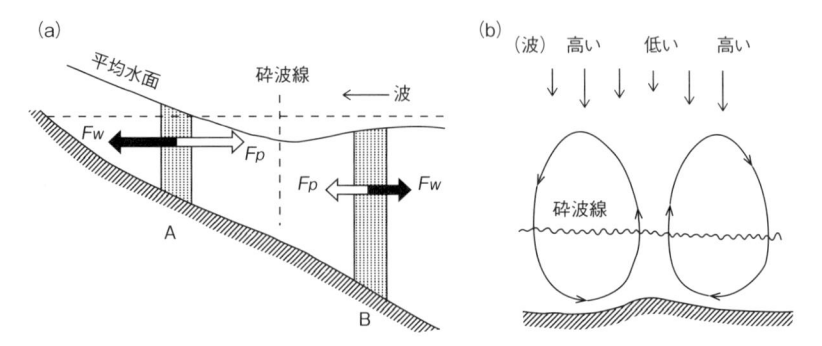

図 6.7　(a) 水柱に働く圧力傾度力（$F_p$）と波応力（$F_w$）のバランスから生まれる汀線付近の平均海面、(b) 岸に平行に波高が変化するときの海浜流系の模式図

一方、砕波線の外側では沖から砕波帯に向けて平均水面は低くなっています（図6.7 (a)）。なぜならば波が岸に接近するとき、浅くなって波が狭いところに押し込められるために、波は高さを増し、それに応じて波応力も岸に向けて増大しています。したがって図6.7 (a) の、砕波線の外側にあるB点の水柱に働く波応力の合力 $F_w$ は、鉛直両面に働く応力の差し引きから沖向きになります。この結果 $F_w$ に釣り合う圧力傾度力 $F_p$ は岸向きになり、砕波線に向かって平均水面が低下することになります。このような砕波帯周辺の平均水面の分布は観測や実験によって認められています。

　そこで図6.7 (b) のように沖波の高さが、海岸に沿って変化している場合を考えます。砕波線の内側では上に述べたところから、高い波の入射部分は低い入射部分より平均水面が高いので、前者から後者に向かう流れ、並岸流が生じます。一方、砕波線の外側では相対的に波が高いほど平均水面が低いので、逆に低い波領域から高い波領域への流れが生じます。この結果図6.7(b)に示すような環流、海浜流系が形成されます。入射波が一様でない理由はいろいろ考えられていますが、例えば、原因結果は問えませんが、岸沿いに水深変化があればこのような波の分布は見られるでしょう。

**砂浜海岸の形成**

　上述により海岸付近には、岸に沿う流れ、岸に向かう流れ、また反対に沖に向かう流れが存在することを理解しました。一方、重力は自由になった砂を沖の深い方へ運ぶ働きをしています。これらの作用を受けて砂が運ばれて海岸地形が形成されるのです。だが風、波、流れは短期間にまた季節的に大きく変化するので、地形は激しく変化します。

　図6.8 (a) には模式的に海浜断面地形と各部分の名称が示されています。断面形状は同図 (b) に描かれているように、沖寄りに砂が盛り上がった沿岸砂州（バー）が発達したものと、岸寄りに平らになったステップが存在するものに大別されます。前者はバー型海浜とよばれ、あるいは冬型海浜や暴風海浜といわれることもあります。後者はステップ型海浜とよばれ、夏型海浜や正常海浜ということもあります。これらの名称から推測されるように、

6章 土砂の流れ

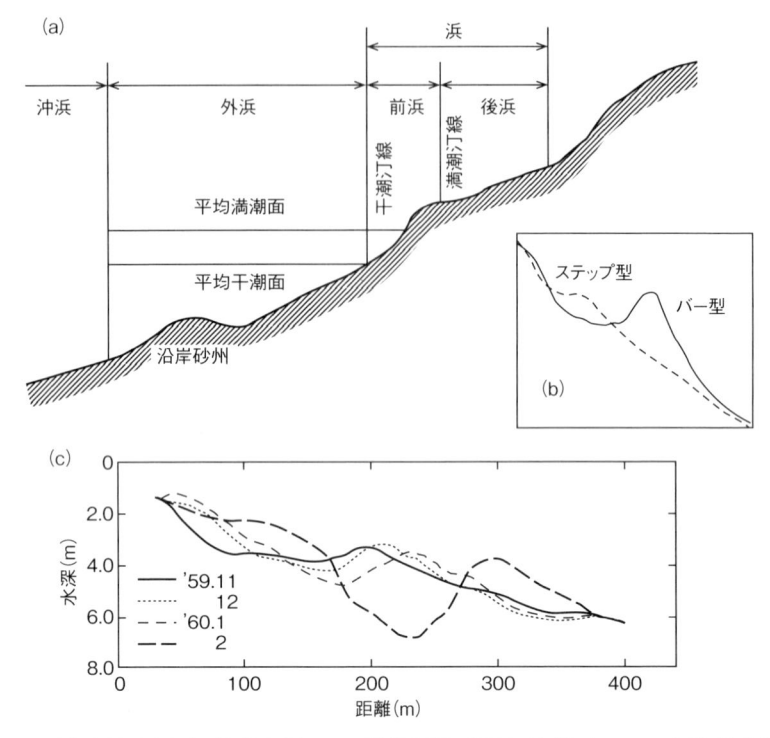

図6.8 (a) 海浜断面地形の模式図、(b) バー（沿岸砂州）型海浜（実線）とステップ型海浜（破線）の地形、(c) 新潟西海岸で観測された寒候期4回の断面地形の変動、堀川清司氏（1991）を参照

　一般にバー型海浜は入射する波が荒いときに、ステップ型海浜は波が穏やかなときに現れる傾向が見られます。

　多くの観測や実験によると、沿岸砂州は波形勾配が大きいとき、すなわち波が荒いときに生成されています。なお砂の粒径が小さいと、波形勾配はそれほど大きくなくても沿岸砂州はできやすくなっています。このようにして波が荒い冬季には、海浜の砂は削られて沖の方へ運ばれて沿岸砂州を形成します。一方、波が一般に穏やかでうねりが多い夏季には、沿岸砂州は縮小して、砂は岸にもどってステップが作られると考えられます。

　図6.8 (c) に、堀川清司氏（1991）が得た冬季4ヵ月間における縦断面地形変化の例が示されています。この場合には11月→12月→1月→2月と沿岸砂州が高まりながら沖へと発達していく状況が認められます。ただ実際に

は地形の変化は複雑多様で、単純に上記のいずれかと割りきれない場合も多いのです。

　次に岸沿い方向を考えます。底質の動きは粒径に関係します。小さな底質は浮遊して運ばれますが、浮遊できないものは跳躍をくり返し、さらに大きな底質はごろごろと転がりながら運ばれます。これを転動といいます。礫や小石が多い海岸は一般に波が荒い海岸です。底質は波によって動かされ、海浜流に乗って運ばれていきます。1回ごとの底質の移動はわずかでも、1日には数千回も波が打ち寄せるので、長い間には大量の底質が浜に沿って運ばれることになります。このような岸沿い方向と岸沖方向の底質の動きによって海岸の地形が定まります。波や風の短期的・季節的変動に伴って地形は変化しますが、ある場所において年間を通して底質が出ていく量と入ってくる量が等しければ、海岸は安定した形状を保つことができます。このバランスが崩れると海岸の侵食や堆積が生じます。

### 干潟の形成

　これまでは主に河川の砂泥が波の荒い外海へ流出する場合でしたが、ここでは比較的波が穏やかな内湾に形成される干潟について考えます。干潟は干潮時に、海水が引いたときに海底が姿を見せる浅い海域を意味します。海図の基本水準面は潮が最も引いたときの汀線の位置に定めてあるので、海図の水深0mの線が干潟の沖の限界と考えることができます。干潟は川からの細かい砂泥の流出が多く、潮差が大きく、波の作用が弱い、また海底勾配が小さな内湾に発達します。

　わが国で最大規模の干潟は有明海に見られます。有明海奥部の干潟の分布を図6.9に示しておきました。1950年代の有明海における干潟の面積は、大潮時には238 km$^2$、小潮時には110 km$^2$に達し、その範囲は海岸線から4 km程度で、最大で6、7 km沖にまで及んだところもあったといわれます。有明海はわが国で潮汐が最大で、また阿蘇山をはじめとしてその他の活発な火山活動に伴って生成された膨大な底質が、筑後川を中心に有明海の周辺の川から流出して広大な干潟が生成されました。

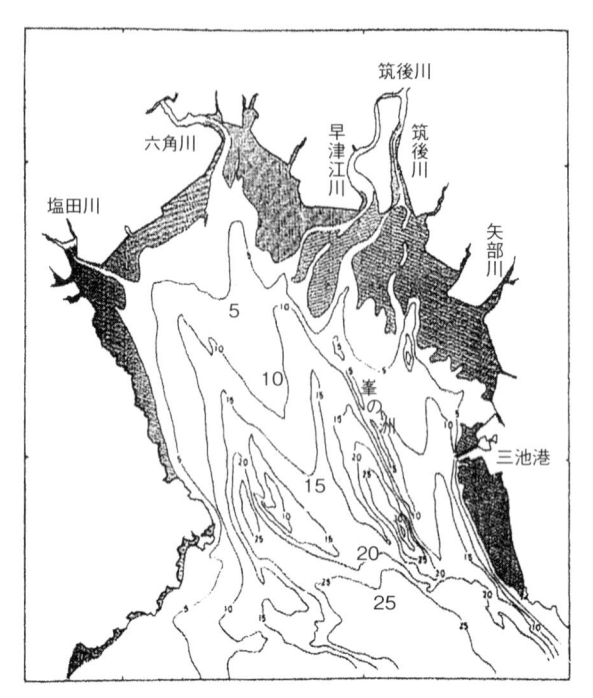

図 6.9　有明海奥部の海底地形（水深 m）、影の部分が干潟、海上保安庁海図（部分）に加筆

　しかし近年、わが国の主要内湾で干潟が著しく減少しています。この減少は自然条件によるものでなく、ほとんどは沿岸開発のための埋立・干拓のためです。上記の有明海では、1997 年に諫早湾を長大堤防で締め切るという大規模干拓事業が実施されたために、干潟面積は 180 〜 190 km$^2$ になったといわれます。東京湾の干潟面積は 1936 年には 136 km$^2$ でしたが、2002 年にはわずか 19.5 km$^2$ にすぎず、14％にまで減少しています。

　干潟は生態系が豊かで生物生産が高いことは広く知られています。干潟の重要な役割として、豊かな漁場、稚仔魚の保育機能、水質浄化機能、渡り鳥の休息地などがあげられます。最近注目を浴びている干潟の重要な水質浄化機能については、佐々木克之氏（1997）の解説があります（13.4 節参照）。上記のような人為的干潟の顕著な減少は、これらの貴重な機能を失うことになり、憂慮すべき問題です。干潟の保全と回復を図らねばなりません。

## 6.4 海岸侵食

海岸は季節的な変化をくり返していますが、何らかの原因で砂のバランスが崩れると、海岸は季節変化を越えて一方的に変化して、海岸の侵食や堆積が生じます。ともに問題を生じますが、特に侵食が重大です。図 6.10 にわが国で海岸侵食対策事業が実施された地点を示しましたが、海岸侵食はいまや全国に蔓延しています。

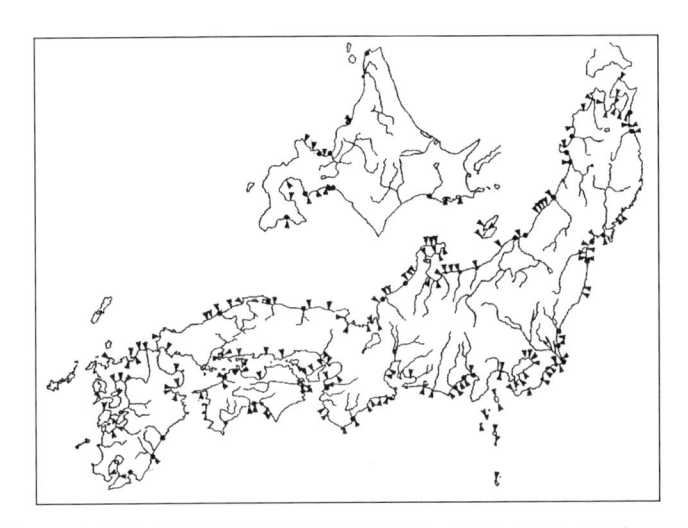

図 6.10 わが国における海岸侵食対策事業実施地点、長谷川 寛氏ら（1986）による

**発生理由**

宇多高明氏（2004）は、わが国における海岸侵食について原因別に多くの実例と対策を述べています。なお近年における森林の量的増加のために、洪水の発生回数が減じる傾向があって、これが川から海への土砂の流出を抑えて海岸侵食を強めています。海岸侵食の原因として同氏は次の 7 項目をあげています。

(1) 卓越沿岸漂砂の阻止に起因する海岸侵食
(2) 波の遮蔽域の形成に伴って周辺海岸で起こる海岸侵食
(3) 河川供給土砂量の減少に伴う海岸侵食

(4) 海砂採取に伴う海岸侵食
(5) 侵食対策のための離岸堤建設に起因する周辺海岸の侵食
(6) 保安林の過剰な前進に伴う海浜地の喪失
(7) 護岸の過剰な前出しに起因する砂浜の喪失

　この中で (1) から (4) までは一般によく知られて調べられています。(5) から (7) は最近問題にされるもので、同氏の著書に説明がなされています。以下では顕著な海岸侵食の具体例として、天竜川からの供給土砂の減少に伴う海岸侵食と、信濃川における河川事業に伴う海岸侵食の2例を紹介します。なお (6) については、実例を7.7節で紹介します。

**供給土砂の減少に伴う海岸侵食**

　遠州灘にはかつて天竜川から膨大な土砂が流出していましたが、近年流出土砂が減少して海岸侵食が顕著になって問題になっています。これまでの研究によれば、天竜川河口から伊良湖岬に至る遠州灘西海岸では、全域にわたって西向きの沿岸漂砂が卓越しているといわれます。浜松における最多風向は、8～10月は NE～ENE ですが、その他の月はすべて WSW～WNW です。それにも関わらず漂砂方向が西向きであることは、流出河川水に対する地球自転の影響が考えられます。ただしこの結果は図4.5 (e) とは異なっていて、沖合を流れる黒潮あるいは黒潮反流の影響も含めて考慮する必要があることを示唆します。

　旧建設省の資料によれば、わが国の主要50ダムの年堆砂率を比較すると、天竜川水系の佐久間ダムが第1位で293万 $m^3$/年、平岡ダムが第4位で91万 $m^3$/年でした。合わせて384万 $m^3$/年に達して、この水系におけるダムにおける堆砂量の巨大さに驚かされます。これだけ大量の砂が上流に留め置かれるので、遠州灘海岸の海岸侵食が激しいこともうなずけます。

　図6.11には天竜川河口から西方の湖西海岸までの30 kmの範囲について、1947、1962、2004年の海岸線が比較して示されています。河口から西の9 km地点付近までは、海岸侵食によって海岸線が後退していることが認められ、特に河口付近で侵食が甚だしいです。図6.12 (a) に河口周辺の海浜土砂量

6.4 海岸侵食

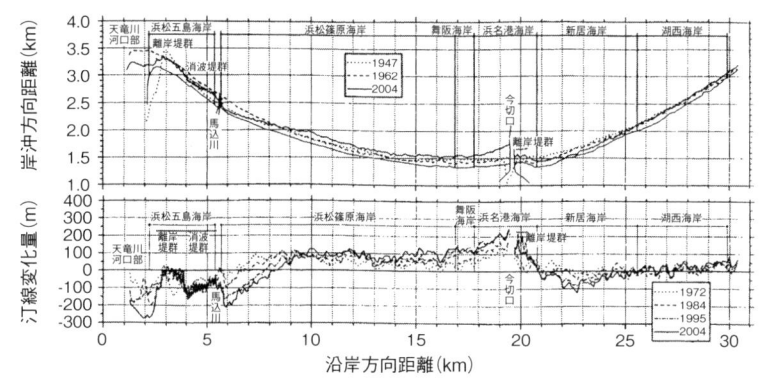

図 6.11 天竜川河口から西方の湖西海岸まで約 30 km 区間の海岸線形状（上）と汀線変化量（下）、宇多高明氏（2008）による

の経年変化を示しましたが、図に示す期間の前半期では 40 万 m³/年の、後半期では 15 万 m³/年の割合で土砂量が激しく減少しています。ただし河口より少し西の小区間のみにおいては海岸の後退は認めにくいですが（汀線変化量はほぼゼロ、図 6.11 の下図）、これは離岸堤群や消波堤群が設置されて侵食を抑えているためです。

一方、9 km 地点付近から 19.5 km 地点付近の浜名湖口の今切口までは、むしろ汀線は前進して堆積が生じています（図 6.11）。特に今切口における汀線の前進が大きいですが、沖に突き出た導流堤のために西向きの漂砂の流れが堰き止められたためと考えられます。そして堰き止めの影響がその

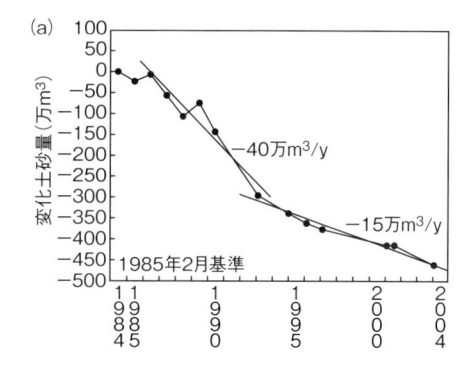

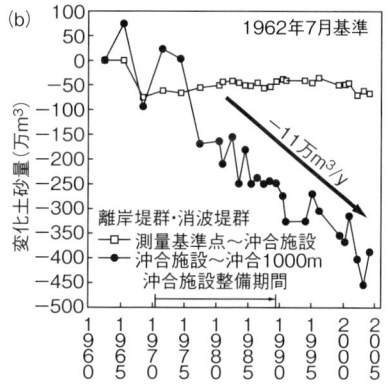

図 6.12 (a) 天竜川河口周辺の海浜土砂量の経年変化、(b) 浜松五島地区の海浜土砂量の経年変化、宇多高明氏（2008）による

— 127 —

東側にも及んで堆積が生じていると解釈されます。逆に今切口の西方海岸では、漂砂の流れが断ち切られているために、汀線の後退が認められます。なお図では明確でありませんが5.5 km 地点の馬込川河口でも、導流堤の存在によって河口の東側では汀線が前進し、西側では後退しています。

　図 6.12 (b) には浜松五島地区における土砂量の経年変化が示されています。ただしこの地域には離岸堤・消波堤群が設置されているので、この堤群と岸側との間の土砂量の変化が細線（白四角）で、堤群と沖合 1,000 m 間の土砂量の変化が太線（黒丸）で区別して描かれています。これによれば堤群より岸側の間ではほぼ土砂量は一定で汀線は維持されています。だが沖側では 11 万 $m^3$/年の割合で土砂が減少しているのが注目されます。すなわち海岸防護のために離岸堤などの施設を作っても、それらより沖側では依然として海底侵食が継続しています。

　このように海岸保全対策で汀線が保持されていて、対策は一見効果があるように見えますが、実際は汀線付近が削れなくなった分、沖合の海底が削られ続けていることに十分に注目する必要があります。すなわち汀線付近だけに目を奪われてはいけないのです。

### 河川事業に伴う海岸侵食

　わが国で最大の長さを誇る信濃川は、下流部で新潟平野を貫いた後、新潟地点で日本海に注ぎ込んでいます（図 6.13 (a)）。しかしこの平野はもともと低湿地帯が多くて、古来広範囲にわたって大規模な洪水で大きな被害を受けてきました。1600 年から 1899 年までの約 300 年間の洪水は 74 回で、ほぼ 4 年に 1 回の割合で洪水が発生してきました。

　このために古くから種々の対策が取られてきましたが、最も規模が大きく、最も効果的であったのは信濃川の水を途中で分流させる大河津分水路の建設でした。この建設は 1907 年に開始され、当時東洋一の大工事と注目されて、幾多の困難を乗り越え 24 年を要して 1931 年に完成しました。これの完成によって新潟平野はようやく洪水を免れることができて、現在日本有数の穀倉地帯になっています。

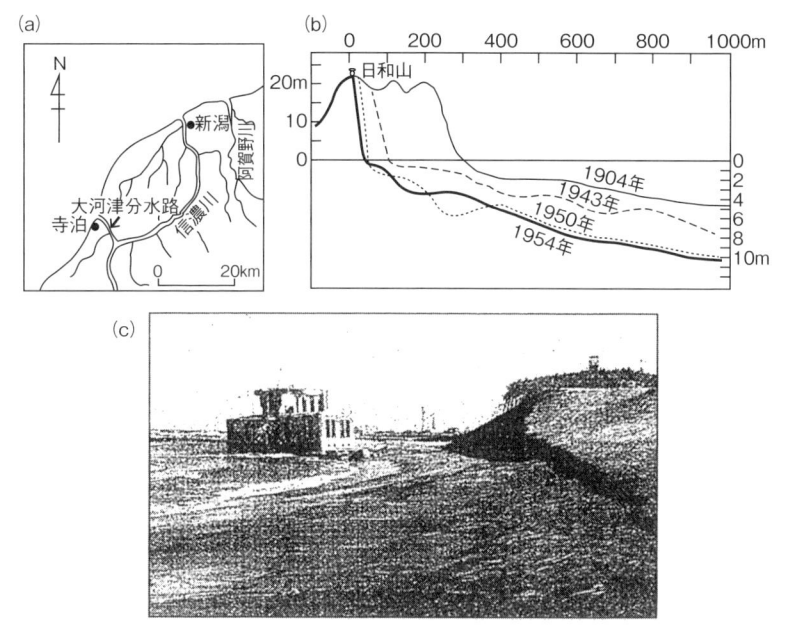

図 6.13 (a) 信濃川下流部と大河津分水路、(b) 信濃川河口の日和山から沖に向かう断面形状、陸と海で鉛直軸のスケールが異なる、中田博昭氏 (1991) による。(c) 海岸侵食のため海中に沈みゆく新潟測候所、1949 年の姿、新潟地方気象台創立百年史による

　大河津分水路の分流点は図 6.13 (a) に示されるように、河口から約 55 km 上流の日本海に最も近い地点に位置して、そこから分水路は信濃川と直角方向に約 10 km の流路をとって寺泊近傍で日本海に注いでいます。流量配分は、本川には平水時に 270 m$^3$/s までを流し、それを超える流量のときにだけ分水路の堰を開いて洪水流量を日本海に流しています。

　それまでの新潟海岸は、洪水時に信濃川から流出する莫大な量の砂によって涵養されていて、北原白秋の詩にも詠われた雀が遊ぶ広大な砂山と砂浜が広がっていました。だが分水路完成後の洪水の場合には、大部分の砂が洪水流とともに分水路に流れて河口にまで届かなくなりました。この結果、冬季の強い季節風による激浪に襲われて、新潟海岸に著しい海岸侵食が生じるようになったのです。

　図 6.13 (b) に信濃川河口西側の砂丘および海底の地形の変化を示しまし

たが、激しい海底の侵食と海岸線の後退を知ることができます。河口付近では最大約 365 m も海岸線が後退し、砂丘にあった新潟測候所も海中深く沈んでいきました（図 6.13（c）の写真参照）。この激しい海岸侵食を防ぐために、無数の消波ブロックの投入、離岸堤、護岸、突堤、養浜などさまざまな工法を駆使して、現在辛うじて侵食を食い止めていますが、油断はできないということです。

　一方、分水路の出口である寺泊海岸では、大量の土砂が分水路から流出してきて河口周辺に堆積し、海岸地形が大きく変化して問題が生じています。その 1 つとして、砂浜の拡大とともに背後地への飛砂による被害が顕著になったので、保安林の造成が活発に行われるようになりました。

　複雑多様な過程を経て形成される自然を改変する大規模河川事業は、いわば人間の大手術にも似て、一般に厳しい副作用を伴っています。事業を行うには、あらかじめ十分に調査研究を重ねて問題点とそれへの対策を明確にしておかねばならず、きわめて慎重な対応が必要です。

**参考文献**
宇多高明（1997）：日本の海岸侵食、山海堂
宇多高明（2004）：海岸侵食の実態と解決策、山海堂
宇多高明（2008）：川が沿岸の地形と底質に与える影響、川と海－流域圏の科学、築地書館
宇多高明・清田雄司・前川隆海・古池　鋼・芹沢真澄・三波俊郎（2005）：等深線変化モデルによる河口砂州の変形の再現と予測、海岸工学論文集、第 52 巻
岡本　尚・山内征郎（2001）：ダムの堆砂量は何によって決まるのか、応用生態工学、第 4 巻
佐々木克之（1997）：干潟・藻場の重要な働き、とりもどそう豊かな海・三河湾・7 章、八千代出版
澤本正樹・真野　明・田中　仁編（2010）：日本の河口、古今書院
篠原謹爾・椿　東一郎・斉藤　隆（1960）：河口付近の砕波の性質と海岸形状について、九大応用力学研究所報、第 15 巻
中田博昭（1991）：新潟西海岸の侵食対策、水工学に関する夏季研修会講義集、B-8
長谷川　寛・鹿島遼一・清水隆夫（1986）：海岸保全対策の事例調査、電中研報告 U86004、12
冨永康照（1966）：河口処理について、水工学に関する夏季研修会講義集、B コース
堀川清司（1991）：新編海岸工学、東京大学出版会

# 7章　森の役割

　空から降った雨や雪が、森林中でどのような振る舞いをするかを1章で述べました。本章では、この森が水系に果たす役割について考えます。これについては、佐々木克之氏（2008）や向井　宏氏（2011）の解説があり、これらを参考にしました。なお森は海の恋人といわれて、森が海に与える好影響を期待して、海の漁師たちが山に樹を植える活動も見られます。だがその効果については、まだ十分に理解されているわけではなく、今後の科学的研究が必要とされます。

## 7.1　土砂の供給

　水系における土砂の流れについては、6章で述べました。ここでは森からの土砂の供給に焦点をあてて振り返ります。森から川へ供給される土砂は、土壌の侵食と崩壊から生じますが、森が存在するとこの侵食と崩壊は大きく減退します。前に述べたように、森の中の植被による侵食作用の防止機能は、雨滴が土粒子を打撃することによる地表面の土粒子の分散を防ぎ、落葉やその腐植土による地表面の浸透能力を増大させ、地表流とそれによる表面侵食の発生を防止または軽減させることにあります。

　斜面の崩壊の頻度と強度は、気候と地質、森林の発達程度と地形などに大きな影響を受けます。森林の役割は、この斜面の崩壊や土壌の流出を防ぐことです。だが日本の斜面は急傾斜が多く、森林が健全であっても、平均すると100年に1回以上の崩壊・地すべりが起きているといわれます。

　水産庁など（2004）の報告によると、傾斜30度のアカマツの天然林における年間土壌侵食量は0.35トン/haですが、伐採すると3.66トン/haに増大するということです。そして森林が落葉に覆われることがない裸地になると、

## 7章 森の役割

侵食量は雨量の増加に伴って加速度的に増加すると報告されています。

また長崎福三氏（1998）によれば、傾斜15度以上の傾斜地において、年間平均侵食土量は1 ha当たり、森林で2 m³以下、農耕地ではこれの8倍、裸地では50倍、荒廃地では170倍になることが紹介されています。そして森林の被覆割合の減少に応じて、侵食度量が増大する様子が図7.1に示されています。さらに全面伐採のうえ、切り株を取り除くと、侵食土量は飛躍的に増大することもわかりました。

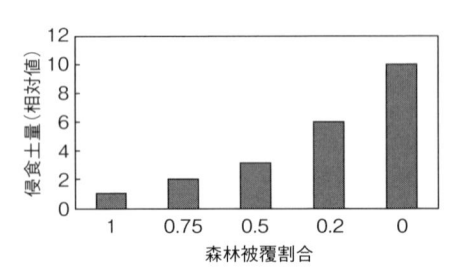

図7.1 岡山県アカマツ林における森林被覆割合と侵食土量の関係、長崎福三氏（1998）による

このように伐採や裸地化などによる森林の劣化が生じると、大雨のときに土砂は土石流や泥流となって、下流沿岸の生物相や地形に大きな変化と打撃を与えます。一方、健全な森林が適度の砂を輸送することは、河川や河口、沿岸、内湾に、砂浜、干潟、浅場を提供し、多様性と生産性に富む環境の形成に重要な役割を果たしていることも忘れてはいけません。

したがって、近年日本各地に活発に実施されているダムや砂防ダムの建設、採砂や浚渫などの河川事業が、日本列島各地で干潟や砂浜の消失、海岸線の後退をもたらしていることは憂慮すべきことです。それら事業の必要性については十分に検討し、実施にあたっては慎重な配慮が必要です。

## 7.2 水の涵養と供給

**地表の水循環における森の役割**

水は空、陸、海と地球上を絶えることなくめぐって、世界の気候、物質の循環、生物の生産などを安定に保つために基礎的な働きをしています。はじめに森がこの水循環の中に占める役割について考えます。

図7.2に地球表面における水の循環図を示しておきました。陸上の水循環

7.2 水の涵養と供給

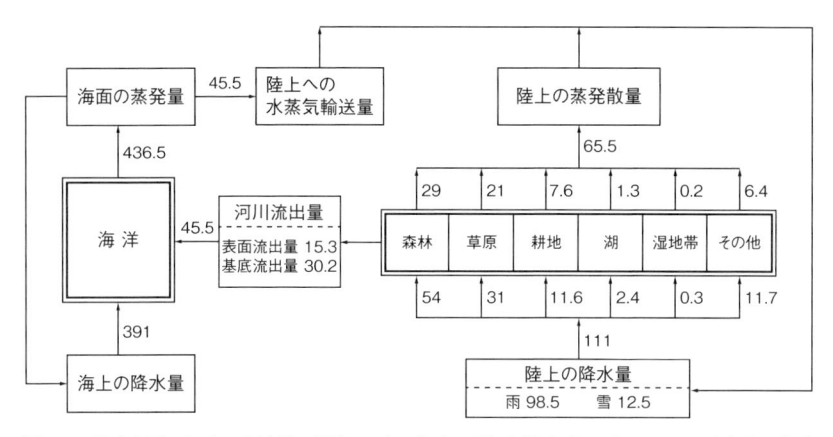

図7.2 地球表面における水循環、単位：10³ km³/年、沖 大幹氏（2007）のデータをもとに作成

に関係するものとして、森林、草原、耕地、湖、湿地帯、その他に分けられています。図によれば10³ km³/年の単位で、陸上の降水量111の中で森林は54であって、約50％を占めています。一方、陸上の蒸発散量で見れば、総量65.5の中で森林は29で、約44％を占めています。このことから陸上の水循環にとって、森林が果たす役割は非常に大きいことがわかります。

なお図7.2によれば、われわれが考える水で、陸地から海への流出量は45.5であって、陸上の降水量111の41％を占めていることが注目されます。地表面における河川水の存在量は表7.1に示すように、水の全存在量のわずか0.0002％を占めるにすぎません。だが河川の流出量はこのようにきわめて多量で、地球表面における水循環において、われわれが問題にしている水系は非常に重要な役割を果たしていることがわかります。なおこの河川から海への流出量45.5は、全海面の蒸発量と降水量の差し引きとして、大気上空において海から陸へ運ばれる水蒸気輸送量とバランスしています。

参考のために、表7.1に地球表面における各部分の水の存在量と比率を示しておきました。海水の占める割合は96.5％で、大部分を占めています。これに次ぐものは氷河や、地下水などですが、いずれも約1.7％を占めるにすぎません。そして湖水は0.013％で、河川水は上記のように0.0002％とごく微量です。

7章　森の役割

表7.1　地球表面における水の存在量と比率、国連水会議のデータをもとに作成

| 水の種類 | | 量<br>(1,000 km³) | 全水量に対する<br>割合（％） | 全淡水量に対す<br>る割合（％） |
|---|---|---|---|---|
| 海水 | | 1,338,000 | 96.5 | |
| 地下水 | | 23,400 | 1.7 | |
| | うち淡水分 | 10,530 | 0.76 | 30.1 |
| | 土壌中の水 | 16.5 | 0.001 | 0.05 |
| | 氷河など | 24,064 | 1.74 | 68.7 |
| | 永久凍結層地<br>域の地下の氷 | 300 | 0.022 | 0.86 |
| 湖水 | | 176.4 | 0.013 | |
| | うち淡水分 | 91.0 | 0.007 | 0.26 |
| | 沼地の水 | 11.5 | 0.0008 | 0.03 |
| | 河川水 | 2.12 | 0.0002 | 0.006 |
| | 生物中の水 | 1.12 | 0.0001 | 0.003 |
| | 大気中の水 | 12.9 | 0.001 | 0.04 |
| 合計 | | 1,385,984 | 100 | |
| | 合計（淡水） | 35,029 | 2.53 | 100 |

## 森の水源涵養

いま図7.2をもとに蒸発散量と降水量の比をとると、森林が0.54、草原が0.68、耕地が0.66となっていて、草原、耕地に比べて森林の値は小さく、森林の保水率が高いことが注目されます。このように森林の保水率が高いことが、緑のダムとして期待されていることは1章で述べました。

保水率は地面に水が滲み込む速さ、浸透能に関係します。中野秀章氏ら（1989）によれば、この速さはmm/時間の単位で、広葉樹林が272、針葉樹林が211、自然草地が143、人工草地が107、畑が89、歩道が13になっています。これらの値は状況によって大きな幅があると思いますが、広葉樹林では降った雨が最も多く地中に滲み込みやすいことが理解できます。また多摩川流域においては、植林して10年後になると当初に比べて、降水量は長い時間をかけて川へ流出し、ピーク流量は10年前に比べて70％になったといわれます。

森林の保水率が他の地域に比べて高い具体例として、向井 宏氏ら（2002）が北海道厚岸湖に注ぐ2つの川で調べた結果を紹介しておきます。集水域が

牧場を主体とする大別川では、3日以内に流域に降った雨の66％が厚岸湖に流入していました。一方、流域の20％が農地で、80％が森林・湿原である別寒辺牛川では、わずか13％が湖に流入していたにすぎませんでした。このように森の保水率が高く、水源涵養の能力が高いことを教える例は多く見られます。

　だがその能力には限界があり、森の洪水緩和機能や渇水緩和機能に、過大な期待をかけることは避けねばならないことも1章で述べたところです。そこでは洪水対策としては、ハードなダムか、緑のダムのいずれかということでなく、総合的な対応が必要なことも述べました。なお森に対する人間の働きかけが、場合によりこの緑のダムの水源涵養機能を大きく妨げることもすでに学びました。

## 7.3　栄養塩・有機物の供給

### 窒　素

　栄養素であり、生物の必須元素である窒素は、大気の79％を占めていますが、ほとんど窒素ガスとして存在しています。共生バクテリアの作用で空気中から直接窒素を取り込むことができるマメ科植物を除いて、大部分の森林植物にとっては、雨滴とともに落ちてくる窒素化合物（アンモニア態窒素や硝酸態窒素、例えば田淵俊雄氏（1985））が唯一の供給源になります。その量は、場所によって大きく異なりますが、平均して年間に 1 km$^2$ 当たり約 1 トンの程度といわれます。

　溶け込んでいる窒素は水とともに移動しますが、その途中で森林植物の根から取り込まれて植物の生産に寄与します。植物は窒素をアンモニアや硝酸・亜硝酸などの形で体内に取り込み、アミノ酸やタンパク質を形成し、葉、花、枝、幹を作ります。やがてそれらの植物体は枯れて地表に堆積し、また昆虫や鹿などの動物に食べられた後、糞や死体となって地表に堆積します。そしてこれら堆積物もバクテリアにより分解されて、再びアンモニアや硝酸・亜硝酸になって水に溶け出します。このようにして、林中に窒素のリサイクル

が形成されます。

　森林が若くて成長している場合は、窒素の多くは植物に取り込まれて、森林生態系への蓄積が進みます。しかし森林が成熟してくると、毎年空から供給される窒素は全部が樹木に取り込まれる余裕がなくなって、余った窒素は渓流を経て、さらに川、海へと流されていって、それぞれの場所で生物生産に寄与します。

　ただし最近は工場や自動車などの人間活動の結果として、大気中の窒素酸化物が高濃度になり、酸性雨として降り注いで森林植物に被害を与えることも生じています。

リン

　リンは多くの点で窒素と似た循環をしています。ただし大きく異なる点は、新規の供給は大気からの降雨ではなく、岩石などの地層が大気条件の下で風化されたものから供給されるということです。それゆえ陸上生態系へのリンの供給は、母材の風化といった地質的な条件に依存しています。

　したがって地質的年代を経るにしたがって、母材自体が減少しますから、リンの供給は制限を受けるようになります。また土壌中でリンの形態が変化したり、特異的に吸着されたりするため、多くの陸上生態系ではリンは不足がちになり、植物と微生物の間でリンの獲得に関して激しい競争関係が生じます。そのため生態系外へのリンの供給は非常に小さく抑えられ、陸上生態系からの流出水によって形成される河川や湖では、リンが制限要因になっている場合が多く見られます（徳地直子氏、2011）。

有機物

　森林で生産された木の葉や枝などの多くの有機物は、枯れて地表に堆積します。その一部は風で運ばれて川へ落ち、河畔林から川へ落ちたものとともに、川から海へと運ばれます。これら森林起源の有機物は、物理的、生物的過程を経て、細かい粒子となって海に供給されます。この有機物粒子も上に述べた栄養塩とともに、沿岸の生物生産に重要な役割を担っています。

7.3 栄養塩・有機物の供給

また森の木の葉や枝などが流れ去ることなく、直接的に川や海の生物に利用されることも多いです。そこにはこれらの落葉を食べる破砕摂食者（シュレッダー）とよばれる動物群がいて、細かく噛み砕いて食用にします。食べ残された細かい粒子は流されて、やはり川や海の生物の生産に用いられています。河畔の森はまた昆虫などの生物を棲まわせています。そしてこれらの落下生物を餌として生きる魚なども養っています。このことは後の7.6節の魚付き林や7.8節のマングローブ林で説明します。

### 集水域からの供給

上記では森林で生産された栄養塩や有機物の供給を見てきましたが、これらは森を含めて川の集水域から海へ大量に供給されているので、このことについて述べておきます。向井 宏氏ら（2002）は厚岸湖に注ぐ3つの河川を比較して、集水域の状態と窒素流入量の関係を調べました（後の図8.4参照）。その1つの別寒辺牛川は、流域面積が447 km$^2$ で、集水域の20％が農地で残りの80％は森林・湿原・原野です。大別川の流域面積は38.7 km$^2$ で、66％が牧場、農地は1％、残りは湿原・原野です。オッポロ川の流域面積は29.3 km$^2$ で、流域はほとんど湿原・原野です。各流域の単位面積当たりの流入量を図7.3に示しました。牧場が占める割合が大きい大別川で窒素の流入量が最も大きいです。一方、懸濁態の流入量は河川による差はあまり大きくありません。ただし硝酸塩は大別川で特に大きいので、これも牧場から出やすいことがわかります。

さらに畜産地、農耕地などに加えて、集水域に大都市が存在すると生活廃水や工業排水としてそれらが大量に発生して海に流れ、海域が富栄養化し、赤潮や貧酸素水塊が生じて、海の環境を悪化させています。例として環境省のデータをもとに東京

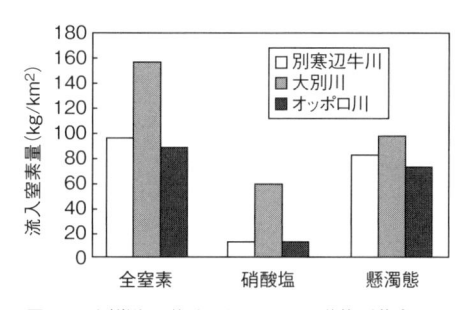

図7.3 厚岸湖に注ぐ3河川からの単位面積当たりの窒素流入量、向井 宏氏ら（2002）による

7章　森の役割

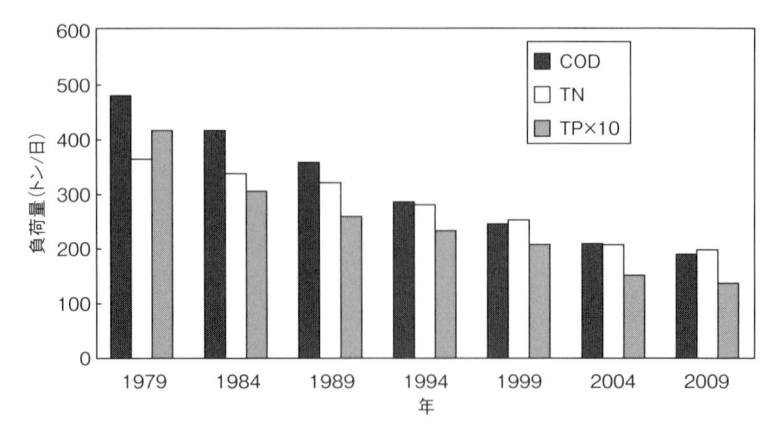

図7.4　東京湾集水域からの化学的酸素要求量（COD）、全窒素（TN）、全リン（TP）の発生量の推移、2009年は目標、環境省（2006）による

　湾集水域の場合を図7.4に示しましたが、その量は驚くほど莫大です。だがその量は規制によって次第に減少しています。

　佐々木克之・風間真理氏（2008）によると、流入負荷量は2004年は1979年に比べると、有機物（COD）は56％、窒素（TN）は43％、リン（TP）は63％も減少しています。最も大きいのがリンの減少です。家庭や工場などからの発生負荷量に比べると、海に流入する負荷量は、有機物は88％、窒素は82％、リンは48％になっていて、河川から海に流入する間に、何らかのメカニズムで減少しています。ただし海への流入量は河川流量により変動するので、正確な把握は難しいといわれます。

　なお東京湾では、このように流入負荷量が規制の効果で減少しているにも関わらず、赤潮や貧酸素水塊の発生などからいえば環境の改善は進んでいません。それどころか顕著な貧酸素水塊は、1990年代の初め頃は湾奥北西部を中心に出現していましたが、1990年代の中頃からは湾奥北東部にも出現するようになり、さらに神奈川県沿いに湾口付近にまで南下するようになりました。ゆえに底層の水質環境はむしろ悪化しているといえます（野村英明氏ら、2011）。この原因については、8.4節に一因が述べてあります。

　ところでこれら栄養塩や有機物は、洪水時に特に大量に海に供給されてい

ることに留意を要します。例えば2000年9月の東海豪雨に際しての田中勝久氏ら（2003）の研究によれば、短い期間にも関わらず、矢作川から知多湾に流入した窒素は平常時の2.5年分、リンにおいては3.3年分、懸濁物質においては4.9年分にもなるという驚くべき量でした。窒素の場合は溶存態として海に流入しますが、リンの場合は洪水時に土壌物質の懸濁態として海に流入するため、このように特に多くなるのです。なお川を断ち切った巨大ダムにも、大量の汚濁負荷が発生し、これが洪水時に川から海へ大量に流出して環境に影響を与えていますが、これについては10.3節に実例を示します。

また海底から湧き出る地下水が沿岸の生物生産を支えていると思われる例も報告されています。これについては、佐々木克之氏（2008）の報告があります。

## 7.4　水温の調節

北海道東部の厚岸湾の奥に位置する厚岸湖において、1887年に最大1,680トンの生産をあげた養殖カキが、その後どんどん減少を続け、1910年にわずか15トンの水揚げになり、1912年にはついに全面禁漁を余儀なくされました。これを調べた犬飼哲夫氏は、これは後背地の森林の大伐採によって、水温調節機能が大幅に失われたことが原因であると発表しました（向井　宏氏、2011）。なお最近では、厚岸湖のカキ生産量は回復し最盛期の状態に近付いているといわれます。

上記の事実は森林の機能の中で、水温調節機能の重要性を教えてくれます。森の中の渓流、上流、中流、下流と水が流れ下る間に、冬を除けば川の水は太陽の輻射熱や気温の影響を受けて、水温は次第に上昇します。しかし森(特に河畔林）があると、水温の上昇は最小限に抑えられます。水温の変動を抑えることは、河川の生物、特に魚類や、沿岸の生物の生存に好ましい環境を与えることになり、死亡率の軽減に効果があると考えられます。

## 7.5 森が消えれば海も死ぬ

　松永勝彦氏（1993）は、「森が消えれば海も死ぬ－陸と海を結ぶ生態学」という本を著して、それまで認識されることが少なく、研究されることも乏しかった森・川・海の深いつながりを、自らの経験も踏まえて一般向けに興味深く伝えて、評判を得ました。その中でも特に興味を引かれた森で生産されるフルボ酸鉄と海の磯やけの関係について紹介しておきます。

　水に溶出しにくい鉄が川を通じて陸域から海洋に運ばれるためには、鉄がフルボ酸などの腐植物質と結び付くことが重要と考えられます。一方、鉄は海の植物プランクトンや海藻の成長など海の生物生産に非常に重要であることが指摘されています。

　ところで最近、日本海側特に北海道では、岩石や岩盤が石灰藻に覆われて、海藻その他の生物が一切着生できず、まるで白ペンキを塗ったような世界になる異変が見られます。これを磯やけといいます。この磯やけの原因はいろいろ考えられていますが、松永氏は岸に近い平坦地の森が伐採されて、必要な鉄が陸から海へ流れ出てこないためと考えました。

　この考えには異なる意見もありますが、1989年に日本海の磯やけ地帯に沈設した鋼鉄礁に、1990年にはコンブが、1991年には主にホンダワラが着床し、また1992年には砂場に置いた鋼鉄礁にもコンブが着床したとの報告があります。さらに最近、鉄鋼スラグと腐食物質から成る海域施肥材を、石灰藻に覆われて一面真っ白であった磯やけ現場の汀線に設置したところ、コンブが豊かに生育したという報告があります（田中　克氏、2011）。よって上記の説は、磯やけの原因に関する有力な考えであるといえます。

　ところで世界の海には、東部太平洋赤道域、南極海、北太平洋亜寒帯域のように、栄養塩が夏になっても余っているにも関わらず、植物プランクトンの増殖が止まってしまう海域があります。この原因として、ジョン・マーチン氏は鉄の不足にあると考えました。そこでこのような海域に鉄を人工的に添加することにより、実際に植物プランクトンが増殖することが確認されました。

一方、オホーツク海や千島列島を挟んでそれと隣り合ういわゆる親潮海域は、世界的に見ても最も植物プランクトンの生産量が高い海として知られていて、上記の海域と異なる状況にあります。この原因を追究するために実施されたアムール・オホーツクプロジェクトによれば、これはアムール川が供給する豊富な鉄が、これらの海域に効率良く輸送されるためと結論されました。この場合の鉄輸送量の流れを図 7.5 に引用しました（白岩孝行氏、2012）。これについては 8.8 節で考察します。

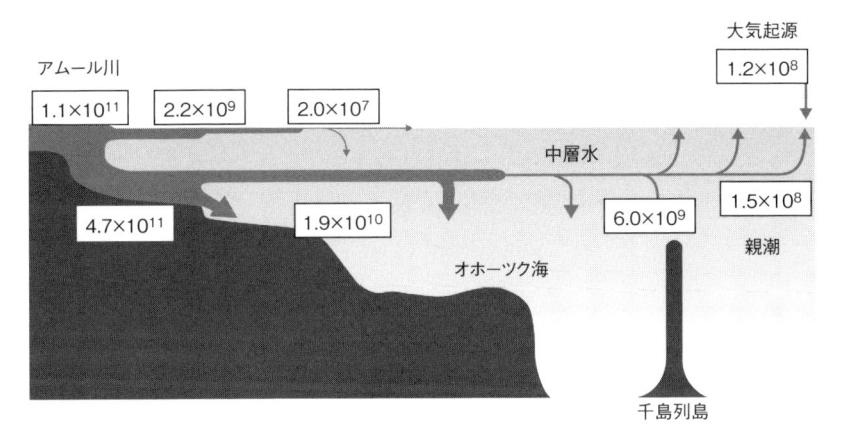

図 7.5　アムール川流域からオホーツク海・親潮海域に至る年間の鉄の輸送量、単位：g/年、白岩孝行氏（2012）による

## 7.6　魚付き林

　魚付き林は、魚介類の成育、水産資源の涵養に役立つ水辺の森を指します。制度上では森林法にもとづいて、「魚付き保安林」が指定されています。全国に 3 万 ha 以上の指定地があります。日本の各地では、魚類をはじめとする沿岸生態系の保全に対する海岸林の価値を経験的に認めて、魚付き林として住民が自主的に伐採を禁止して保全を図ったり、自然資源の持続的利用を心がけたところもありました。

だが近年、社会的・経済的要請によって森林の荒廃・劣化は激しくなり、これに平行して魚付き林の役割を果たす海岸林の伐採も激しく行われて、多くの場所で姿を消しました。この結果、魚類の姿を見ることが少なくなり、また海岸の土砂の崩壊も加わって、沖合の海草・海藻が大きな被害を受けるようになりました。そこで漁師たちは、「森は海の恋人」のスローガンのもとに、荒廃した海を回復させるために、陸岸や山に植林する活動が始まりました（畠山重篤氏、2011）。

植林の結果、海の生態系や生産が回復した報告もありますが、植林がどのような効果をもたらすかについては、科学的研究を詳しく進める必要があるといわれています。魚付き林の効用としては、すでに述べた陸地からの水、砂泥、各種栄養物質の供給、陰影を魚が好むこと、水量・水質が安定していることなどがありますが、岸辺に生える樹木から水面に落ちる落葉や、水中の魚の餌となる昆虫などの生きものの役割も重要です。

1例として、桜井　泉・柳井清治氏（2008）の研究によれば、北海道日本海沿岸の川での観測によると、ある動物プランクトンが落葉を利用し、この動物プランクトンをクロガシラカレイが餌としていることがわかりました。そしてこの動物プランクトンの生産量の31％は落葉に依存し、カレイの生産量の82％はこの動物プランクトンに依存していました。それゆえ両者を掛け合わせて、カレイ生産の25％は落葉に依存したことになります。

## 7.7　海岸林

海岸地帯には飛砂の害、または津波などの海からの襲来を防ぐための森林もあります。これらは海岸の災害や侵食に結び付くものであり、ここで触れておきます。

### 海岸の保安林

砂浜が広がり、風が卓越する海岸では、飛砂が激しくて生活が妨げられ、家屋や耕作地が砂で埋められるという被害が生じます。またしぶきによる塩

## 7.7 海岸林

害も加わります。そこで各地に飛砂を防備する保安林が戦後急速に整備され、植林が進みました。この結果、飛砂や塩害が減少した効果は認められるようになりました。

だがかなり多くの場所では、海岸線近傍にまで過剰に保安林を前進させました。この結果、保安林を海岸侵食から護るために、自然海岸が姿を消して、コンクリート護岸の人工海岸が延々とのびるという意外な事態が生じています。かつて広い砂浜で有名であった九十九里浜海岸にもこの例が見られます。

九十九里浜は図 7.6 に示すように房総半島の東岸にあって、北端の屏風ヶ浦の崖と南端の太東岬の崖に挟まれた、弓なりの長さ 66 km のわが国有数の砂浜海岸です。以前は両側の崖からの砂の供給により、最大で幅 100 m の砂浜が長くのびていました。しかし近年侵食が進む両端の崖を防護する事業が進められたので、崖からの砂の供給が乏しくなり、砂浜が次第に細くなってきました。一方、背後地を護るための保安林の植林が活発に進められたため

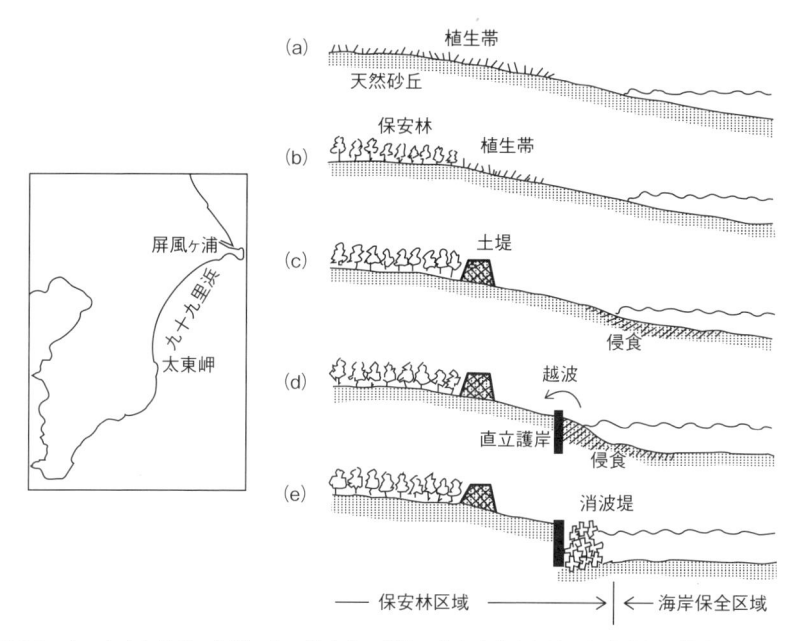

図 7.6 左：九十九里浜の位置、右：保安林の植林に伴う九十九里浜の侵食過程の模式図、日本財団（2001）をもとに作成

に、逆に海岸をコンクリートの連なる海岸にさせてしまった例が見られます。この状況を、宇多高明氏（2004）にしたがって説明します。図7.6を見て下さい。

（a）は九十九里浜の原風景として、天然のまばらな植生に覆われた広い砂丘が広がり、前浜も広くて勾配も緩やかな砂浜が海に続いています。（b）だが風による飛砂や塩風害を防ぐために、松の植林が進められて砂丘が密な保安林に変わりました。（c）新しく形成された保安林を、今度は飛砂や飛塩から護る必要が生じ、このための土堤が保安林の端に建設されるようになりました。この頃から海食崖の防護に伴う砂の供給が減って、汀線の後退が始まりました。

（d）この汀線の後退から土堤と保安林を護るために、直立護岸が海際に建設されました。

それでも侵食は続き、越波も増大します。（e）そこでさらに直立護岸を護るために、その前面に消波ブロックを積み重ねる工事が実施されます。しかし侵食は進み、護岸前面はさらに深くなります。かくして砂浜の代わりに、コンクリート護岸がのびる海岸へと変わったのでした。

以上は、森林法にもとづいて保安林を護るという観点からの海岸保全対策です。しかし最初から砂を浜に止め置くという観点に立てば、離岸堤やヘッドランド工法というのがありますから、消波ブロックに護られたコンクリート海岸にする必要はありません。ここには海岸保全対策として、国土交通省と農林水産省の行政上の問題が介在していて、今後の改善が望まれます。

なお最近飛砂による被害が減ってきましたが、これは単に保安林の整備が進んだということだけでなく、飛砂の発生量そのものが減ったことにも原因があります。すでに述べたように、人の手によって森や川の状況が大きく変わって、海に流れ出てくる砂の量が減少して、砂浜の状態が変わったことにもよるのです。

**海岸の防潮林**

2011年3月11日に東日本を襲った大津波によって、陸前高田市において

700万本もの松が広がる高田松原が壊滅的打撃を受けましたが、奇跡的にわずか1本の松のみが残って話題になりました。このようなことから最近防潮林に注目する市民も増えました。高田松原の場合には、津波があまりにも巨大であったために防潮林が破壊され、後背地を十分に護る役割を果たすことができませんでした。だが、古来度々津波で苦しめられてきたわが国では、防潮林によって家屋や生命が助かったという話は各地に数多く残っています。今回の津波でも、防潮林のおかげで被害を軽減できたという例も多く報告されています。これらについては、例えば太田猛彦氏（2012）の著書があります。

海岸林の津波被害軽減の役割は次のように考えられます。まず海岸林はその地上部、特に樹幹部で津波のエネルギーを減衰させます。津波に対するこの減衰効果は、おおむね津波の高さが10 m以下では何らかの形で現れ、3 m以下では顕著になるといわれています。そして津波の破壊力が弱まった結果、後背地が津波による被害を蒙ることを防ぎ、または被害を軽減することができます。また津波が速やかに進入することを妨げて津波の到達時間を遅らせるので、住民は津波からの避難時間を稼ぐことができます。さらに津波の際には漂流物が多く出ますが、海岸林がこれらを阻止し捕捉して、漂流物が背後地の建物などを破壊するという二次災害を防ぐこともできます。そして防潮林の幅が広いとき、また防潮林の地盤が高いときに、防災効果が大きいことも知られています。

今回の大津波による災害後、海岸林の復旧と新設が各地で考えられていますが、どのようにすれば効果的であるかについては理解が不足しているので、過去の知見を基礎にしての科学的検討が必要に思われます。これについては上記の太田氏を参照して下さい。

## 7.8　マングローブ林

森林と海が直接的にきわめて密接に関係しているのは、マングローブ林といえるでしょう。この植物と海との関係に注目します。

7章　森の役割

## 湿潤熱帯のマングローブ林

　マングローブは、熱帯・亜熱帯の潮間帯すなわち満潮時には水没し、干潮時には干出する入江や河口域に、群落を成す塩性植物を指しています。そのマングローブの特異な姿を、2種について図7.7の写真に示しておきました。その生態系は、通常の陸域や海域の生態系と著しく異なる特徴をもっているので、松田義弘氏（2011）にしたがって説明します。わが国においては、マングローブ林は沖縄地方に見ることができて、同地方はマングローブの自然成育のほぼ北限と見なされます。

　地球全体でのマングローブの植生面積は約1,630万haで、北海道の面積の2倍程度とそれほど大きくはありません。だが、幅4kmで赤道を一周するほどの広大な樹林帯に相当し、熱帯・亜熱帯の森林資源としてだけでなく、世界の自然環境の形成に、また水産生物の産卵・保育場として世界の食糧資源の確保に重要な位置を占めています。さらに地域住民はマングローブ域を、日常生活の場として多面的に活用しています。だが近年、マングローブ域の利用が加速度的に増大して、自然の生態系がもつ復元力を越えた過度なものとなって、環境の破壊が心配されています。これについての対策も種々試みられています。

　マングローブは潮間帯より陸側では成長できず、海水の進入する塩性湿地

図7.7　西表島のマングローブ2種、左：オヒルギ林と膝根、右：ヤエヤマヒルギの支柱根、松田義弘氏（2011）による

のみを植生域としています。多くの種では気根とよばれる地上根により大気から酸素を取り込み、また胎生種子（母体すなわち樹に付いている間に、ある程度生育可能な状態に育った種子）の着底により樹木としての成長を可能とするため、周期的な底泥面の干出をもたらす潮汐運動は不可欠なものになっています。

　底泥上に落ちたマングローブの葉や落ち枝は、カニや巻貝、バクテリアなどの活動によって破砕され、変成・分解されて土壌の基盤となり、マングローブの成長に寄与するとともに、一部は潮流により外海へ運ばれて、沿岸海域へ栄養塩の供給源になっています。落葉、落ちた枝などを起源とするデトリタス食物連鎖（8.3節参照）が著しく発達しているのは、ここの生態系の特徴といえます。一方、外海側に隣接するサンゴ礁や藻場などで生成された大量の酸素や外海性物質が、上げ潮によってマングローブ域に供給され、そこでの生物活動を支えています。

　結局、マングローブ域の生態系は、陸上や海域の生態系に比べて、陸、海、空、さらに底泥との間できわめて強い結び付きをもつ開かれた系であり、また生物、化学、物理過程のきわめて有機的な相互作用のもとで形成維持されている系であるといえます。

## 砂漠沿岸のマングローブ林

　これまでは湿潤熱帯のマングローブ林に注目しましたが、わずかですが意外にも、ペルシャ湾沿岸、紅海沿岸などの一部の砂漠沿岸地帯にもマングローブ林が存在して、緑のオアシスを形成しているのです。この樹林はやはり地域住民に利用され、繁茂した入江では藻場が形成されて各種魚類が生息し、主要な漁場になっている所もあります。また発達したサンゴ群落が形成されている場所もあります。そして冬季には多くの鳥類が飛来して、樹林中とその周辺を餌場にしているといわれます。古代には緑豊かな沿岸であったのが、文明の発展とともに樹林は次第に消滅し、現在では激しい開発の嵐のために、荒廃消滅が心配されています。いまその保存が湾岸諸国の大きな課題になっています。ここでは玉栄茂康氏（2008）を参照してこの樹林の特性

を紹介します。

　湿地熱帯樹林の場合と異なって、砂漠地帯沿岸では陸地からの流入河川がないために、当然ながら高塩分耐性種のみが生存できます。そのためか種類も乏しく、現在ペルシャ湾沿岸に分布するマングローブは、ヒルギダマシーという1種だけということです。

　このマングローブの自生林は、塩分40〜80のもとで群落を形成しています。そして塩分が40〜50の海水のもとでは、樹高4〜10mに達して密集した樹林を形成しますが、塩分が高くなるにしたがって樹高は低くなり、塩分80の海水では矮小でまばらな群落になるということです。生育が良好なヒルギダマシーは、側枝が縦横に伸張するため、東南アジアに見られるような高木にはならず、幹が複雑に分枝して樹幹下部が地表を覆うまでに垂れ下がりテント状の樹形になります。このマングローブ林は、デトリタス食物連鎖が著しく発達し、陸水の供給を除けば、基本的には湿潤熱帯のマングローブ林と同様な生態系にあるといえるでしょう。

**参考文献**
宇多高明（2004）：海岸侵食の実態と解決策、山海堂
太田猛彦（2012）：森林飽和−国土の変貌を考える、NHK出版
沖　大幹（2007）：地球規模の水循環と世界の水資源、JGL（Japan Geoscience Letters）、3巻3号
桜井　泉・柳井清治（2008）：カレイ未成魚による森林有機物の利用、森川海のつながりと河口・沿岸域の生物生産・6章、恒星社厚生閣
佐々木克之（2008）：森林・集水域が海に与える影響、川と海−流域圏の科学・第4章、築地書館
佐々木克之・風間真理（2008）：東京湾とその流入河川、川と海−流域圏の科学・第11章、築地書館
白岩孝行（2012）：アムール川とオホーツク海・親潮、森と海を結ぶ川・第1章3節、京都大学学術出版会
水産庁・林野庁・国土交通省（2004）：森・川・海のつながりを重視した豊かな漁場海域か環境創出方策検討調査報告書
田中勝久・豊田雅哉・澤田知希・柳澤豊重・黒田伸郎（2003）：土壌流失によるリン負荷の沿岸環境への影響、沿岸海洋研究、第40巻
田中　克（2011）：「森・里・海」の発想とは何か、森里海連環学・終章、京都大学学術出版会
田渕俊夫（1985）：降水中の窒素とリン、水質汚濁研究、第8巻第8号
玉栄茂康（2008）：マングローブ植林による砂漠沿岸生物環境の改善、森川海のつながりと河口・沿岸域の生物生産・10章、恒星社厚生閣
徳地直子（2011）：森をめぐる物質循環、森里海連環学・第2章、京都大学学術出版会
長坂晶子・河内香織・柳井清治（2008）：河川沿岸域への森林有機物の供給過程、森川海のつながりと河口・沿岸域の生物生産・5章、恒星社厚生閣

## 7.8 マングローブ林

長崎福三（1998）：システムとしての森－川－海、農山漁村文化協会
中野秀章・有光一登・森川　靖（1989）：森と水のサイエンス、東京書籍
日本財団（2001）：日本の海岸はいま…九十九里浜が消える？、海岸侵食と漂砂
日本財団（2002）：続日本の海岸はいま…九十九里浜が消える？、漁港と海岸線の変遷
野村英明・高田秀重・奥　修（2011）：水循環と生活廃水、東京湾・1.4節、恒星社厚生閣
畠山重篤（2011）：森は海の恋人、森里海連環学・第8章、京都大学学術出版会
松田義弘（2011）：マングローブ環境物理学、東海大学出版会
松永勝彦（1993）：森が消えれば海も死ぬ、講談社
向井　宏・飯泉　仁・岸　道郎（2002）：厚岸水系における定常時と非定常時における陸域からの物質流入－森と海を結ぶケーススタディー、海洋、34巻
向井　宏（2011）：海を守る森、森里海連環学・第3章、京都大学学術出版会

# 8章　川の影響を受ける海の水質と生態系

　河口域と沿岸域は、海洋の中で最も生産性の高い海域です。それは河川を通じて陸上起源の豊富な栄養塩や有機物が流入し、それが活発な海水運動に伴って海域内を循環して、生物活動に利用されるからです。河口沿岸域における海水の動きについては、4章と5章で学びました。本章では、このような環境の中における海の水質と生態系に注目します。これについては山本民次氏（2008）の解説があります。なおここでは川自体の生態系については触れませんが、これに関しては水野信彦・御勢久右衛門氏（1993）や沖野外輝夫氏（2002）の著書があります。

　また海が川から受ける影響は、陸と海の実体によって大きく異なるので、地形的に閉鎖性が強い厚岸湖、大都市を控えた東京湾、複数の湾・灘をつなぐ瀬戸内海、大河アムール川が注ぐオホーツク海の4つの海域を代表例にして、それぞれの特性を理解します。

## 8.1　河川水と海水の接触の効果

　河川水が海水と接触することによって生ずる現象について考えます。図8.1に河川水と海水がぶつかる場所における3つの要素の変化を、模式的に示しました。分布は河川水と海水の混合状態によって異なります。図では強混合型と弱混合型の場合が示されています（図3.11参照）。上段に示す塩分では、強混合型では滑らかに変化しますが、弱混合型では急激な変化が生じます。

pHの変化

　河川水と海水がぶつかり合うところでは、図8.1の中段に示すように、弱混合型に顕著ですがpHの低下が見られます。これは、例えば陸の土壌を形

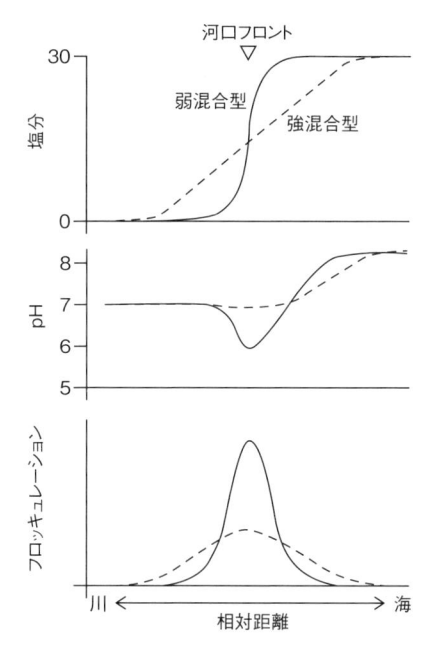

図 8.1 河川水が海水とぶつかる河口付近の塩分、pH、フロッキュレーションの変化、山本民次氏 (2008) による

成する石灰岩などの場合、雨が降るとこれに大気中の二酸化炭素が反応して、河川水中に重炭酸が多く含まれるようになって、河川水の pH は低下します。pH は水中に溶存する物質の形態や存在量（濃度）を決める要因であり、植物の光合成反応に大きな影響を与える重要な環境要因のひとつであるといわれています。

## 凝集作用

　河川水が海水と接触するところでは、個々の粒子がくっつき合って大きな粒子になる凝集作用（フロッキュレーション）が起こり、多量の懸濁粒子が生成されることが知られています。その分布状態は図 8.1 の下段に示されています。懸濁粒子とは、一般に $0.45\mu m$ のフィルターを通過しない粒子を意味し、フィルターを通過する溶存物質と区別されます。凝集作用による生成物はフロックとよばれています。

凝集が行われるメカニズムとしては、2つの作用が考えられます。1つは、電子を帯びた粒子が引き合うことによる化学的な作用です。他は、河川水中の微生物などが塩分の違いなどで死滅し、それらが出す粘液物質で粒子同士が凝集する生物学的な作用です。そして羽状のフロックは粒子同士が衝突してくっつき、さらに大きさを増します。

微細粒子の沈降速度は、ストークスの抵抗法則にしたがって、水との密度差および粒径の2乗に比例します。懸濁物質は、密度差は小さいですが粒径が非常に大きいので、個々の粒子に比べて速く沈降して底への堆積が促進されます。かくしてこの河川水と海水の接触域には懸濁粒子が多く堆積して、海域の環境形成と生物活動に強く影響します。

**生物の多様性**

河川水の流入によって、エスチュアリーは他の水域に比べて、塩分やpHなどが時間的にも空間的にも激しく変動する場所になっています。したがってエスチュアリーは、変動が激しい環境に適応できない生物にとっては、生存することが困難な苛酷な環境といえます。一般に動物は環境の変化に敏感なため、エスチュアリーにおいては種の多様性は高くないといわれます。

一方、植物にとっても塩分の急激な変化はあまり好ましくありませんが、低塩分を好む種や、高塩分を好む種など、環境に適して進化した種が多く見られます。そしてエスチュアリーの浅海においては、栄養塩濃度が高く、光も十分にあるので、植物の生産にきわめて好都合です。この結果、外洋には見られない大型藻・草類、底生性の小型・微小藻類、沿岸性プランクトンなど、さまざまな植物が繁茂しています。したがってエスチュアリーでは、沖合・外洋域よりも植物種の多様性は高いと考えられています。

## 8.2 河川水流入に伴う生物生産過程

**生物生産過程の模式図**

陸域から河川を通って沿岸域へ流入する栄養塩類および有機物が、海域の

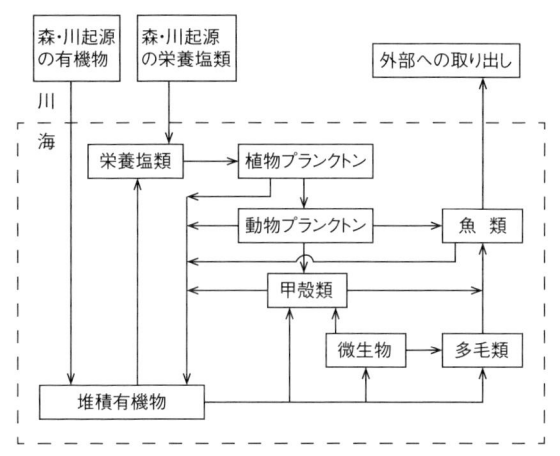

図 8.2 森・川起源の栄養塩類や有機物の流入に伴う海の生態系の標準的な模式図

　生物生産へ取り込まれる一般的な過程を、図 8.2 に模式的に示しました。なおこの図には海草類は含まれていません。河川から加わる栄養塩類と有機物の中で、無機態の栄養塩類は海域の一次生産（基礎生産）すなわち植物プランクトンの生産に活発に利用されて消費されます。

　一方、河川から流入した有機物は、そのままの形で沿岸域の生物生産に加わることは乏しいです。この有機物の海域における挙動については、笠井亮秀氏（2008）が解説しています。これまでの研究によれば、沿岸域に生息する生物の多くは、植物プランクトンや底生珪藻を基礎とする生態系に入っており、河川由来の有機物は動物の餌資源としては、あまり適当とはいえないようです。その理由として、陸上有機物にはリグニンやセルロースなど難分解性の物質が多く含まれることがあげられています。

　そこで河川由来の有機物の多くは、懸濁粒子として海底に堆積します。堆積した有機物は微生物などによって分解され、無機化されます。このように無機化された栄養塩類は底から水中に出て、川から流入した栄養塩類に加わって、植物プランクトンの生産に利用されます。一方、堆積有機物には河川から運ばれてきたものだけでなく、海中に生産された植物プランクトンの遺骸や、動物プランクトンや魚類の遺骸や糞なども加わってきます。これら

の生物起源の粒状態有機物はデトリタスとよばれます。デトリタスは底層で、底生の魚類やエビ・カニなどの餌となり、さらにバクテリアによって無機化されて、河川経由の栄養塩類に加わります。

このように豊富になった栄養塩類を基礎にして、上層では光を利用して一次生産としての植物プランクトンが大量に生産され、植物プランクトン→動物プランクトン→プランクトン食魚類→魚食魚類の魚食系が展開されます。底層では河川経由のデトリタスに加えて、枯死したプランクトンや魚類の糞を餌とするデトリタス食魚類・甲殻類→底生魚食系が機能します。このようにして生産された魚類や甲殻類などは、一部は鳥やアザラシなどの動物、さらには人間によって系外へ取り出されます。

**高い生物生産性**

河川水が流入するエスチュアリーにおける生物生産性は非常に高いです。これには基礎となる栄養塩類が、河川水によって多量に運び込まれることだけでなく、沖合下層からも堆積有機物の分解から生成された栄養塩類がエスチュアリー循環（図4.3）によって運び込まれることが寄与しています。これらをもとに生物生産が活発に行われます。さらにこの結果として、エスチュアリーの底層には多量の懸濁有機物が堆積し、これが分解されて海域にさらなる栄養塩類を提供して、生物生産を支えます。

エスチュアリーにおける単位面積当たりの一次生産は、外洋生態系とは比較にならないほど大きく、湖沼生態系や陸上の熱帯雨林生態系と同程度かそれ以上といわれています。このようにして生産された有機物は、食段階で高次の生物に回り、私たちはこれらの一部を漁獲して恩恵にあずかることができきます。

しかし最近人間による活発な沿岸開発によって、この循環が滞るようになり、漁業を含めて生物生産が衰え、海域の環境が悪化する例が多くなりました。これについては8.4節に触れます。

## 8.3 エスチュアリー循環の重要性

　上記のようにエスチュアリーはきわめて生物生産が高い海域ですが、これにはエスチュアリー循環（図 4.3）の発達が大きく寄与しています。

**成層の影響**

　はじめに流れがなくて安定した成層状態にある海域では、どのようなことが起こるかを調べておきます。成層状態では重い水が下層に、軽い水が上層にあって、上下方向の水や物質の交換は著しく制限されます。上層では光環境が良好であり、また河川から供給された栄養塩類も豊富なため、植物プランクトンなどの藻類はよく増殖します。これらは枯死して沈降したり、動物プランクトンなどに食べられたりして、底層に運ばれます。

　底層では太陽光も届きにくいので光合成による酸素放出量が少なく、また沈降したデトリタスの分解が盛んであるために、酸素の消費が活発に行われます。このような状況が続くと下層は貧酸素状態になります。特に暖候期には水温は高く河川流量も多いので成層は強まり、分解速度も大きくなって、貧酸素化の進行はさらに大規模化します。貧酸素状態が続くと、酸素を使って有機物を分解する酸化分解の代わりに、嫌気的分解が盛んになって硫化水素が生成されます。かくして貧酸素化や硫化水素の発生のために、底生生物の大量斃死などが起こります。これは赤潮の発生にもつながり、さらに風の作用による湧昇のために、青潮被害も発生します（5.3 節）。

**エスチュアリー循環の役割**

　これに対して、エスチュアリーでは図 4.3 に示したエスチュアリー循環が発達し、水の動きは活発です。これは表層では河口から沖に向かい、下層では外海から河口に向かう鉛直循環です。そして上層と下層の間には、乱れによって下層水が上層に取り込まれる連行加入も活発に行われて、関与する循環流量は非常に大きいです。この流量は表 4.1 に示したように、河川流量の数倍から 10 倍、場合によっては 20 倍以上に達しています。なお海の成層状

## 8章 川の影響を受ける海の水質と生態系

態は存在しますが、特に暖候期に強いのですが、下層の水はこの発達した循環流で動かされて、前項に述べた成層による弊害は免れることができます。

栄養塩濃度で見た場合、東京湾などの内湾に注ぐ河川のように、人口が多くて汚水処理が十分でないために、流入河川水の濃度が高い場合と、自然状態が残されたために、流入河川の濃度が低く、相対的に沖合の下層水の濃度が高い場合があります。一般に沖合下層水には、堆積有機物が分解されてできた栄養塩が多く含まれている場合が多いのです。そこで山本民次氏ら（2000）は、エスチュアリーに対する河川水による栄養塩負荷量と、沖合下層から運ばれてくる栄養塩負荷量のいずれが大きいかの観点から、エスチュアリー循環の働きを2つに分けました。それを図8.3に示します。

図(a)は、河川水による栄養塩負荷量が多い場合です。このときはエスチュアリー循環によって相対的に負荷量が少ない沖合下層水が運び込まれてくるので、海域は過度の富栄養化が進行することを避けることができます。一方、図(b)は、河川水経由よりも沖合下層からの栄養塩負荷が大きい場合です。このような状態ではエスチュアリー循環は、海域の生物生産（一次生産）をある程度のレベルに維持するように働きます。

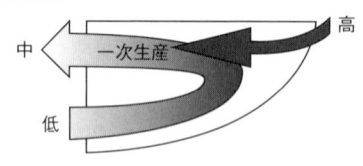

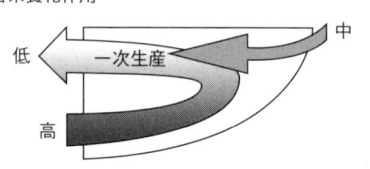

以上のように、エスチュアリー循環は、河川による栄養塩負荷が大きい場合には海域に対して浄化作用、小さい場合には海域の栄養塩濃度や一次生産を維持するように働いて、エスチュアリー生態系の恒常性を維持するという非常に重要な働きをしています。

図8.3 エスチュアリー循環の効果、(a) 浄化作用の場合、(b) 富栄養化作用の場合、山本民次氏ら（2000）による

## 8.4 生物生産過程の切断

　以上に述べたように、エスチュアリーは高い生物生産能力をもっていますが、この循環が人の手によって切断されることが生じています。これについて笠井亮秀氏（2008）にしたがって考えます。ここ30年ほど陸からの排水規制がかなり厳格に行われてきたにも関わらず、内湾の貧酸素水塊の発生が改善されずに環境悪化が続き、高い生産能力に衰えが見られる場合があります。

　これの大きな理由として、沿岸開発のために干潟、浅瀬、藻場などがなくなったことがあげられます。本来であれば、河川を通って海域にもたらされた有機物は、これら浅海域でいったん捕捉され、潮汐や波浪などによって浮上・沈降をくり返しながら、バクテリアによって分解されます。この際生成された豊富な栄養塩は、河川から流入した栄養塩に加わって、上記のように沿岸の生物生産に寄与してきました。

　しかしながら埋立や浚渫などによって干潟、浅瀬、藻場などが消失することによって、これらの海域の貝類などが失われ、貝類などが利用していた陸起源有機物や表層で生産された有機物があまり生物に利用されないまま、底層に堆積しやすくなりました。それらが深くて流れも弱い海底で分解されると、多量の酸素が消費されて貧酸素水塊が形成されます。かくして干潟に代表される浅海域の消失が、川由来や海で生産された有機物の循環を阻害し、環境の悪化を加速させていると思われます。また埋立の影響は、生物にとって生存空間の喪失となり、これによる生態系の変化も生じています。

　さらに開発が著しい内湾では、顕著な埋立・浚渫のために湾の固有振動周期が小さくなって、宇野木・小西（1998）が図5.2に示したように潮汐・潮流が弱くなっています。このために湾の浄化に対する基礎体力を弱めていることも一因と考えられます。ゆえにこのような開発行為は厳に慎まねばなりません。

　以下では特徴のある海域を例にして、川の影響を調べます。

## 8.5 厚岸湖

　厚岸湖は図 8.4 に示すように、北海道東部の厚岸湾に狭い水道でつながっていて、面積は 31.8 km$^2$ で、平均水深 2 m、最大水深は 7 m の浅い水域です。水の平均滞留時間は比較的良くて 0.1 年といわれていて水の交換は悪くなく、塩分も 10 ～ 25 程度であって、河口の汽水域としては比較的高いといえます。この湖には図 7.3 に述べたように別寒辺牛川、大別川、オッポロ川その他の川が流入しています。これらの川の特徴は、わが国では数少ない河川改修がほとんど行われていない自然河川であり、また人口密度はきわめて低く、河川の両側に広い湿原・氾濫原が上流から下流まで広がっています。そして河川改修がなされていないために、サケ科魚類などの遡河型生物が上流から河口域まで自由に行き来し、絶滅危惧種で幻の

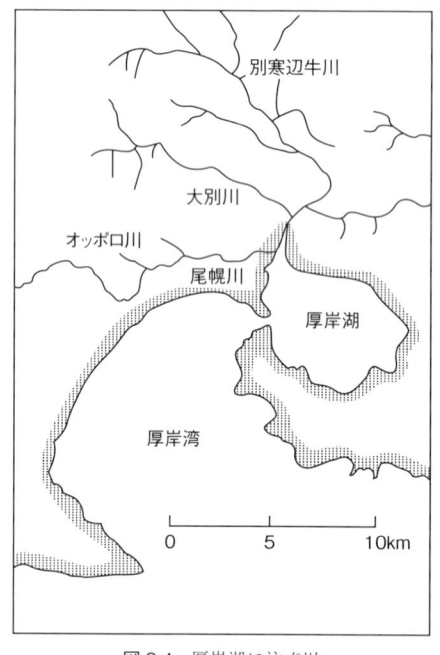

図 8.4　厚岸湖に注ぐ川

魚といわれるイトウが安定的な繁殖を続けています。冬には湖口の水道部を除いてほとんど全面結氷となります。

　厚岸湖の生態系については、向井　宏氏（2011）の解説があるので、これを参考にして述べます。厚岸湖の生態系は、多くの変異に富んだ沿岸性の食物連鎖構造をもっています。図 8.5 に厚岸湖生態系における複数の食物連鎖構造を模式的に示しました。基礎生産者としては、植物プランクトン、アマモ、付着藻類、および底生珪藻があげられます。そして一般的な食物連鎖の、「植物プランクトン→動物プランクトン→小型魚類→大型魚類」が存在します。しかし植物プランクトンは、もう 1 つの食物連鎖の基礎にもなっていま

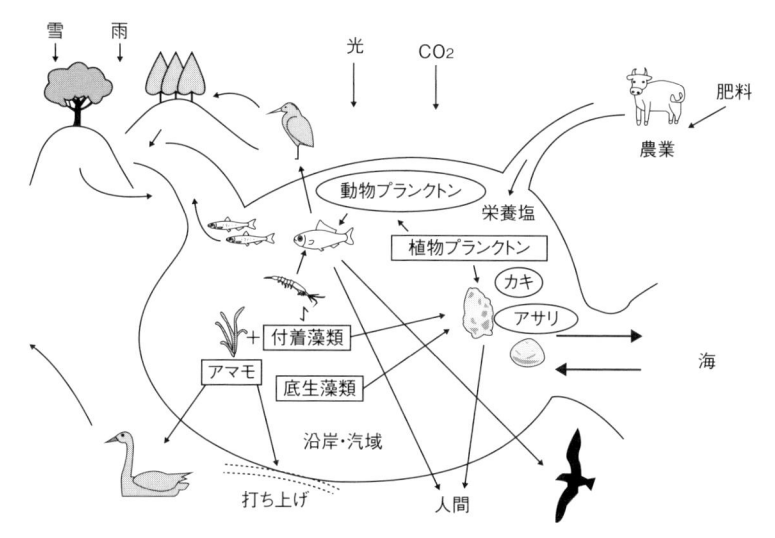

図 8.5 厚岸湖生態系の模式図、向井 宏氏（2012）による

す。それは「植物プランクトン→カキ・アサリ→人間」です。

　さらに厚岸湖の最も重要な基礎生産者として、海草のアマモ群落があります。アマモ場は平均水深 2 m の浅い厚岸湖の 2/3 を占めています。しかもアマモは単位面積当たりの生産速度で、植物プランクトンを大きくしのぎ、陸上の落葉広葉樹林も超え、またアマモを直接食べる動物はほとんどいません。ただしこのように膨大な量のアマモも、そのまま食物連鎖に組み込まれることはなく、枯れて分解した後に腐食食物連鎖に組み込まれて一次生産を担っています。その連鎖は、「アマモ枯死→分解→底生魚類」という道筋と「アマモ枯死→分解→懸濁態粒子→アサリ・カキ」の道筋になります。

　アマモにはまた珪藻を主とする非常に多くの微細な藻類が付着しています。付着した藻類はアマモの年間生産量の 1/3 から半分近くを占めるといわれ、非常に豊富に生息するアミ類に食べられます。アミ類はほとんどの魚類の主要な餌となっています。ゆえに「付着藻類→アミ類→魚類」という食物連鎖が存在します。また海底の堆積物中に生育する底生藻類は、堆積物を直接食するゴカイ類などの堆積物食者の主要な栄養源になっているので、「底生微細藻類→堆積物食ベントス→底生魚類」という食物連鎖も成り立ってい

ます。

 そして付着藻類も底生藻類も、実は最近海水中に豊富に懸濁していることが明らかになりました。そしてこれらはカキ・アサリなどの懸濁物食者の餌になっているのです。すなわち「付着藻類・底生藻類→（懸濁）→カキ・アサリ→人間」が存在します。かくして北海道におけるカキ・アサリの生産量の6割以上を占める厚岸湖の生産を、本来の食物連鎖以外のこの付着藻類や底生藻類が支えているというのは興味深いことです。

 しかしカキとアサリの増産が始まってから、厚岸湖のCODは平均的に徐々に増加しつつあり、環境の悪化が心配されています。また温暖化に伴う水温の上昇の影響か、夏に表面水温が30℃になることがあって、カキの稚貝が夏の高温で大量死することも起きて問題になっています。

## 8.6 東京湾

 東京湾に注ぐ河川の流域は、人口約2,600万人を抱えるわが国最大の生活圏であり、また経済活動が最も活発な地域でもあります。このような条件にある海域の特性について考えます。東京湾については、日本海洋学会沿岸海洋研究部会編（1985）の「日本全国沿岸海洋誌」に東京湾の章が、小倉紀雄氏編（1993）の「東京湾-100年の環境変遷」が、また沼田 眞氏監修（1993、1997）の東京湾シリーズなどがあります。最近では東京湾海洋環境研究委員会編（2011）の「東京湾-人と自然のかかわりの再生」という大著に、東京湾の現状と再生の方向が示されています。

### 地形の変化

 東京湾は過去より現在に至るまで地形が大きく変化をしてきました。現状を理解するうえで、成り立ちを理解しておくことも必要なので、これについて述べておきます。図8.6に貝塚爽平氏（1993）にしたがって、約12万年前、約2万年前、約6,000年前、および現在における東京湾の地形を示しました。海岸地形の変遷に伴って、東京湾に流入する河川の形態も大きく変化してき

8.6 東京湾

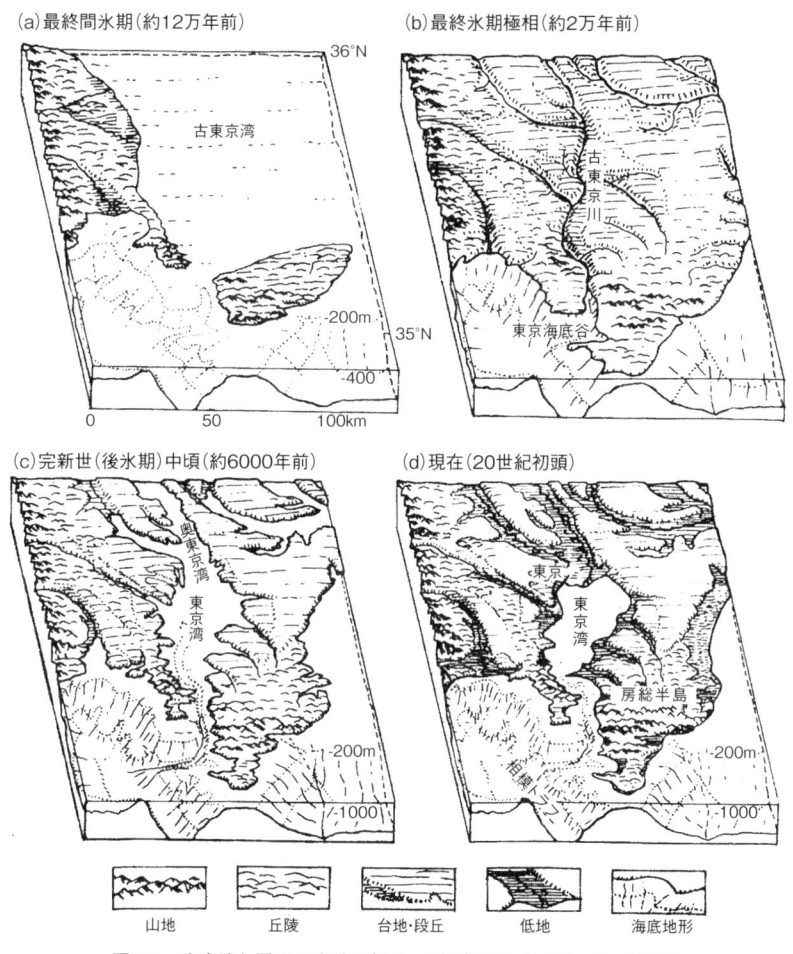

(a) 最終間氷期(約12万年前)
(b) 最終氷期極相(約2万年前)
(c) 完新世(後氷期)中頃(約6000年前)
(d) 現在(20世紀初頭)

山地　丘陵　台地・段丘　低地　海底地形

図 8.6　東京湾と周辺の地形の変遷、貝塚爽平氏（1993）を一部改変

ました。このような海岸線の変化は、気候変動による地球表面の氷の変化に伴って、海水面が大きく変化したことによるものです。

　最後の氷期である約 2 万年前（図 8.6 の (b)）の海水面は、現在より約 120 m も低かったのです。その後約 1 万 5,000 年前から約 6,000 年前の間は、極の氷が融けることによって世界的に海水面は上昇し、現在よりも逆に 2 〜 5 m 高くなって、日本の平野の多くは水没したといわれます。これは有楽町海進とか縄文海進とかいわれます。このときは図 8.6（c）が示すように、現

— 161 —

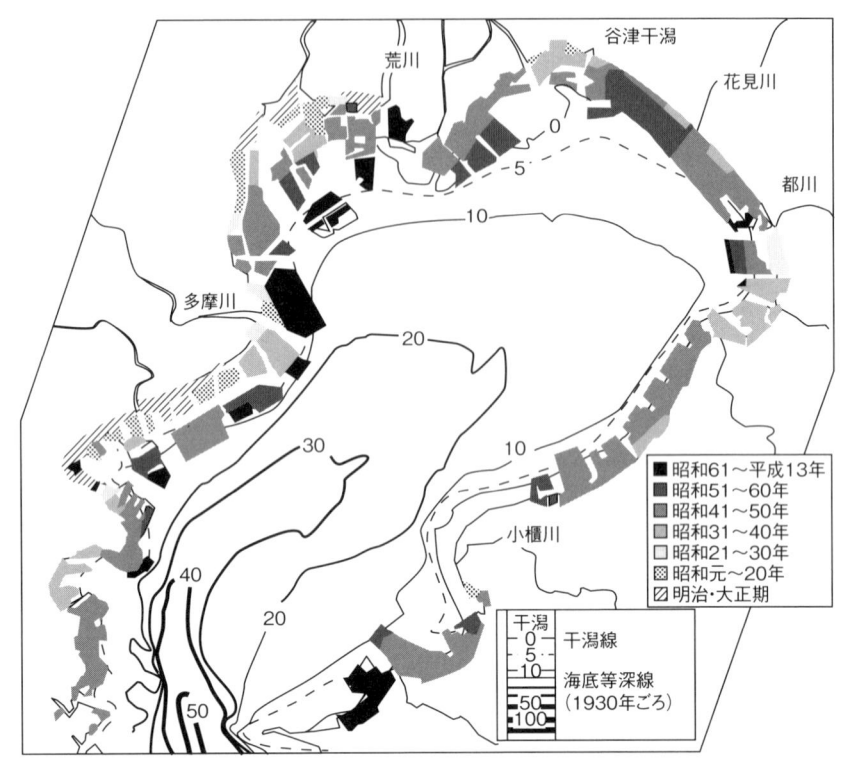

8章 川の影響を受ける海の水質と生態系

図 8.7 東京湾の埋立の変遷、千葉県企業庁資料等による

東京湾の内陸部に深く海水が進入し、当時の入江には縄文時代の貝塚が多数残されています。それ以後は、多少の変動はありますが、海水面は再び低下して現在に至り、海面はほぼ安定しています。

とはいえ近年の激しい沿岸開発に伴って次々と埋立が行われ、東京湾の海岸線は大きく変わりました。明治から現在に至るまでの埋立の進展は図 8.7 に示されていて、埋立面積は合計 25,000 ha にも及びます。これに応じて浚渫も活発に行われて、浅場がなくなり、かつ深い穴も残されています。また貴重な干潟は、明治後期には 13,600 ha もありましたが、現在千葉県の盤洲と富津、東京都の三枚洲、横浜の野島などが残るのみで、わずか 1,000 ha 程度にすぎません。これら干潟・浅場の喪失が東京湾の環境の悪化に拍車をかけたのでした。

8.6 東京湾

現在、浦賀水道より奥の東京湾すなわち内湾あるいは狭義の東京湾は、面積 922 km$^2$、容積 17.5 km$^3$、平均水深は 19 m です。一方、浦賀水道を含めた広義の東京湾は、面積 1,320 km$^2$、容積 72.5 km$^3$、平均水深は 54 m です。内湾の水深分布は図 5.6（a）を見て下さい。

**物理的特性**

東京湾には図 8.8（a）に示すように、多数の河川が流入しています。河川流量の正確な見積もりは難しいですが、1980 年頃までは全体で年平均 300 m$^3$/s の程度でしたが、最近は他の河川からの加入のために増加して、400 m$^3$/s から 500 m$^3$/s の値も見られます。東京湾に注ぎ込んだ河川水がどのよう

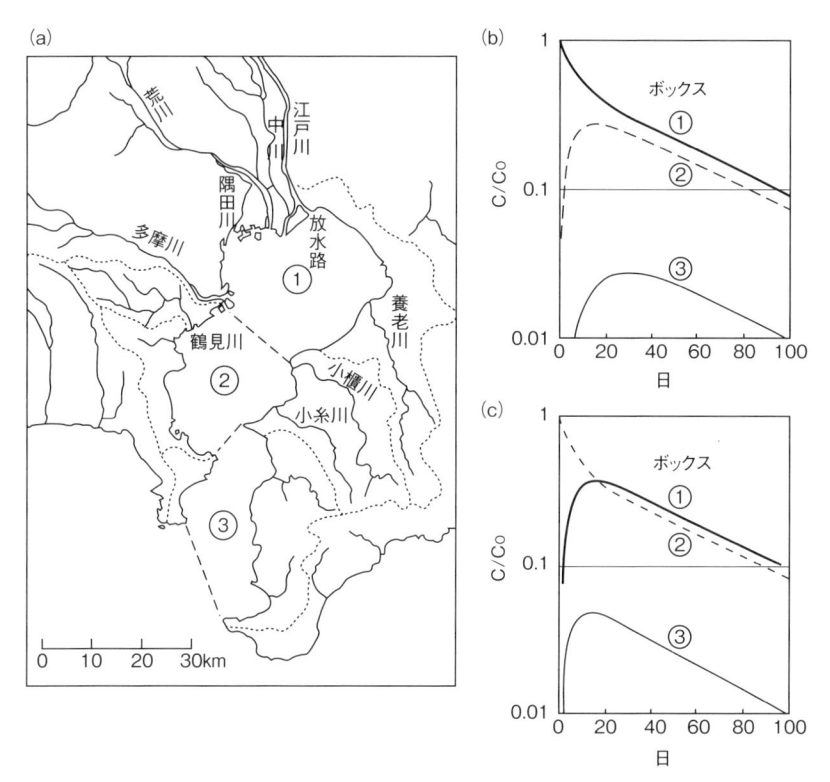

図 8.8 （a）東京湾に注ぐ河川とボックスの区分、（b）ボックス①に投入した場合の各ボックスの濃度変化、（c）ボックス②に投入した場合

8章　川の影響を受ける海の水質と生態系

に湾内に広がっていくかは、すでに図4.9に示しました。

　河川水流入に伴って、暖候期には河口に河口フロントが、寒候期には湾口に沿岸熱塩フロントが発達することはすでに述べました。表層における2月と8月の水温と塩分の分布は図4.8で知ることができます。河口位置の偏りとコリオリの力の影響で、河川水プリュームは千葉県側よりも神奈川県沿いに外海へ流出する傾向が見られます。

　河川水の流入、海面の加熱冷却、および外海との海水交流によって生ずる湾中央部の海洋構造の季節変化は、図4.7に示しました。暖候期には河川流量の増大と海面の加熱のために成層が強まり、躍層が発達します。一方寒候期には、海面の冷却と強い風の吹送のため、鉛直混合が強まって河川水の影響は底近くにまで及びます。したがって底層の塩分は、1年の中で意外にも冬季に最も低くなっているのです。また東京湾ではエスチュアリー循環も著しく発達していて、表4.1によればその流量は、河川流量に対して夏は6倍、冬には13倍にも達しています。

　比較的浅い東京湾は、風の影響を強く受けます。冬には北寄りの強風の連吹で、図5.6に示したように、時計回りの循環が生まれ、湾の浅い東部では表層に南流が、深い西部では下層に北流が卓越しました。一方、成層が強い暖候期には同じ北寄りの風の連吹によって、図5.9に示したように、大陸西岸と同じように岸に沿って発達する湧昇が発生することを知りました。そして成層のために水深変化の影響は表層に及ばず、湾全体で表層では南流が、下層では北流が卓越しています。成層が風の効果に大きな影響を与えていました。

**海水交換**

　いま図8.8（a）に示すように、狭義の東京湾を北部と南部、および浦賀水道の3ボックスに分けて、塩分収支をもとに1層のボックスモデルを用いて海水交換率が求めてあります。そこでボックス①と②にそれぞれ保存性物質を瞬間投入したときに、濃度がどのように変化するかを計算しました。結果を図8.8（b）、（c）に示します。この計算では外海の物質濃度はゼロとして

いるので、外からもどってくるものもあり、実際の濃度変化はこれよりも緩やかであると思われます。

　この結果から、ボックス①と②は濃度が接近していて、ボックス③の濃度より著しく高く、狭義の東京湾は閉鎖性が強いことがわかります。またボックス②に投入した場合にも約20日を経過した後からは、ボックス①の濃度が高くなり、湾奥部の閉鎖性が特に強いことがわかります。

　外海水との関係として黒潮変動の影響は浦賀水道まではしばしば報告されていますが、内部までの進入の報告は乏しいです。これも上記のように観音崎と富津岬を結ぶ線より内側の東京湾は、閉鎖性が強いことの現れと考えられます。だが5.5節に触れたように、黒潮の流路変動に伴って、外海水が東京湾に進入してきた観測例もあります。このとき外海水は中層から進入していました。なお日常的には、潮流による混合過程、および河川水流入に伴うエスチュアリー循環によって、外海水との交換が行われています。

## 水　質

　この項目については、佐々木克之・風間真理氏（2008）を参考にして述べます。膨大な人口を抱え、また経済活動がきわめて活発な広い流域から発生する汚濁負荷は、莫大な量に達していました。だが湾内の著しい環境の悪化を改善するために規制が行われたことで、図7.4に示したようにその量はかなり減少しました。1979年から2004年の間に、有機物（COD）は56％、窒素（TN）は43％、リン（TP）は63％も減少しています。

　だが負荷量の大幅な減少とは異なり、図8.9に示すように、湾域ではそれらの減少はわずかです。さらに憂慮すべきは、東京湾では下層の貧酸素化が著しいのですが（図4.7（d）参照）、改善の兆候は見られないので

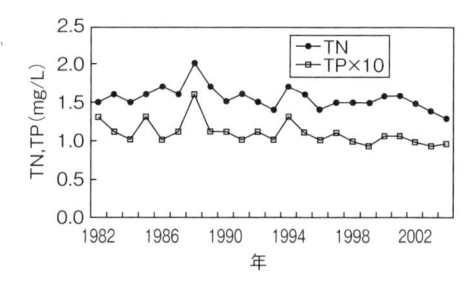

図8.9　東京都前面の海域における全窒素（TN）と全リン（TP）の経年変化、佐々木克之・風間真理氏（2008）による

す。安藤晴夫氏ら（2005）は次のように述べています。「1984年からDO濃度1 mg/l以下の水域が湾奥部全域に拡大し、さらに1984年に荒川河口域で認められたDO濃度1 mg/l以下の水域が、1994年からは千葉県側でも出現し拡大傾向を示している。湾口部付近では、1990年代半ばから濃度の低下傾向が認められる。このように、東京湾下層のDOは、CODやN、Pと異なり、改善よりも悪化の傾向が認められた」。

　流入負荷の削減にも関わらず、このように環境が改善されないのは、8.4節に述べたように根本的には、埋立や浚渫などによって干潟、浅瀬、藻場などが消失したために、陸起源有機物や表層で生産された有機物があまり生物に利用されないまま、底層に堆積しやすくなったためと考えられます。また図5.2に示した開発による潮汐・潮流の減少に伴う浄化能力の低下も寄与していると思われます。したがって貧酸素水塊の発生を避けるためには、干潟、浅瀬、藻場の回復が何より必要と考えられます。ましてやこれを加速する新規の埋立は絶対に認めることはできません。

### 赤潮と青潮

　内湾における生物の異常発生の現象として、赤潮と青潮を取り上げて説明します。赤潮は、プランクトンを主とする、海洋の微小生物の急速な増殖に伴う海色の変化を意味します。赤色を呈することが多いので、一般に赤潮とよばれます。青潮は、底層の貧酸素水塊が岸近くに湧昇して、海水が乳白色または青緑色に変色することをいいます。いずれも海域の環境の悪化を示すものといえます。

　東京湾における赤潮の発生は1907年に初めて報告されましたが、その後は長らく発生回数も発生域もごく限られていました。だが1950年代から頻発するようになりました。1950年代以降の発生回数が図8.10（a）に示されています。特に高度経済成長が始まった1960年代半ばから増え始め、1980年代にピークになりました。近年では赤潮の発生回数は年に15〜20回の程度、発生日数は年に100〜120日の程度です。そして赤潮の原因となるプランクトンの発生種が多様化していることが指摘されています。なお赤潮は海

水の富栄養化によって生じるといわれますが、流入負荷が減少した現在でも、その数に大きな変化は見られません。

東京湾の下層には水質の悪化に伴って、貧酸素水塊が形成されています。そして北寄りの風が吹いて、表層の水が沖に押しやられると、下層から貧酸素水塊が湧昇してきます。貧酸素水塊には硫化水素が含まれているので、これが大気に接して酸素を取り込み、硫化水素と酸素が結合して単体硫黄を析出します。これによって青潮特有の海色が生まれるのです。

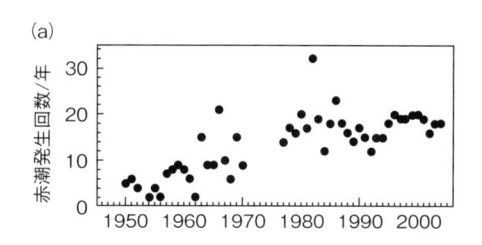

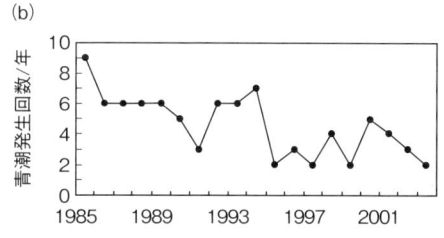

図 8.10 （a）東京湾における赤潮発生回数の経年変化、野村英明氏（2011）による、（b）東京湾における青潮発生回数の経年変化、佐々木克之氏（2011）による

貧酸素水塊の湧昇に伴って、沿岸の魚介類は大量に斃死します。1985 年に発生した青潮では約 3 万トンのアサリが斃死し、水質汚濁が著しかった 1966 年には、約 8 万トンのアサリが斃死したといわれます。また当然のことですがアサリと同時に、それ以外の逃げ出すことのできない生物も死ぬわけで、生物全体の斃死量はきわめて大きなものであろうと推測されます。

青潮の発生回数を図 8.10（b）に示しました。これによると、1985～95 年にかけては年に 6 回程度ですが、それ以降は約 3 回程度に減少しています。北寄りの風の吹続時間が短いと、岸近くの貧酸素水が湧昇するだけですが、吹続時間が長くなるにつれて、東京湾央の貧酸素水も青潮の起源に加わってきます。なお風の吹続時間が長くなると、図 5.9 に示したように、湧昇現象は単に湾奥部だけでなく、湾全体に及ぶことを考慮しなければなりません。

8章　川の影響を受ける海の水質と生態系

## 8.7　瀬戸内海

　瀬戸内海は本州、四国、九州に囲まれ、紀淡、鳴門、豊予、関門の幅狭い4海峡によって外海に連なる閉鎖性海域です（図8.11）。なお太平洋には、紀伊水道と豊後水道を経てつながっています。そのおよその大きさは、東西450 km、南北15 〜 55 km、面積21,800 km$^2$、平均水深37.3 m、総容積は816 km$^3$といわれています。一方、内部は明石海峡、備讃瀬戸、芸予海峡や無数の島々によって、大小の湾や灘に分かれ、地形的にきわめて複雑です。しかしそれぞれの海湾は独立ではなく、互いに密接な関係をもっているので、これに注目して瀬戸内海の特性を理解したいと思います。瀬戸内海はその自然的・社会的好条件にしたがって、周辺人口が多く、生産活動が活発であるために、海に対する負担は大きく、海洋環境において多くの問題を抱えています。本海域の海洋特性は、例えば日本海洋学会沿岸海洋研究部会編（1985）、岡市友利氏ら編（1996）、および海洋気象学会編（2013）などの著書にまとめてあります。

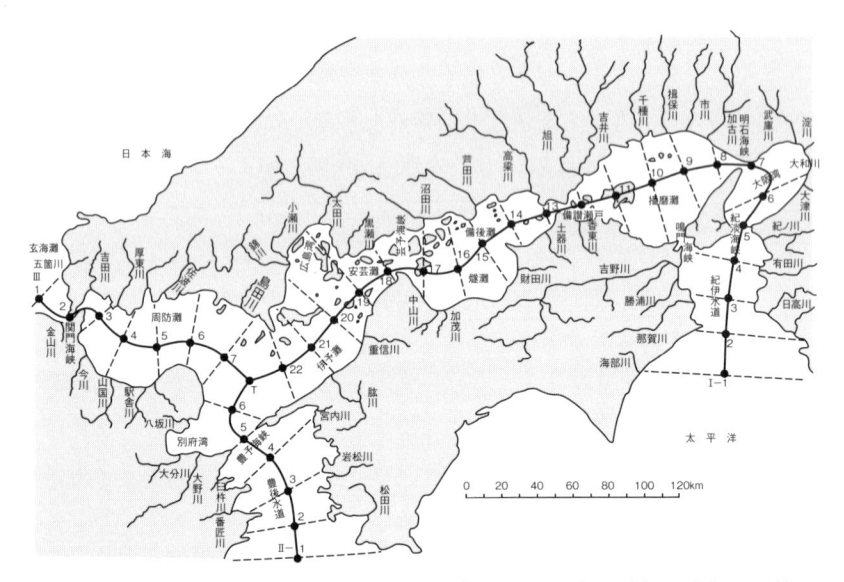

図8.11　瀬戸内海の湾・灘と流入河川、および複合内海モデルの断面の座標、断面間の距離は20 km（速水・宇野木、1970）

## 物理的特性

　瀬戸内海には紀伊水道と豊後水道を経て太平洋から潮汐波が進入し、平均潮差が東部では 1 〜 3 m、西部で 3 〜 4 m にも達します。西部の潮汐はわが国では有明海に次ぐ大きさです。潮汐が大きいために、多くの島々を縫う狭い海峡では潮流が発達しています。強い潮流と冬の強い西風のために、夏を除いて海水は比較的上下によく混合しています。

　図 8.11 によれば、瀬戸内海には多くの河川が流入しています。1 級河川は 21 で、2 級河川は 640 に達するといわれます。いま図に示すように、海域の中央を通る線上で 20 km ごとに横断面を設けて、瀬戸内海を 3 つの水路からなる 1 次元的な海区の集まりと考えます。

　各海区に年間に加わる淡水量の分布を図 8.12（a）に示しました。淡水量は河川流入量に海面への降水量を加えて、これから海面からの蒸発量を差し引いたものです。降水量も蒸発量も外洋に近いほど大きく、内部に入るほど小さい傾向が見られます。全般的には蒸発量が降水量を上回って、全域平均で年に約 100 mm ほど蒸発量が多くなります。流入する淡水量は海域によって大きく異なり、大阪湾が圧倒的に多く、備讃瀬戸、安芸灘・広島湾がこれに次いでいます。

　図 8.12（b）には、10 m を境にした上層と下層における塩分の分布が網目で示されています。なお以前は塩分として塩素量（Cl）を用いましたが、現在の塩分（S）とは $S = 0.03 + 1.805 \times Cl$ の関係があります。塩分は、豊後水道や紀伊水道から奥部にいくほど低くなっていて、河川水の供給が最も豊富な大阪湾が最も少なくなります。しかしこれは上層だけであって、下層では播磨灘が最も少なくなっていて、この海域が外海から一番隔絶されているといえます。また海域幅が狭まっている区間では、成層が微弱で潮汐混合の影響が認められます。

## 海水交換

　地形的に閉鎖性が強い瀬戸内海は、1960 年代からの経済成長時代に、激しい工業化、都市化に伴う大量の産業排水、生活廃水の流入のため、著しく

8章 川の影響を受ける海の水質と生態系

環境が悪化して汚濁の海と化し,油汚染も頻発して内海は黒い運河になりつつあるといわれました。そして瀬戸内海は漁業生産も活発でしたが,赤潮がしばしば発生して養殖ハマチに大打撃を与えました。1972年の7月中旬から8月中旬までに発生した赤潮では,1,400万匹のハマチが死亡したといわれます。かくして瀬戸内海の環境改善が強く迫られていました。だが当時そ

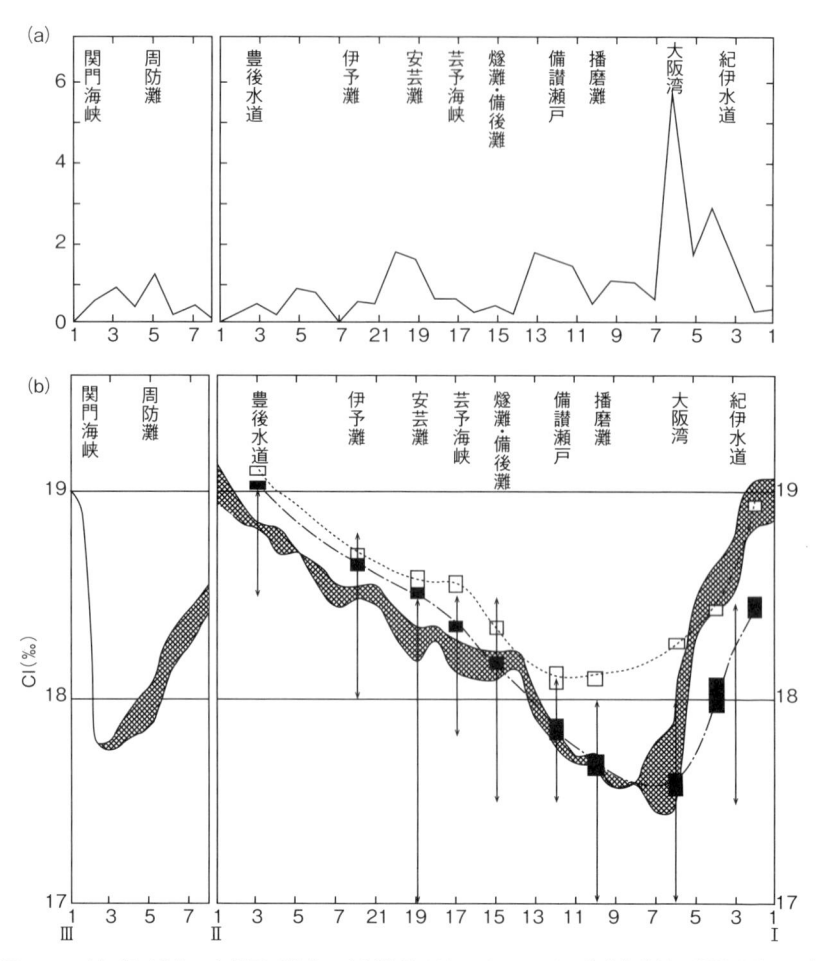

図8.12 (a) 瀬戸内海の各断面(横軸の座標位置は図8.11)における淡水供給量,縦軸単位は$10^8$ m$^3$/km/年,(b) 瀬戸内海における塩素量の分布,網目の上端は下層平均,下端は上層平均,矢印は表層塩素量の季節平均の変動範囲,白四角と黒四角は宇田道隆・渡辺信雄氏による下層と上層の季節変動の幅,速水・宇野木(1970)による

8.7 瀬戸内海

の対策は府県ごとに取られていて、効果は限られていました。また工業立地の影響評価のために、あらかじめ海域に実施された数多くの観測・調査や水理実験も、すべて開発予定地の地先海域のみを対象に限ったものでした。

このようなとき相談を受けた速水頌一郎・宇野木早苗（1970）は、瀬戸内海をひとつながりの海と考える必要があると考え、それまでに得られて散在している海洋資料をできる限り集めて整理して、1例を図8.12に示すような内海の特性を調べました。そして瀬戸内海を3つに枝分かれした水路の集まりと考え、1次元の数値拡散実験を行って、図8.12（b）に示した瀬戸内海の塩分布を最も良く表現するパラメータとして、$10^7$ cm$^2$/s という拡散係数の値を得ました。また瀬戸内海を西から東に向かう恒流の存在が指摘できました。だがその流速は流速計の誤差の範囲内の弱いものでした。

このようにして得られたパラメータを用いて、瀬戸内海の各海湾にそれぞれ等量の保存性物質を投入し続けたときの濃度分布を数値計算で求めると、1例として図8.13が得られました。これによれば、例えば瀬戸内海中央部に投入した場合、そこの濃度は大阪湾の濃度の3倍にもなります。また大阪湾ではそこに投入した場合と同程度の濃度が得られます。このことは、定量的

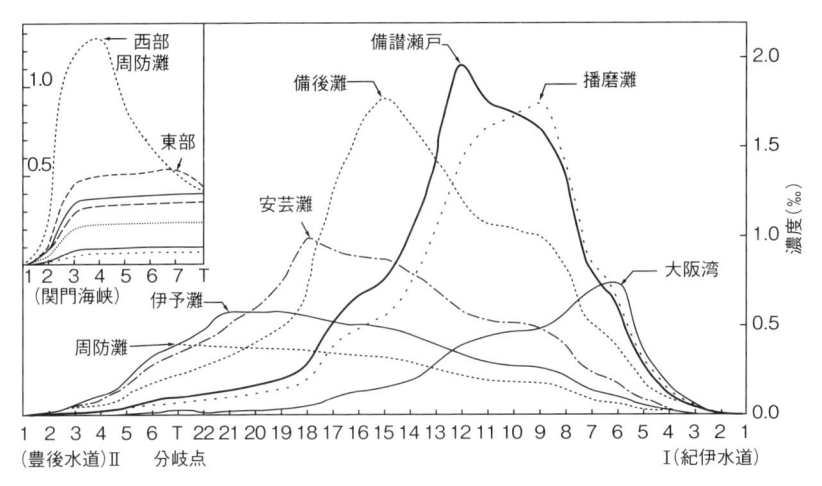

図8.13 瀬戸内海の各海域に等量の物質を投入し続けた場合の濃度分布、速水・宇野木（1970）による

には問題を残していますが、瀬戸内海はひとつながりの海であって、1つの海域は他の海域に強い影響を及ぼしていることを教えます。すなわちこれまでの府県ごとや海域ごとの対策では、瀬戸内海の環境改善は到底困難であることが理解できます（詳細は宇野木（1972）参照）。

この研究結果が朝日新聞の第1面に報道されると、瀬戸内海を全体として考える必要があるとの認識が一気に広がり、強まりました。そして瀬戸内海に関係する府県知事と政令都市の市長ら14名の首長が集まって会談が開かれた後、1973年に瀬戸内海臨時措置法が成立し、1978年には瀬戸内海特別措置法に改正され、瀬戸内海の総量規制の制度が導入されるに至りました。また研究面では、呉の中国工業技術試験所（当時）に世界最大級の長さ230 m、水平縮尺1/2,000の瀬戸内海水理模型が1973年に建設され、2010年に使命を終えるまで、これを用いて瀬戸内海全体を視野に入れた研究が活発に推進されました。

一方、$10^7$ cm$^2$/sという拡散係数は、当時沿岸海域で考えられていた乱流拡散係数より1桁も2桁も大きい値であったので、その理由が問題になりました。だがこれは横方向に流れが一様でないシア流と乱流拡散との結合効果によるシア分散と考えればほぼ説明できることがわかりました（国司秀明・宇野木早苗、1977）。この値は全域平均でしたが、その後地域的な分布が調べられ、灘領域よりも海峡領域の値が大きいことがわかりました。これは次項の海峡の役割に結び付くものです。

瀬戸内海の海水が外海水と交換する速さについては、以前は小学校の社会科教科書には50年から60年もかかると書かれていたのですが、最近はもっと短いと考えられています。例えば藤原建紀氏（1983）は瀬戸内海の海水の90％が交換するのに1.4年を、武岡英隆氏（1984）は瀬戸内海の海水の滞留時間として15ヵ月を報告しています。

なお藤原建紀氏（2013）によれば、陸からの栄養塩供給が減り、2000年以降は瀬戸内海では富栄養どころか、貧栄養ともいわれるようになりました。このために瀬戸内海は太平洋からの栄養塩に依存する海となり、外海からの栄養塩供給の増減が、瀬戸内海の栄養状態に大きく影響するようになったと

いわれます。このように最近は、瀬戸内海と外洋との海水交換の重要性が深く認識されるようになりました。

**湾・灘を結ぶ海峡の役割**

　瀬戸内海は大小の島々により分断され、各海域は狭い海峡によってつながっています。したがって海域の自然環境や生態系の形成に対して、海峡の役割は本質的に重要と考えられます。これについて武岡英隆氏（1996）が有益な報告をしているので紹介します。

　灘域では一般に成層していますが、海峡域では潮流が強くて上下によく混合しています。そこで図8.14（a）のように、混合域（海峡）と成層域（灘）が並んでいる場合を考えます。このとき混合域の密度は、成層域の上層の密度より大きく、下層の密度より小さくなります。したがって密度不安定を解消する密度流として、図（a）に示すように成層域の上層から混合層を経て、成層域の中間層に向かう循環が形成されます。一方、成層域の下層から混合層を経て成層域の中間層に向かう循環も形成されます。

　このために図8.14（b）の太い実線が示すように、成層域の上層の熱は鉛直混合によるよりも、混合層を経て効率的に熱を下層に運ぶことができます。これは成層を弱める働きをしています。また下層で生成された栄養塩は混合層を経て、効率的に

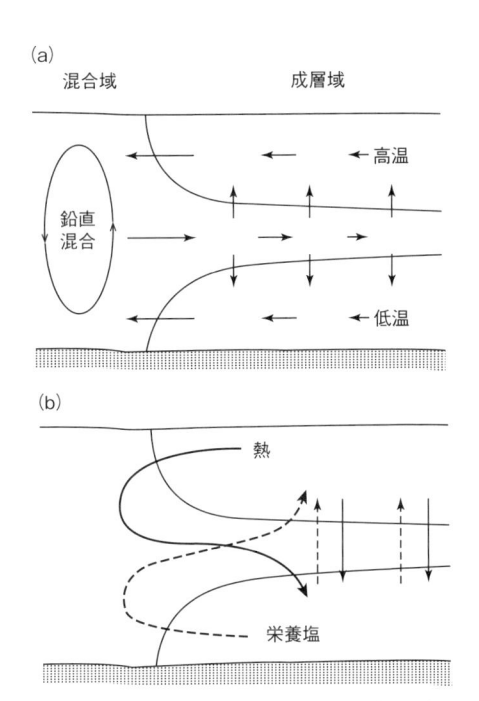

図8.14　鉛直混合域（海峡）と成層域（湾・灘）が接する海域の鉛直断面における（a）流れの模式図、（b）熱と栄養塩の流れの模式図、武岡英隆氏（1996）による

上層に運ばれるようになります。

このように混合層を介して効率的に、成層域においても上層の熱が下層に運ばれて成層が強まることを防ぎ、下層の栄養塩が上層に運ばれて生物生産を高めています。瀬戸内海は他の内湾に比べて、生物生産性が高く漁業生産も多いですが、このような働きをする海峡の存在が大きく寄与していると推測されます。

また豊後水道を例に、海峡狭窄部の強い潮汐混合によって生起される潮汐フロントの形成が柳 哲雄・大庭哲哉氏（1990）によって見出され、その環境に対する機能が武岡英隆氏（1996）によって議論されました。

**生物環境と生物生産**

瀬戸内海では戦後の高度経済成長に伴って、生物の生存空間と魚類の産卵育成場として貴重な干潟・浅場が著しく失われました。失われた 10 m 以浅の浅海域は、淡路島の面積の 7 割にも相当する 419 km$^2$ に達するといわれます。このため環境改善に努力が払われていますが、成果は必ずしも満足すべきものでなく、赤潮もしばしば発生し、漁獲も減少の傾向にあります（後出の図 13.9（b）参照）。

瀬戸内海の各海域における生物環境と生物生産が、松田 治氏（1996）によって図 8.15 のようにまとめてあります。これは生物生産に関係する諸量と、一次生産、二次生産、多獲性魚類などの多さを、相対的に高い（H）、中程度（M）、低い（L）に分けて比較したものです。これをもとに瀬戸内海の各海域の特性を、松田氏は次のように述べています。

大阪湾ではすべての要素が H であり、これは、大阪湾は富栄養化の状態が最も顕著で、かつ低次生産性が最も高いが、水質・底質に問題があることを意味しています。一方、紀伊水道、安芸灘、伊予灘では大部分の評価が L で、瀬戸内海の海域の中で最も貧栄養的だが、水質・底質は相対的にきれいで、低次生産性は低い状態です。

その他の海域はこれらの中間にあります。この中で播磨灘では、富栄養化のレベルと低次生産性は高いが、一次生産がプランクトン食性魚まで必ずし

8.7 瀬戸内海

| 海域 | 流入負荷 | 底質貯留 | 栄養塩 TN | 栄養塩 TP | Chl.a | 濁り | 一次生産 | 動物プランクトン | 二次生産 | 多獲性魚類 |
|---|---|---|---|---|---|---|---|---|---|---|
| 紀伊水道 | L | L | M | M | L | L | L | L | L | H |
| 大阪湾 | H | H | H | H | H | H | H | H | H | H |
| 播磨灘 | H | H | H | H | H | M | H | H | H | M |
| 備讃瀬戸 | H | L | H | H | L | H | L | H | M | M |
| 燧灘 | M | M | M | M | H | M | H | H | H | H |
| 安芸灘 | L | L | L | L | M | L | L | L | L | L |
| 広島湾 | M | H | M | M | H | M | H | H | M | H |
| 伊予灘 | L | L | L | L | L | L | M | L | L | L |
| 周防灘 | M | H | M | L | M | L | M | L | M | L |

H 相対的に高い　　M 中程度　　L 相対的に低い

図 8.15　瀬戸内海の各海域における水質、底質と生物生産の特徴、松田 治氏（1996）による

も効率良くつながっていないようです。備讃瀬戸では流入負荷と栄養塩現存量が大きいにも関わらず、低次生産が低調ですが、これは大量の流入栄養塩を隣接する播磨灘や燧灘に送り込んでいるためと思われます。

　広島湾では一次生産のわりに、動物プランクトンによる二次生産が大きくないのは、大規模なカキ養殖の影響と考えられます。燧灘と周防灘は中間的な栄養レベルを示しましたが、低次生産性はかなり高いといえます。ただし周防灘では、プランクトン食性魚の生産性はきわめて低いですが、これはプランクトンの生産が浮魚につながらず、むしろ貝類などのベントス生態系の生産に寄与しているのではないかと考えられています。

　なおプランクトンによる低次生産から魚類などの高次生産への有機物の転送が効率的に行われる海域が、魚類漁業生産の観点から健全な漁場といえます。これに関して瀬戸内海の各海域における一次生産からネット動物プランクトン二次生産への転送効率、およびネット動物プランクトン二次生産から魚類三次生産への転送効率の興味深い比較が、上 真一氏（1996）によってなされています。これによると一次生産から魚類生産への転送効率は、瀬戸内海全域では 0.45％でしたが、紀伊水道と大阪湾はこれより高く、周防灘、安芸灘、伊予灘はこの値より低くなっていました。

## 8.8 オホーツク海

オホーツク海の海洋特性は、青田昌秋氏 (2008) によって述べられています。そして最近の北海道大学を中心とする国際共同観測によって、オホーツク海の海洋像がかなり明らかになってきました。そこで白岩孝行氏 (2012) の報告にしたがって、大河アムール川との関係を中心に本海域の特性に注目します。

### 北半球南限の氷海

オホーツク海は総面積 153 万 km$^2$ で日本海の 1.5 倍程度の広さであり、平均水深は 840 m の非常に深い海です。この海は流氷の海として知られ、北半球の氷海の南限になっています。そして、オホーツク海の南端の緯度 44 度は、地中海の北端に等しいので、この海が凍ることはヨーロッパ人には驚きといわれます。

海氷の生成には、これまで海域にアムール川 (黒竜江) などの大河から多量の河川水が流入するので成層が発達し、海域の表層 40～50 m が塩分の薄い層に覆われていることが重要といわれていました。この場合は表面が冷やされても、表層の水は下方に沈まずに冷やされ続けます。かくして冬の吹き続くシベリアおろしの寒風によって冷やされて海氷が生成されると考えられます。また外洋とほとんど遮断されているので、冷え続けることが可能なのです。

最近の研究によれば、海氷はオホーツク海全体で生成されるのではなく、図 8.16 に示されるようにオホーツク海北西部の大陸沿岸とサハリン沿岸域で大部分が作られることがわかりました。ここで作られた海氷が反時計回りの東樺太海流によって南に運ばれ、北海道沿岸を覆います。この海流は、海氷生成に伴う密度流、風成循環、沿岸捕捉流 (地球自転の効果、図 4.2 (c)、(d) 参照) によって形成され、年平均で黒潮の 2～3 割の流量をもつ強大な流れであることもわかってきました。この海流は北海道の北を東進して、千島列島のウルップ島とシムシル島の間のブッソル海峡を通って太平洋へと流

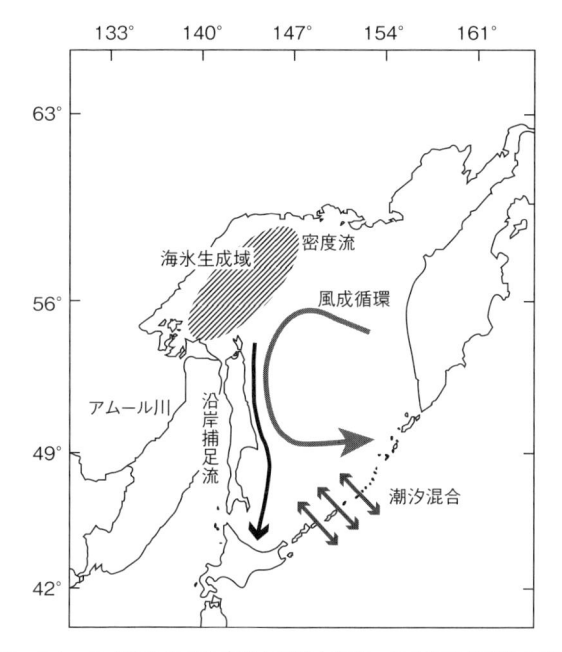

図 8.16 オホーツク海の海氷生成域と東樺太海流、この海流は海氷生成に伴う密度流、風成循環、沿岸補足流から成っている。白岩孝行氏（2012）を改変

出し、さらに北太平洋中層水として北太平洋全体に広がっていきます。

**豊穣の海**

　オホーツク海は豊穣の海といわれます。2007年の統計資料によると、日本全国の漁業生産量の6%を占め、隣接する太平洋の親潮域を含めると20%になります。そしてオホーツク海の沿岸地区漁業組合員1人当たりの生産額は3,161万円になり、日本で最も高いです。

　オホーツク海の生物生産が豊かな理由として従来は、海氷の底部に付着して繁殖する藻類（アイスアルジー）がより高次の動物プランクトンや底生生物の餌となり、生態系を支えてきたと考えられていました。しかし最近の研究によると、このアイスアルジーの存在とは別に、アムール川が供給する豊富な鉄が、オホーツク海の基礎生産を支えているという考えが提出されています。鉄が基礎生産に重要な働きをすることは、すでに7.5節に述べたとこ

ろです。

　そして重要なことは、このアムール川からの鉄の供給の効果は、単にオホーツク海に留まらず、外洋に出て親潮域の生物生産にも寄与して、親潮海域を世界的に指折りの漁場とする基礎を作っていることです。アムール川の流域から、オホーツク海を経由して親潮域に至る鉄の流れは、前に図 7.5 に示しておきました。

　この鉄の流れは次のようにできていると考えられます。アムール川から運ばれてきた鉄は、河口域で凝集して海底に沈みますが、激しい潮汐混合によって大陸棚に沈殿することなく、東樺太海流によってオホーツク海の中層を千島列島まで輸送されます。千島列島から太平洋に流出する際には、ブッソル海峡における激しい潮汐混合によって、中層の鉄は表層に湧昇します。この結果親潮付近の表層の鉄の濃度が高まって、その豊かな基礎生産を支えることができると、考えられるのです。

## 巨大魚付き林

　アムール川の流域がオホーツク海や親潮域に、豊富な栄養塩と、かくも大量の鉄を供給して豊かな生産をもたらしていることを考えると、流域は巨大な魚付き林ということができます。アムール川下流域の溶存鉄の平均濃度は、日本の河川における濃度の 1 桁から 2 桁も高い値でした。

　アムール川の溶存鉄濃度がこのように高い理由は、流域に存在する湿原にあると考えられます。すなわち湿原の表層水の鉄濃度は、森林の表層水の鉄濃度に比べてはるかに高くなっています。その理由としては、酸化的な環境では鉄は粒子態としては安定できませんが、湿原のような常時還元的な環境においては溶存態になっていると考えられます。また湿原には腐食物質が大量に存在していますから、鉄はこれらと錯体を形成して安定状態を保っていると思われます。なお森林の表層水の鉄濃度は低いものの、その広大な面積によってアムール川への鉄の供給に寄与していると考えられます。

　しかし最近この流域において、湿原や草地が減少し畑と水田が増えています。また森林の質が劣化し、特に中国内の流域では森林の喪失が激しくなっ

ています。さらに巨大ダムの建設も湿原を縮小させ、洪水頻度を少なくして湿原の維持に影響を与えています。このようにして、アムール川流域の魚付き林としての機能は衰える方向にあって、この結果親潮域やオホーツク海の豊かな生態系の維持も難しくなるのではないかと、憂慮されています。現在、国際的にこれに対処する方策が検討されているということです。

**参考文献**

青田昌秋（2008）：オホーツク海とその流入河川、川と海－流域圏の科学・第19章、築地書館
安藤晴夫・柏木宣久・二宮勝幸・小倉久子・川井利雄（2005）：1980年以降の東京湾の水質汚濁状況の変遷について－公共用水域水質測定データによる東京湾水質の長期変動解析、東京都環境科学研究所年報、2005
上　真一（1996）：基礎生産から魚類生産への転換、瀬戸内海の生物資源と環境・2.3.4節、恒星社厚生閣
宇野木早苗（1972）：瀬戸内海の海水交流、沿岸海洋研究ノート、第9巻第2号
宇野木早苗・岸野元彰（1977）：東京湾の平均的海況と海水交流、理化学研究所海洋物理研究室技術報告、第1号
宇野木早苗・小西達男（1998）：埋め立てに伴う潮汐・潮流の減少とそれが物質分布に及ぼす影響、海の研究、第7巻第1号
岡市友利・小森星児・中西　弘（1996）：瀬戸内海の生物資源と環境、恒星社厚生閣
沖野外輝夫（2002）：河川の生態学、共立出版
小倉紀雄（1993）：東京湾－100年の環境変遷－、恒星社厚生閣
海洋気象学会編（2013）：瀬戸内海の気象と海象、海洋気象学会
貝塚爽平（1993）：東京湾の生い立ち・古東京湾から東京湾へ、東京湾の地形・地質と水、築地書館
柿野　純（1998）：青潮、沿岸の環境圏、フジ・テクノシステム
笠井亮秀（2008）：河口・沿岸域での陸上有機物の挙動、森川海のつながりと河口・沿岸域の生物生産・2章、恒星社厚生閣
国司秀明・宇野木早苗（1977）：内湾の海況、海洋環境の科学・第2章、東京大学出版会
佐々木克之・風間真理（2008）：東京湾とその流入河川、川と海－流域圏の科学・第11章、築地書館
佐々木克之（2011）：青潮、東京湾－人と自然のかかわりの再生・2.2.4節、恒星社厚生閣
白岩孝行（2012）：アムール川とオホーツク海・親潮、森と海を結ぶ川・第1章3節、京都大学学術出版会
武岡英隆（1984）：沿岸海域の海水交換、沿岸海洋研究ノート、第21巻
武岡英隆（1996）：基礎生産と物理過程、瀬戸内海の生物資源と環境・2.1節、恒星社厚生閣
東京湾海洋環境研究委員会編（2011）：東京湾－人と自然のかかわりの再生、恒星社厚生閣
冨永　修・牧田智弥（2008）：沿岸域の底生生物生産への陸上有機物の貢献、森川海のつながりと河口・沿岸域の生物生産・4章、恒星社厚生閣
日本海洋学会沿岸海洋研究部会編（1985）：オホーツク沿岸海域・第1章、東京湾・第9章、瀬戸内海・第15、16、17章、日本全国沿岸海洋誌、東海大学出版会
沼田　眞監修（1993）：東京湾の地形・地質と水、（1997）：東京湾の生物誌、築地書館
野村英明（2011）：再生の目標：自然の恵み豊かな東京湾、東京湾－人と自然のかかわりの再生・

8章　川の影響を受ける海の水質と生態系

　　第4章、恒星社厚生閣
速水頌一郎・宇野木早苗（1970）：瀬戸内海における海水の交流と物質の拡散、海岸工学講演集、第17巻
藤原建紀（1983）：瀬戸内海と外洋水との海水交換、海と空、第59巻
藤原建紀（2013）：瀬戸内海の海象、瀬戸内海の気象と海象・第2部、海洋気象学会
松田　治（1996）：低次生産様式のまとめと提言、瀬戸内海の生物資源と環境・2.3.5節、恒星社厚生閣
水野信彦・御勢久右衛門（1993）：河川の生態学、築地書館
向井　宏（2012）：沿岸の生態系、森里海連環学・3章4節、京都大学学術出版会
柳　哲雄・大庭哲哉（1985）：豊後水道のTidal Front、沿岸海洋研究ノート、第23巻
山本民次（2008）：川が海の水質と生態系に与える影響、川と海－流域圏の科学・第5章、築地書館
山本民次・芳川　忍・橋本俊成・高杉由夫・松田　治（2000）：広島湾北部海域におけるエスチュアリー循環過程、沿岸海洋研究、第37巻

# 9章　水系をつなぐ生きもの

　河川水が流入する海域では、生物生産が盛んであることを学びました。このような基礎生産の発達に伴って、より高次の魚類や貝類などの生産も豊かになり、漁業も盛んに行われています。その中にはサケやアユのように、海と川を行き来する魚類もあり、またさまざまな鳥や動物も餌を求めて水辺に集まり、川と森を行き来しています。これまでは、物質が物理的に森から海へ流れる場合を考えましたが、逆に海や川から森へ物質が運ばれて森の環境へ影響を与えることが生じています。これはサケ・マス類、鳥類、動物などの生物によるものですが、この問題についても考えます。

## 9.1　サケ・マス類

　サケ目の魚類には、海と川を行き来するものが多いです。私たちがサケというのは通常はシロザケのことですが、サクラマスもよく知られています。サクラマスの名前は、桜が咲く頃川の遡上を始めるからとか、魚肉の色が美しい桜色に由来しているからだといわれます。その他、渓流釣りの人々に親しまれているヤマメも、実はサクラマスであって、海に下りなくて川でそのまま成長したものです。海に下ったものは海の豊富な餌に恵まれて、体長が数十cmにも達しますが、ヤマメはそれに比べて小さく、大きくても十数cmに達する程度です。本節は主に佐々木克之氏（2008a）の解説を参考にして説明します。

### 生活史

　このサクラマスの河川環境での生活を見てみます。サクラマスの1つの特徴は川の源流部で産卵を行うことです。これは子ども（幼魚）を下流域に広

く分散させて、川をめいっぱい利用しようとするものと考えられています。

秋から冬に源流部で孵化した仔魚は、春まで砂利の中で過ごします。春になって3cm程度になった稚魚は遊泳生活を始め、次の年の春までに8〜15cmに成長します。稚魚の重要な餌は水生昆虫や樹木からの落下昆虫で、餌を確保するうえで川の生産力が高いことが必要です。孵化後2年めの春になると、北海道ではメスのほとんどとオスの約半分が銀色に変化して（スモルトとよばれます）、川を下って海に向かいます。残ったオスはヤマメとして川での生活を続けます。

海を回遊したサクラマスは、翌年3年めの春になると生まれた川にもどってきて、遡上を始めます。そして秋になると産卵して死ぬので、寿命は満3年ということになります。

## 母川依存性

サケは生まれた川にもどってくる母川回帰の本能をもっています。これを利用して、秋に産卵するために川にもどってきたものを、河口近くで捕らえて孵化場で孵化させ、少し大きくなったものを春に川に放流するという人工孵化放流事業が行われています。

図9.1にシロザケとサクラマスの放流尾数と漁獲量が比較して示してあります。上段のシロザケでは、放流尾数が多いと漁獲尾数も増えています。しかし下段のサクラマスでは、放流尾数を多くしても漁獲量は増えていません。これは、シロザケは河川の環境に依存することがそれほど強くないが、サクラマスは河川の環境に依存することが強いので、河川の変化のために放流の効果が十分に上がらないためと考えられます。

眞山 紘氏（1992）は、サクラマスの稚魚を孵化した母川に放流（地場放流）した場合と、母川と異なる川に放流（移植放流）した場合の、親魚の放流河川への回帰率を調べました。その結果、移植放流の回帰率は地場放流のわずか8〜10%にすぎませんでした。サクラマスは生まれた河川への依存性が強いといえます。

このマスの母川依存性に関係して、最近次のような研究結果が報告されて

9.1 サケ・マス類

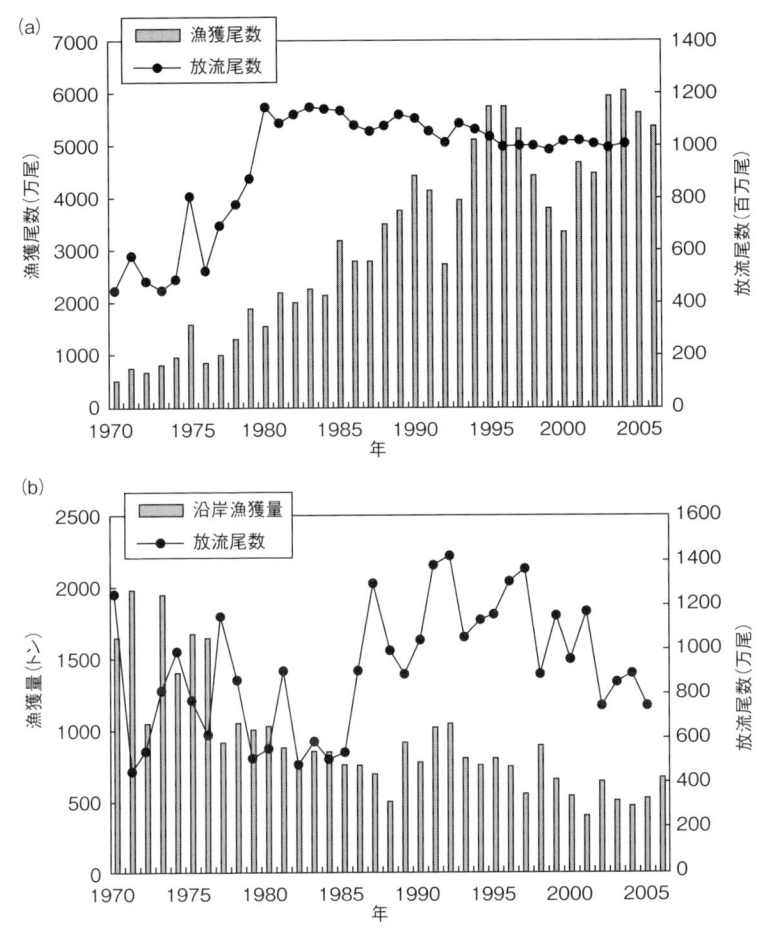

図9.1 北海道におけるサケの放流尾数と漁獲尾数の比較、(a) シロザケの場合、(b) サクラマスの場合、水産総合研究センター・さけますセンターの資料に基づく、佐々木克之氏 (2008b) による

います（上田 宏氏ら、2008）。サケは嗅覚により、河川水に溶解している遊離アミノ酸の組成を識別できることがわかりました。すなわち、そのアミノ酸組成にもとづき作成した人工アミノ酸河川水を、識別して選択することが明らかになってきたのです。そして天塩川において、アミノ酸組成を調べたところ、流域および季節によっても、総アミノ酸濃度に対する割合がほとんど変化しないアミノ酸が数種類あることもわかってきました。それゆえサケ

の稚魚が降下するときに、変動しないアミノ酸の種類を銘記し、成魚になってからそれを頼りに、母川を識別して帰ってくる可能性が示唆されたのです。もしそうであれば、人間活動によってもたらされたアミノ酸組成の変化が、親魚の母川回帰にどのような影響を与えるかは興味ある問題です。

**環境との関係**

　上記のようにサクラマスは、寿命3年の中で約2年間を川で過ごしているので、川の環境に影響を受けやすいということになります。中野 繁氏（2002）がさまざまな環境要因とサクラマスの幼魚数との関係を調べたところ、関係が深かったのは夏季最高水温とカバー率でした。カバーとは、魚類が捕食者や強い水流からの避難場所であって、水中の倒流木、水中のブッシュ状構造、河岸部のえぐれ、水中または水面上40 cm以内に張り出した植生などを意味します。最高水温が低いほど、またカバー率が高いほど、サクラマスの幼魚の密度が高かったのです。一般に淵は重要ですが、カバーを提供し、水温を下げる役割を果たしている河畔林も重要なのです。

　サケ科魚類は、水中の水生昆虫と陸上からの餌を餌資源としています。中野氏の調査によると、餌となる陸生無脊椎動物の供給において、年間において森林区は草地区の1.8倍もあるという結果が得られています。したがって餌の供給から見ても、森林はサケ科魚類にとって非常に重要といえます。

## 9.2　アユ

　川の釣り人に人気のあるアユの生活史を、田子泰彦氏（2002）を参照して、簡単に紹介しておきます。春から夏にかけて川で過ごしたアユは、秋に中下流域に下って、小砂利などが多い瀬の部分で産卵します。産卵後にほとんどのアユは衰弱して死にます。産み付けられた卵は、水温によって異なりますが、水温18℃では13日後に、夕暮れから真夜中にかけて孵化して、水面に浮き上がります。仔魚はほとんど遊泳力がなく、流れに乗って夜明けまでに河口まで運ばれていきます。

秋に河口に運ばれた仔魚は、冬の間は河口からその沖に分布して成長します。富山湾表層においては、仔魚は10〜12月に出現し、ピークは11月でした。出現範囲は海岸線から2.5 km以内に限られ、特に1 km以内が濃密でした。砂浜海岸の砕波帯では、仔魚は10〜1月に出現しますが、2月以降になるとしばらく姿を見なくなります。おそらく水温が低下するため、沖側に移動するものと思われます。

　庄川の場合には、河口域に集まったアユの遡上は、川と海の水温が約10℃に達する4月上旬頃に始まり、海の水温が17℃を超える5月中下旬頃に終わります。遡上した稚魚の体長は4.8〜9.1 cmでした。遡上後の稚魚は、春から夏にかけて石に繁茂した付着藻類を餌として口で削り取って成魚になり、秋の産卵を迎えます。

　ところでアユの全国での漁獲量は、この10年間に2万トンから1万トンに半減したといわれます。特にかつて2,000トンを超える漁獲量を誇っていた高知県では、最近は200トン付近にまで落ち込んで、絶滅すら心配される状態です。この理由として、アユの生活の場として貴重な川や海浜における魚付き林の喪失、泥水などによる付着藻類の減少や環境の劣化、堰やダムによる生活圏や産卵場の制限など、いろいろな原因が考えられます。

### その他の生きもの

　なお水系を行き来する生きものとしては、これまで述べたサケ・マスやアユの他に、ウナギがあり、またヨシノボリやボウズハゼなどハゼ科の魚類があります。また魚類とは限らず、エビ類、カニ類、貝類などに属する生きものもいます。

　かつての日本の川や海では、このような生きものが普通に生活をしていたと思われます。しかしこれらの多くは、淋しいことにわれわれの目から次第に姿を消しつつあります。その原因は、森、川、海のつながりの悪化にあると考えられます。その正常化が私たちに課せられた大きな課題といえるでしょう。

## 9.3 サケ・マス類による物質輸送

これまで森川海の水系における物質の流れとして、物理的に上流側から下流側に向かう輸送に注目しましたが、逆に下流側から上流側へ向かう輸送も行われていて、森周辺の生態系に影響を与えています。この輸送を担う主体は生きものです。本節と次節は向井 宏氏（2002）、堀 正和氏ら（2002）、佐々木克之氏（2008a）などの解説を参照して説明します。

サケ・マス類の遡河性魚類は、9.1 節に述べたように、季節がくると一斉に河川を遡って産卵場に向かい、多くの種類は産卵を終えて死んでしまいます。遡上した魚が個体や卵の形態で海から上流へ持ち上げる生物元素の量は、驚くほど多いと考えられます。死んだ親個体は分解されて、一部は再び海に流されていきますが、岸辺に打ち上げられたり、流木に引っかかったりした個体は、河川のヨコエビ類や水生昆虫などに食われて、河川生態系に組み込まれます。またキツネ、クマ、鳥類などに食べられて、陸上生態系に組み込まれます。産卵した卵は孵化した後、海へ降りていきますが、多くはその場所で他の魚や鳥類に捕食されて、これも陸上や河川の生態系に組み込まれるものが多いと考えられます。

サケが届けた海の栄養が、周辺の森林に運ばれて、森の生態系に取り込まれていることを示す具体例に、以下のようなものがあります。自然界にある窒素原子のほとんどは原子量が 14 ですが、ごくわずかに 15 のものが存在します。この両者の比（$^{15}N/^{14}N$、$^{15}N$ 安定同位体比という）は、陸や海で植物や動物に取り込まれて循環している間に変化します。アラスカの研究例では、サケ類の産卵場付近におけるトウヒ（マツ科の針葉樹）の葉の同位体比は、産卵場でない場所やサケが遡上できない河川周辺のものと比較して、明らかにサケ類の同位体比に近い値を示しました。そして、産卵場付近のトウヒが取り込んだ窒素の 22 ～ 24％は、サケから取り込まれていました。これはサケが産卵後死んで、またはクマなどに食べられたりして、分解されて、最終的に産卵場付近の窒素源になっているためと推測されました。

また、トウヒの成長率を調べると、産卵場周辺のトウヒはそうでない場所

のトウヒと比較すると、最大で6倍速く成長することもわかりました。産卵場周辺の河畔林の成長が良いことは、その周辺の河川の生産力も高くなっていると推測され、そこで孵化したサケの稚魚にも良い影響を与えることになります。すなわち遡上サケが多いほど、孵化稚魚にとって良い環境が作られ、正のフィードバック機構が働くと考えられます。

## 9.4 鳥類や動物による物質輸送

　海洋生産物が陸上生産物に取り込まれる主要な道筋として、ウやサギなどの水鳥類、あるいはカモメやアジサシなどの海鳥類が、海で魚類やエビ類などの海産生物を餌にして食べて、近くの陸上の巣に帰って、糞などの形で陸上に海の生物元素を持ち上げる場合が考えられます。具体的には例えば、アオサギについては上野裕介氏ら（2002）が、カワウについては亀田佳代子氏ら（2002）の報告があります。

　密集した鳥類のコロニー内における排泄物の量は、莫大なものと想像されます。この特に顕著な例は、ペルー沖の発達した湧昇域に現れる豊富なカタクチイワシ類を餌にした海鳥類のコロニーです。彼らが食べた後に陸地にもどって糞をし、それが堆積して膨大なチリ硝石（グアノ）の鉱脈を作っているのです。このときは、チリ硝石は肥料として世界各地に輸出されるので、海洋生産物が海を越えて大陸の生物に取り込まれたということになります。

　林床に降り注いだ排泄物は土壌に取り込まれ、栄養塩として植物に利用されて植物の成長を促進し、現存量を増加させています。なお鳥やその雛の死体が分解されて土中の栄養塩に化して、植物に利用されることもあるでしょう。さらに植物は植食性の昆虫に食べられ、これを捕食する生きものへと運ばれて、陸の生態系に組み込まれていきます。

　ただし排泄物の量が多すぎると、負の効果をもつことが生じます。実際に鳥類のコロニー内で、大量の排泄物が降り注いだ植物が、排泄物の付着した部分から枯死することが認められます。またこの排泄物による植物現存量の減少は、それを利用する植食性の昆虫にも影響を及ぼしています。そしてそ

9章 水系をつなぐ生きもの

のようなコロニー内の植物組成が、やがて非塩性植物から塩性植物に代わったという報告もあります。

かくして、陸上へ供給された海洋生産物量と、それによって生じた陸上生物量との間には、前者が増えると陸上生物量も増えるが、ある程度以上多くなると、陸上生物量が少なくなるという負の効果が生じる関係も見られます。正の効果は、森に棲むクマやキツネなどの動物が、直接海からサケなどの魚類を捕まえて食べる場合、また鳥類が密なコロニーを形成せず分散している場合などでありましょう。

なおこれまでは、生物過程による海から陸への物質輸送を考えましたが、そうでない場合もあります。それは海岸への海産生物の打ち上げであり、簡単に触れておきます。アマモ、コンブ類やホンダワラ類などが、季節によって非常に多く岸に打ち上げられています。また海岸には打ち上げられた魚類や稀にはクジラさえ見ることができます。これらは分解されて再び海に溶解していくものが多いでしょうが、一部は海岸の甲殻類や昆虫類などに利用され、さらに食物連鎖によって陸上生態系に組み込まれていきます。

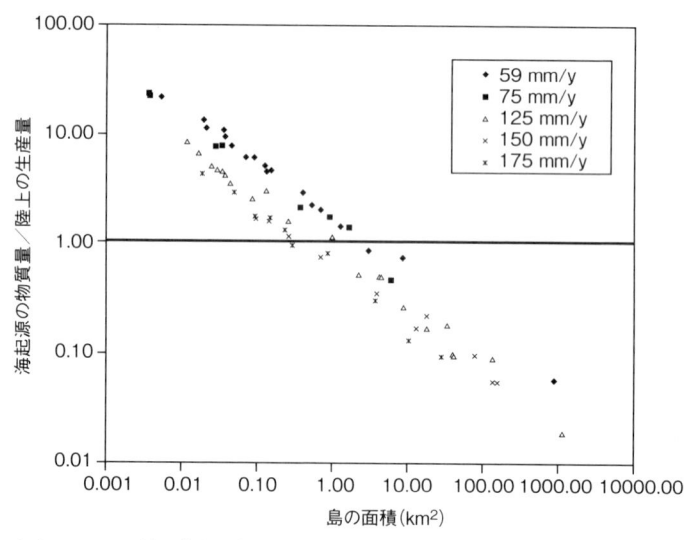

図9.2 カリフォルニア湾の大小の島々において、海から持ち込まれる生物起源物質量と島での生物生産量の比率、島の面積1 km²以下では前者が大きい、Polis氏ら(1998)の結果、向井 宏氏(2002)を一部改変して引用

図 9.2 は横軸に島の面積を取り、縦軸に島への海洋生産物由来の供給量と、陸上の生産生物量の比をとったものです。島が狭くなるほどこの比が大きくなっています。カリフォルニア湾の大小さまざまな島について調べたところ、面積が 1 km² 以下の島では、海からもたらされる物質の方が、陸上で生産される物質よりも、陸上生態系の生産への寄与が大きいことがわかりました。以上のことは、海から陸への物質輸送は、一般に考えられているよりも大きいことを示唆しています。

**参考文献**
上田　宏・柴田英昭・門谷　茂（2008）：流域環境と水産資源の関係−天塩川プロジェクト−、森川海のつながりと河口・沿岸域の生物生産・7 章、恒星社厚生閣
上野裕介・野田隆史・堀　正和（2002）：アオサギによる海洋から陸域への物質輸送が林床の生物群集に及ぼす影響、海洋、通巻 384 号
亀田佳代子・保原　達・大園享司・木庭啓介（2002）：カワウによる水域から陸域への物質輸送とその影響、海洋、通巻 384 号
佐々木克之（2008a）：川が海の生きものと漁業に与える影響、川と海−流域圏の科学・第 6 章、河川改変が海の生きものと漁業に与える影響、同上・第 10 章、築地書館
佐々木克之（2008b）：川の生態系保全とサクラマス・ウナギ、季刊エブオブ、31 号
田子泰彦（2002）：富山湾産アユの生態、増殖および資源管理に関する研究、富山県水産試験場研究論文、1 号
中野　繁（2002）：北海道の小河川におけるサクラマス幼魚の生息量と生息環境との関係、川と森の生態学・中野繁論文集、北大図書刊行会
堀　正和・野田隆史・上野裕介（2002）：鳥を介した海から陸への物質供給機構−繁殖様式に由来する供給機構の違いを例に、森と海の相互作用、海洋、通巻 384 号
眞山　紘（1992）：サクラマスの淡水域生活および資源培養に関する研究、北海道さけ・ますふ化場研究報告
向井　宏（2002）：森と海の相互作用、海洋、通巻 384 号

# 第3部
# 水系の切断

# 10章　川を断ち切る巨大ダムの脅威

## 10.1　巨大ダムの出現

　人類は灌漑や飲み水などのために、また洪水を防ぐために、川に堰やダム（ため池）を建設して生活を豊かにしてきました。わが国で現存する最古のダムは、農業用水の確保を目的に6世紀後半に築造された大阪府の狭山池といわれます。瀬戸内海沿岸は降水が少ないのでこの種のため池が多く、弘法大師が修復した香川県の満濃池はその代表例です。

　古代には仏教の勉学に中国に留学した僧が、同時に土木技術も学んできて、社会のためにため池、橋、用水路などの建設を進めながら、仏教の伝道に寄与した例が少なくないといわれます。これらの建設は住民に大変歓迎されたでしょう。われわれもダムから大きな恩恵を受けてきました。だが、現在の巨大ダムの建設には、住民の強い反対が見られます。なぜか？　この理由をわれわれは深く考えねばなりません。

　なお堰とダムという言葉を使いましたが、概念的には堤防に接続して水位調節を主とするものを堰、山に接続して主に流量調節を主とするものをダムとの考えがありました。だが、最近その区別が明確でなくなってきたので、現在わが国では堤の高さが15 m以上のものをダム、以下のものを堰と区別しています。

　ダム建設の目的は、大きくは洪水を防ぐための治水と、水を利用する利水に分けられます。利水としては灌漑用水、水道用水、工業用水、水力発電などがあります。日本では明治の近代化後に、これらの目的のための大型のダムが数多く建設されました。ところでアメリカでは、昭和初期の大恐慌を逃れる1つの手段として、1933年にTVA（テネシー川流域開発公社）を設立して総合開発を行い、その中にテネシー川に治水と利水の両機能をもつ多目

的ダムを建設して、著しい成果をあげました。

わが国でも、第 2 次世界大戦の悲惨な敗戦から復興するために、アメリカにならって治水と利水の両面をもつ大規模な多目的ダムの建設が全国的に推進されました。これは産業経済の拡大と生活の向上を求める社会の要望に応えるものであり、科学技術の進歩がこれを可能ならしめたのです。

巨大ダムの建設は、社会の発展に寄与するところもありますが、自然の流れを切断して、環境の著しい変化や悪化をもたらし、また住民に過大な負担を強いるもので、各地で深刻な問題が生じて、建設反対の声が強く叫ばれています。これは、事業当局がダム建設の必要性を住民に十分に理解させることなく、一方的に強引に建設を推進したことによるところが大きいといえます。本章では、ダム建設によって生まれた新たなダム湖の環境、および下流と海域に生じた環境の変化と影響について考えます。

## 10.2 ダム湖の環境

自然に水が流れていた川を断ち切って生まれた人造湖、ダム湖の環境を考えます。ダム湖の環境については、Thornton 氏ら（村上哲生氏ら（2004）監訳）および村上哲生氏（2013）の解説があります。

**水温と水の循環**

水域における水と物質の循環には、水の密度分布すなわち成層状態が重要です。密度は、海では主に温度と塩分によって定まりますが、川やダム湖では水温で決まるので海に比べて比較的単純です。なお湖水の密度は懸濁物の量すなわち濁度にも関係しますが、ほとんどの場合にその寄与は水温に比べて無視できます。ダム湖における水温は、流入河川水および日射、気温、風などの気象条件に強く依存しています。

図 10.1 に球磨川の市房ダム（熊本県、図 10.4（a）参照）における水温の鉛直分布を示します。9 月の例ですが、水温は下層に向かってやや減少していますが、全層にわたって水温は一様性が強いです。ただし表面は水温が高

10章　川を断ち切る巨大ダムの脅威

く、その下層との間に水温が急変する層があります。この層を水温躍層といいます。表面付近は日射によって水温は高まりますが、水が停滞しているために熱が下方に伝わりにくくて、下層との間に躍層ができるのです。一方、底層には著しく冷たい水が存在して、その上の層との間には顕著な水温躍層が存在します。この冷たく重い水は容易に動かされることなく、停滞していることを示します。

この水温の鉛直分布は季節によって大きく変わります。アメリカの大きなダムの例ですが、図10.2（a）に水温の鉛直分布の年変化が示されています。なお流入河川の影響を少なくするために、平均滞留時間が長いダムが選ばれています。夏季には日射が強く気温も高いので、温度躍層が発達します。この顕著な成層は穏やかな夏には続きますが、秋になり冷却が進むと、次第に躍層は深さを増すとともに解消されていきます。そして冬季には全層が水温一様になります。

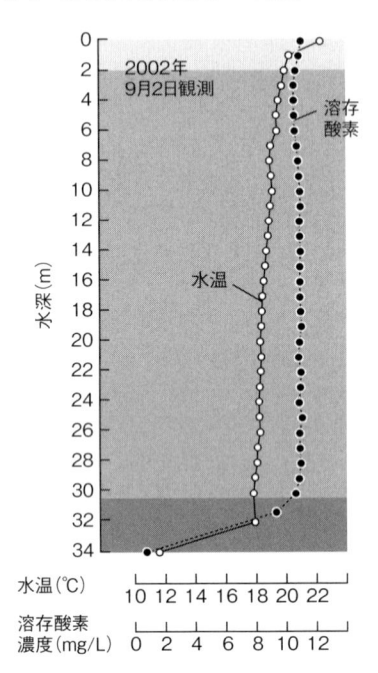

図10.1　市房ダム湖（図10.4（a）参照）における水温と溶存酸素の鉛直分布、2002年9月2日、村上哲生氏（2013）による

水温の年変化を示す図10.2（a）はまたダム湖における密度の鉛直分布の年変化も表します。しかし、海では密度は塩分が関係するので、この図に対応するものとして、水温でなくて密度（$\sigma_t$）の鉛直分布の年変化を、東京湾を例にして図10.2（b）に掲げておきます。同じ水面から30mまでの深さでは、両者は同様な変化をしています。ただしわが国のそれほど大きくないダムでは、流入河川や気象の条件の影響を強く受けて、このように整然とした変化からずれることが多く、水温躍層もできないことがあります。

ダム湖内の水の循環は、ダムへ流入する河川水の水温と、ダム湖内の成層

— 194 —

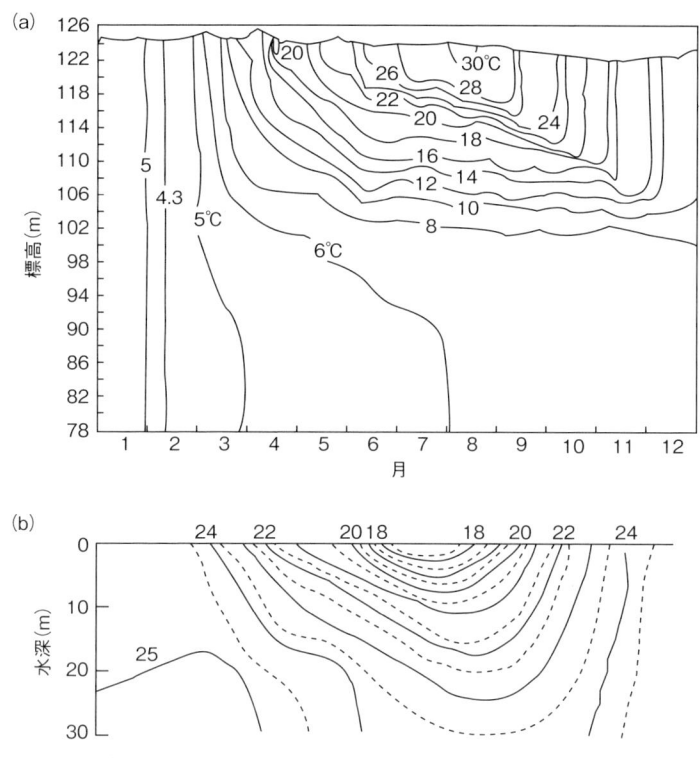

図 10.2 (a) 米国アーカンソン州デグレー湖における水温の鉛直分布の年変化、Thornton 氏ら (2004) による、(b) 東京湾中央部における密度 ($\sigma_t$) の長期間平均の鉛直分布の年変化 (図 4.7 (c) を再掲)

状態により異なります。川の水がダム湖の表層水より暖かければ、川の水は表層を通ってダムの堤（堰堤）の方へ流れていきます。成層していて、河川水の温度が表層水温より低ければ、河川水は自分と同じ水温の層を選んで進入していきます。図 10.3 を見て下さい。進入水とその上の層との間に生じる乱れで混合が生じ、上層の水も進入水と同じ方向に引きずられて、上層には図に示すような循環が生じることが考えられます。河川水が下層へ潜り込む地点において、流入水がダム湖水と混合する水量は、流入水の 10% 未満から 100% を超えるとの報告があります。

　ダム湖の堰堤付近における水の循環は、ダムの水の放出条件すなわち放水口の位置と構造および放水量に大きく左右され単純ではありません。またダ

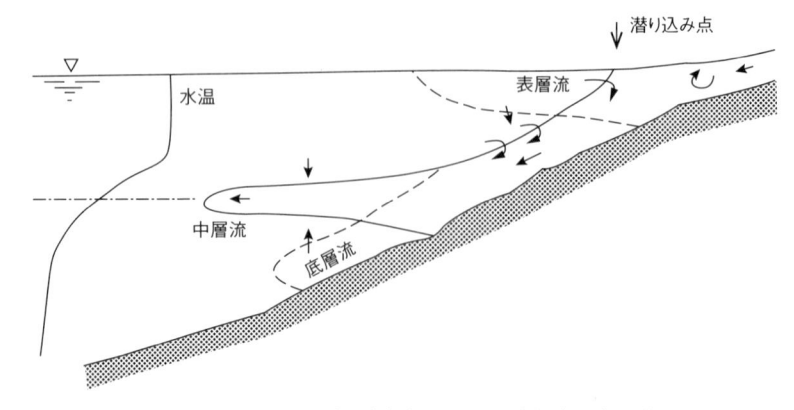

10章　川を断ち切る巨大ダムの脅威

図 10.3　ダム湖に流入する密度流、Thornton 氏ら（2004）による

ム湖の成層状態に関係し、成層していなければ、水は出口に向かって放射状に流れ込みます。しかし成層していれば、鉛直方向の浮力が上下の水の移動を抑えるので、流出帯はダム湖全域に厚さ数 m で広がる層になると思われます。

### 土砂の堆積

　ダムには周辺地域から水とともに土砂も流入してきます。わが国のダムにおける土砂の堆積状況については 6.1 節で説明しました。図 6.1（a）に示したように、ダムの水の滞留時間が長いダムでは、土砂の捕捉率も大きいことがわかります（岡本 尚・山内征郎氏、2001）。またわが国の主要 50 ダムにおける年堆砂率の頻度分布が図 6.1（b）に描かれています。これらの年堆砂率の平均は 1.1％であり、その逆数の平均寿命は約 90 年と意外に短いです。急傾斜でもろい地盤に建設されることが多いわが国のダムでは、早く埋まってしまうのです。例えば 1933 年に造られた天竜川の泰阜ダム（長野県）では、建設後約 70 年で貯水容量の 85％以上が土砂で埋まったといわれます。

　具体例として、球磨川に建設された 3 つのダムの場合を紹介します（図 10.4（a））。上流側から市房ダム（1959 年建設）、瀬戸石ダム（1958 年）、荒瀬ダム（1954 年）です。それらにおける堆砂率の経年変化が図 10.4（b）に描かれています。初期を除いて、歳を経るにしたがって堆砂量が増大してい

10.2 ダム湖の環境

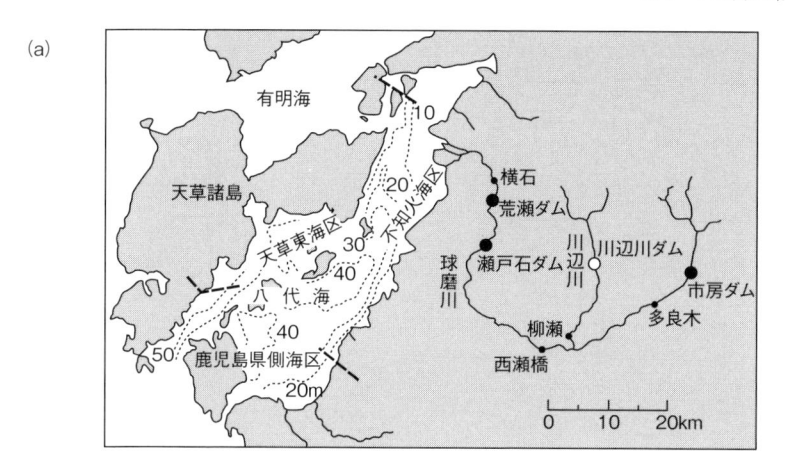

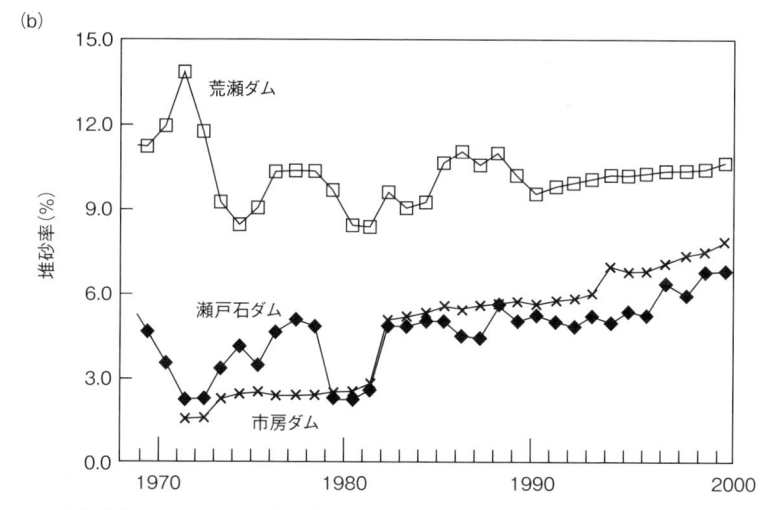

図10.4 (a) 球磨川の既設3ダム（黒丸）と不知火海（八代海）の等深線 (m) と3海区、(b) 球磨川の既設3ダムにおける堆砂率の年々の変化、国土交通省ほかの資料による

ることがわかります。ダム建設以来2000年まで40年余の堆砂量は3ダム合わせて、採砂量を含めて700万 m$^3$に達します。これは7 km$^2$の広大な土地が、1 m削られるという膨大な量になります。

一方、6.1節でわが国の大きめの川からは、海へ年間およそ10〜20万 m$^3$程度の砂が流出していると述べました。この量は40年間には400〜800万 m$^3$の値になります。上記の堆砂量をこれと比べたとき、ダムの堆砂が河川

内および海岸の地形、環境にいかに大きな影響を与えるかが推測できます。

　ダムに土砂が溜まることは、ダムの利用年数を短くするとともに、下流の河床や海岸に砂が届かずに地形の変化や侵食をもたらす大きな問題です。ダム湖の堆砂を減らす試みもなされています。1つは溜まった土砂を取り除くことですが、掘り上げたものを外へ運び出す運搬が容易でありません。他は流入土砂量を軽減することです。このために流入以前に、土砂をバイパスさせたり、貯砂ダムを造ってそこに集めて強制的に排除することです。もう1つは、ダム本体に排砂ゲートや排砂管を設置して、強い流れで湖内の土砂を吐き出すことです。これは後に述べるように黒部川の出し平ダム（富山県）で実施されましたが、汚濁物質を含む大量の土砂の流出によって地元の漁業が大打撃を受け、いまも裁判が行われています。いずれの方法も問題があって満足すべきものは見つかってなく、今後の検討を必要としています。自然の流れを人間が食い止めることの難しさを示す1つの例です。

### 水質と底質

　図10.1には溶存酸素の鉛直分布が示してあります。溶存酸素は全層で10 mg/L以上と多いですが、底層付近では急激に減少し、底では無酸素に近い状態になっています。ダムの底ではダム湖で発生したプランクトンの死骸や、川から流れ込んだ落葉が次第に溜まっていきます。このような有機物は、微生物の働きにより分解されて、やがて水と二酸化炭素に分解されます。この分解には酸素が消費されます。

　酸素は表層では消費し尽くされても、大気や流入河川水から補給されます。しかし成層状態が続くと、底層では酸素の補給がないので欠乏し、貧酸素やがて無酸素の状態になります。酸素が欠乏すると硫酸還元菌の働きで硫化水素が発生して、いやな臭いを発するようになります。そしてこの状態が続くと、長い間には底層にヘドロ化した底質が厚く堆積します。もちろん貧酸素状態では生物は生きてゆくことができなくなり、そこから逃避できない生物は死滅します。

　この例を図10.5に示しました。これは黒部川出し平ダム湖における堆積

## 10.2 ダム湖の環境

泥の COD（化学的酸素要求量、水域の有機物量を表す指標）の分布を描いたものです。ダム湖上流の河川部ではわずか 0.1 〜 0.2 mg/g 程度と少ないですが、ダム湖においては 14 〜 21 mg/g と、上流の 100 〜 200 倍もの著しく大きい値が観測されています。底はヘドロの状態で悪臭を放っていたのです。黒部川の排砂問題を調べていた田崎和江氏ら（2004）の研究によると、1 年程度の期間でもダム湖の堆積物は、貧酸素で嫌気的な堆積物へと変化することが示されています。ダムの底に汚濁物質が大量に蓄積され、これが洪水時に大量に放出されることは、次節の図 10.9 に示されます。

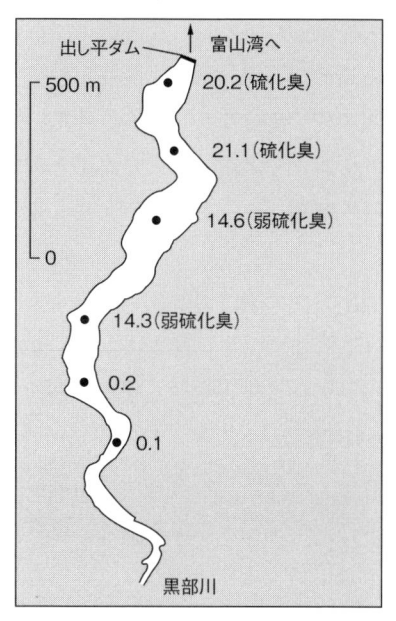

図 10.5 黒部川出し平ダム湖における堆積泥の COD（mg/g）の分布、1992 年 10 月 5 日、日本水産資源保護協会のデータをもとに作成（宇野木、2005）

### 富栄養化

　植物プランクトンが大量に発生すると、上記のように、その死骸が底層の無酸素状態をもたらし、環境の悪化を生じます。植物プランクトンが大量に発生して、水域の環境を変えてしまうことを富栄養化といいます。これは植物プランクトンを育てる窒素やリンなどの栄養分が潤沢に供給され、光も十分にあるときに生じます。一方、深くて光が届かない湖の底層や、山中の小さな栄養も乏しい湖には、植物プランクトンの発生は少ないです。

　これに対して都会から栄養分が大量に排出される湖、例えば手賀沼、諏訪湖、琵琶湖の南湖などには、植物プランクトンが大量に発生して、富栄養化の問題が生じています。さらに大都会に接する内湾においても、同様な問題が生じることがあります。

　しかし人里を遠く離れたダム湖にも、水の華（淡水赤潮）の爆発的増殖や、

大発生したアオコ（藍藻類のプランクトン）が湖面を緑に覆って人を驚かせることがあり、同様な問題が生じています。ダム湖では、広い範囲から水を集めて栄養分が大量に流れ込み、また流れ込んだ物質は、天然湖に比べて長期にわたり湖内に留まるためと考えられます。この結果、ダム湖は富栄養化して植物プランクトンが大量に発生する可能性が高くなります。

### 流下方向の環境の変化

これまでは主に深さ方向の環境の変化を見てきましたが、大きなダム湖においては水平方向にも環境の変化が大きくなります。このために河川流入点から堰堤があるダムサイトまでを、図10.6（a）に模式的に示すように、流水帯、遷移帯、止水帯の3領域に分けて考えます。河川が流入する流水帯では、幅が狭く、水深は浅く、流れは比較的速くなっています。中間の遷移帯では川幅が広く、深くなり、流れは遅くなります。ダムサイト側の止水帯で

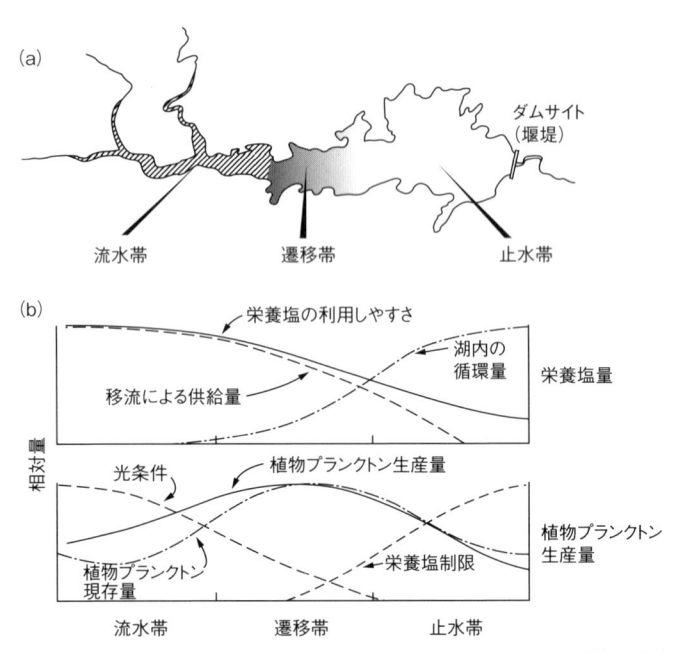

図10.6 （a）典型的ダム湖の3区域、（b）ダム湖の上流から下流に向けての単位体積当たりの栄養塩量と植物プランクトンの生産量の変化模式図、Thornton氏ら（2004）を一部改変

は流れは非常に弱くなっています。

そして図10.6（b）には栄養塩と生産された植物プランクトンの濃度の分布が描かれています。流水帯では栄養塩は豊富ですが、無機物による水の濁りと、流れによって植物プランクトンが運び去られるので、現存量は比較的少なくなります。一方、堰堤側の止水帯では、流れは止まって植物プランクトンは止まることができますが、水よりやや重いので湖底に沈む量も増えます。栄養塩は上流側に発生した植物プランクトンに使われて乏しく、深い場所では光条件も悪いです。したがってダム湖内で光と栄養、流れの条件が揃った遷移帯が、植物プランクトンにとって最も適した生息場所となり、生産量も現存量も最も多くなります。

もちろんダム湖の大きさや深さなどの地形条件、河川水の流入条件により相違は大きくなります。雨が少なく流れ込む水が少ないときは、水は淀み、止水帯は広がります。一方、大雨で大量の水が流れ込めば、ダム全体が川に近付くでしょう。同じ湖でも両者の間には、植物プランクトンの生産と環境は大きく異なってきます。

**堰き止めた後の経過**

ダムの建設後、環境は次第に変化していきます。ダムが建設されると、すぐに全リン濃度が急激に増加して、植物プランクトンの生産が盛んになり、魚類も増え、生態系全体が豊かになります。この現象を「ブーム」とよびます。これの主な原因は、ダム湖を建設したときに、冠水した土地からの豊富な栄養塩の供給があるためと考えられます。

しかし年月が経つと、植物プランクトンはデトリタスや溶存物質に変わり、湖岸に生えた水生の藻草類も朽ちて湖底に沈積します。このようにして湖底は嫌気的となり、8～15年後には水を堰き止める前よりも、生産力は落ちてくるといわれます。

## 10.3 ダム下流の環境の変化

　川の流れを堰き止めると、下流の環境は劇的に変化して多大な影響を受けます。その影響はほとんどマイナスの方向です。ダム下流の環境については、村上哲生氏（2013）の解説があります。海への影響は次節で考えます。

### 水位、水の流れ、土砂の流れの変化

　ダムに溜められた水は、灌漑や飲料水のために、川を経ずして他所に運び出されます。水力発電が目的のダムでも、一定流量が放出されるのでなく、電力需要に応じて流量は変動します。さらに放出された水も流れ去ることなく、また汲み上げられて発電に利用されることもあります。かくしてダム下流では、流量が少なくなって水位が低くなり、広がった河床に細々と水が流れて、豊かな景観が失われる川が多くなりました。

　しかもダムの運用のために、放出される水量は時間的に変動が激しく、ときにほとんど水が流れないことも生じます。このようなときには、生物の生活は破壊されて、生物はほとんど棲めなくなります。

　一方では、洪水時を含めて大量の水がダムから一時に放出され、鉄砲水として下流を襲って問題を生じています。この強い流れと濁水のために、川の生きものや植物に大きな被害が生じています。また放出が周知されなくて、不意を襲われて釣り人が流されたり、転覆した舟の漁師が命を失ったこと、あるいはリクリエーションにきていた人たちが中州に取り残される事故も生じています。

　さらにダムができると、これまで順調に流れていた土砂も、ダムに留め置かれて川に流れてこなくなることも大きな問題です。水と砂の減少のために川は浅く、淵も消失して、生きものが生息できる環境が変化して、棲むことが困難な状況も生じてきます。

### 水温の変化

　通常のダムの運用では、ダムの水は表面からでなく、多くは底層から流さ

## 10.3 ダム下流の環境の変化

れます。ところがすでに述べたように、一般にダム湖は成層していて下層の水は冷えています。このため底から水を流すと、河川の水温は急激に下がります。また堰堤から発電所までの暗いトンネルを、太陽の熱で温められることなく通ってきた水も、発電後に放出されるので低温のまま川に流れ出ることになります。

図 10.7 に前述の市房ダムへの流入水と、ダムからの流出水の水温が、気温とともに比較して示してあります。流入水は気温と連動した変化をしていますが、流出水の変化は著しく異なって、流出後に急激に水温が 8℃ も下がっています。生物の活性、つまり物質を同化したり分解したりする速度は、通常、温度が 10℃ 上がれば倍に、逆に 10℃ 下がれば半分になるといわれます。したがって 8℃ も温度が下がるというのは深刻な問題で、アユなどの川の生きものや、川から水を引いた田んぼのイネなどの成長に大きな影響を及ぼします。さらに夏の田植えやアユ漁などで、ダムから流れてきた冷たい水に浸かって仕事をする人たちにも、神経痛などの健康障害を与えているといわれます。

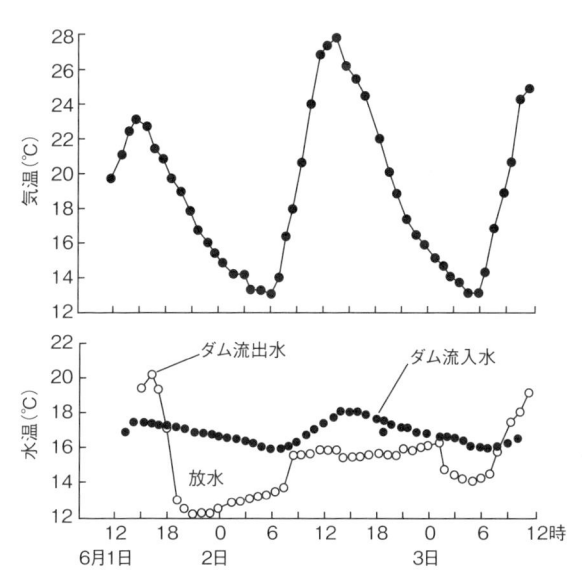

図 10.7　球磨川の市房ダム下流における気温（上段）と、ダム流入水とダム流出水の水温の変化（下段）、2001 年 6 月 1 日～3 日、村上哲生氏（2013）による

一方、ダムによる温かい水の問題も生じます。すなわち夏の日中にダムから川に出た水は温められますが、流量が少なくて川が浅いと、水温が急激に上昇して問題が生まれるのです。水温が上がれば、水に含まれる酸素の量は減少します。これは水中の生きものにとっては重大な問題で、酸素不足で魚が死ぬことも生じます。

　このように自然状態では起こり得ない冷水や温水の発生は、自然界の生物の生息に悪影響を与えています。さらに日中は温かく夜間は冷たいという自然界の温度変化が、ダムのために壊されるということも、生物に悪影響を与え、イネの生長も阻害されるといわれます。

### 濁りの長期化

　雨が降れば川は濁りますが、雨が止むとやがて川は澄んだ水にもどります。だがダムがあると、川の水の濁った状態が長く続きます。図10.8にダムがある球磨川と、その支流のダムがない川辺川の、降水後の透明度（ここでは透視度）の時間経過が比較してあります（図10.4参照）。雨があがり水位が下がるにつれて透明度は良くなりますが、3日後にダムがない川辺川では透明度は1mに回復したのに、ダムがある球磨川ではまだ40cmにすぎません。

　ダム湖に流れ込んだ濁り水に含まれる懸濁粒子は、さまざまな粒径のものから成っています。その落下速度は粒子の大きさに関係し、細かいほどゆっくりと沈みます。各粒子が10cmを沈む時間を見ると、粒径2mmの砂粒は瞬間的に沈みますが、0.02mmのシルトは約5分、0.002mmの粘土は実に8時間もかかります。したがってダムの放水孔が深いところにあれば、湖の上の方から長期間にわたり絶えることなく懸濁粒子が落ちてきて、これが川へと放水されるのです。ダムの下流の水が白く濁っているのは、ゆっくりと沈んだ粘土が流れてくるからです。

　水が濁っていると、光の水中への透過が弱くなって、植物プランクトンの成長が阻害され、ひいては川の生態系にも影響を与えます。大規模ダムがある天竜川の川漁師たちの悩みは、ダムから出る濁り水だということです。彼らの7年間にも及ぶ測定結果によると、透明度が0〜20cmが17.4％、20

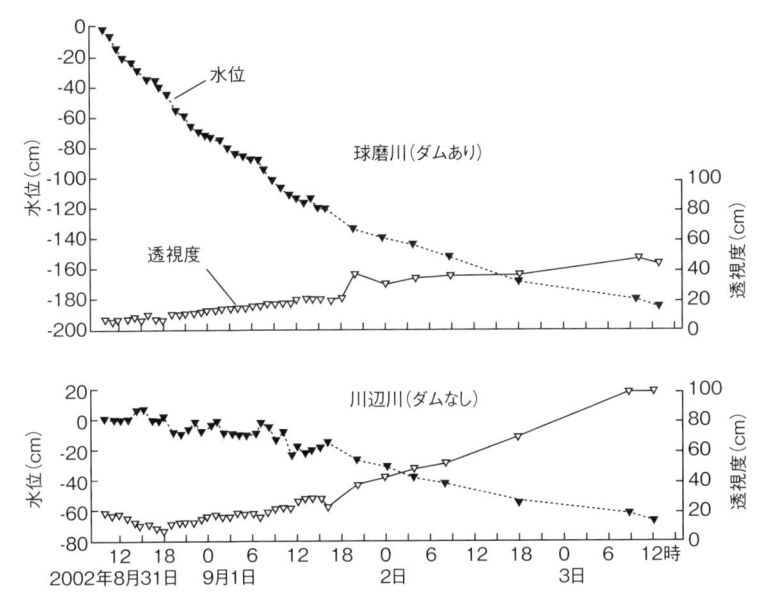

図 10.8 ダムのある球磨川とダムのない川辺川における水位と濁りの変化、30 日の激しい大雨は 31 日朝に止む、水位は観測開始時の水位との差、透視度は水底に沈めた目印が見えなくなる深さ、村上哲生氏 (2013) による

〜 40 cm が 22.4 %、40 〜 60 cm が 27.6 %、60 〜 80 cm が 18.2 % で、80 cm 以上はわずか 14.4 % にすぎないという結果が得られています。ダムがいかに川を濁らせているかがうなずけます。

### アユへの影響

　ダムの建設地でよく問題になるのは、アユ漁への影響です。そこで程木義邦氏ら (2003) がアユを対象にして、ダムのある球磨川上流と、ダムのないその支流の川辺川とを比較しました。その結果、川辺川のアユは球磨川上流のアユに比べて、体高と肥満度が大きいことが明らかになりました。また胃の内容物の分析結果から、川辺川と球磨川とでは餌となっている付着藻類の質が異なることがわかりました。アユは礫や岩に付着している藻類を餌としています。川辺川では珪藻類を食っているのがほとんどであるのに対して、球磨川では大半がヒゲモとよばれる藍藻類をもっぱら食べていたのです。

このことから、ダムはアユにとって大きな影響を与えていることは確かと思われます。またダムが造られると、川が浅くなり、水が濁り、アユの生息密度が低くなり、訪れる釣り人の数が減ることは、ダム下流の川漁師たちが実感し、困っていることです。

このように、ダムの建設は川の生物、魚類などへ影響していると思われますが、ダムとの因果関係を明確にするのは容易ではありません。それは生物の成長・生活には関係する要因が非常に複雑多様であるからです。環境として水温、流量、水質、濁り、水深、瀬や淵などの川の地形変化との関係、また餌となる植物プランクトンや動物プランクトン、さらに共生する他の生きものたちとの関係、などを考慮する必要があります。この付近の事情は、村上哲生氏（2013）を参照して下さい。だからといって、影響は考えられないとして、ダムの建設に走るのは最も避けねばなりません。

なお黒部川出し平ダムから、底に溜まった汚濁した土砂を排出した後のアユについて、青海忠久氏（2008）は次のように述べています。排砂から1ヵ月後まではアユの肥満度は急激に減少したこと、また放流されたアユが排砂によって海域に押し流されて川にもどってくることができなくなったことなどから、排砂はアユに対して大きな被害を与えていると考えられるとしています。

**莫大な汚濁負荷の流出**

前節に述べたように、ダムの湖底には大量の汚濁負荷が生産されています。球磨川を例にして、これが洪水時に大量に放出されることを図10.9に示します。以下に出てくる地点の位置は図10.4（a）を見て下さい。図10.9の上段に2001年7月の洪水期間における横石地点の球磨川の流量を、下段に流域の4地点における汚濁負荷（COD）の輸送量の時間変化を示しました。この洪水の場合横石における1日間の輸送量は、平常に比べて、CODで52倍、全窒素で16倍、全リンで74倍にも達していました。

図10.9の下段に加えた斜線部は、西瀬橋と横石の区間で流域から加入した汚濁負荷量を表していて、この区間で膨大な汚濁負荷が加わったことを教

10.3 ダム下流の環境の変化

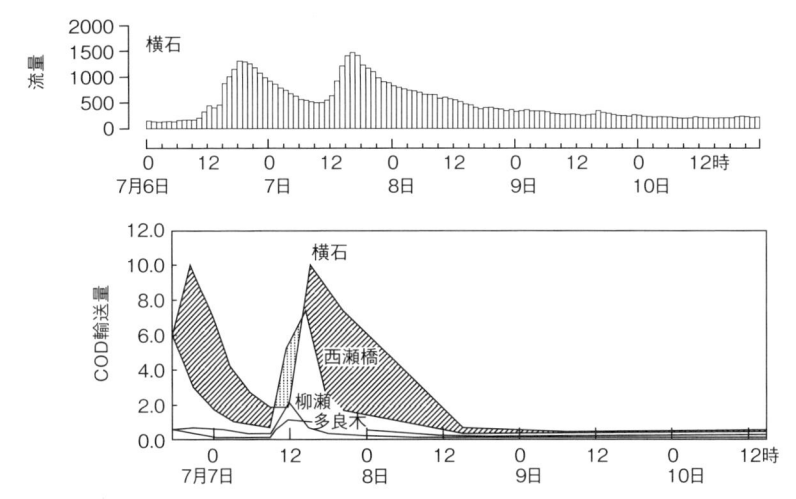

図 10.9 2001年7月の洪水期間における球磨川横石地点の流量（上段、m³/s）と、各地点におけるCODの輸送量（下段、kg/s）の時間変化、地点は図 10.4（a）参照、国土交通省ほかの資料にもとづき作成、宇野木（2005）による

えます。加わった汚濁負荷量は、それより上流の柳瀬・多良木と西瀬橋の間に加わった汚濁負荷量に比べて、およそCODで2.7倍、全窒素で1.9倍、全リンで2.3倍と著しく大きくなっています。

　流域から河川へ加わる汚濁負荷の起源には、市街地、農耕地、畜産、工場、その他があります。上に述べた上流側の区間は人吉盆地に位置して、人口も多く経済活動もかなり活発で、川へ流入する負荷も多いはずです。一方、西瀬橋と横石の区間では、著名な球磨川下りがその一部で行われていることから理解できるように、山間地が多く、流域から与えられる負荷はあまり期待できません。それにも関わらず、後者の区間が開けた上流側よりも流入負荷が多いということは、山間部に建設された荒瀬ダムと瀬戸石ダムからの負荷の流出の寄与が、非常に大きいことを表しています。

　川に流れ出た汚濁負荷は文字通りに河川水と底質を汚濁させて、川の環境に重大な影響を与えます。さらに海に流出して被害を与えます。これについては次節で説明します。

## 10.4　海への影響

　まえがきで触れたように川辺川ダムの建設の中止を求める不知火海の漁師に対して、建設当局の担当者が「上流のダムが遠く離れた海へ影響を与えるはずがない、あるとすればその証拠を示せ」と一蹴したという話からわかるように、ダムと遠く離れた海との関係を扱った研究は乏しく、この問題は面倒で検討すべきことが多く残されています。

　問題の難しさは、ダム建設に伴って沿岸環境の悪化や漁業の衰退などがあっても、開発が進められた沿岸では、周辺地区からの汚濁負荷の増大、干拓、埋立、浚渫などによる地形変化があって、ダムのみの影響を取り出して示すことが非常に困難なことです。しかし、同様に、事業者もダムよりもその他の影響の方が大きいという根拠を、明確に示すことができない限り、ダム建設の影響を否定することはできないはずです。

### アスワンハイダムの例

　エジプトのアスワンハイダムが海域に与えた影響を、小松輝久氏（2008）にしたがって紹介します。このダムはナイル川の河口から約 1,000 km 上流に位置して、1957 年に建設が始まり、1975 年から運用が始まりました。この建設後、地中海東部においてはさまざまな環境変化が報告されています。デルタや海岸の侵食、海底の汚泥化、エスチュアリー循環の減衰などがあります。特にナイル川の河口沿岸では、富栄養化と逆の貧栄養化という深刻な事態を生じました。それまで洪水期には大量の栄養塩が供給されていたので、珪藻のブルーミング（大量発生）が生じ、さらに魚の餌も豊富となり、漁業生産が高かったのです。すなわち河川流量の減少に伴って、海に供給される栄養塩が激減して貧栄養化となったために、一次生産が減り、生態系ピラミッドが変化しました。そしてピラミッドの上部にある消費者のバイオマス（生物量）が減少し、漁業も崩壊しました。

　ただし 1980 年代以降は、ダムの建設に伴っての農業生産の拡大と都市排水の増加によって、海への栄養塩の供給が逆に増大してきて、基礎生産も漁

業生産も増大しているといわれます。このように栄養塩の川から海への自然界の季節的供給が、ダムの建設に伴って、社会的生活様式や農業生産の様式の変化に対応して周年的供給に変わり、沿岸生態系および漁業生産に影響を及ぼすという注目すべき変化が生じています。

確かにこの巨大なアスワンハイダムが、海のみならず環境に、広範囲にさまざまな悪影響を与えたのは事実といえます。しかし、農業用水による耕地の拡大、巨大な水力発電、深刻な水不足や洪水災害の解消などによって、エジプトの繁栄に寄与したことは、広くエジプト国民に認められているといえます（高橋　裕氏、2004）。

現在、エジプト政府は、いくつかの国際機関の協力を得て、アスワンハイダムが環境、農業に与えた影響を広範かつ冷静に科学的調査を行い、同時にアスワンハイダムの教訓を十分に生かしながら、これからのダム計画に際して、適切な環境アセスメントを実施し、それに基づいて必要な事前の対策を行おうとしているといわれます（宇沢弘文氏、2010）。

### エスチュアリー循環の弱化

河川が注ぐ河口域では図4.3に示したように、上層では河口から湾外に向かい、下層では湾外から河口に向かうエスチュアリー循環が発達しています。そして8.3節に詳しく述べたように、この循環はエスチュアリーの海洋環境の形成と生物生産に深く関係しています。

アスワンハイダムの例のようにダム建設に伴い河川流量が激減した場合には、エスチュアリー循環が弱化し、それが海域の漁業へ及ぼした影響は明瞭と思われます。わが国のダムの場合にも同様な影響が生じていると思われますが、明白な実態が報告されている例はまだ見出しにくいです。今後の研究が必要です。

### ダムからの排砂

ダムが海に与える影響を、劇的に伝えるのは黒部川の出し平ダムからの排砂です。積雪の多い北アルプスを源流とする黒部川は急流で、水力発電に適

した立地条件にあり、映画「黒部の太陽」で有名な黒部第4ダムをはじめとして、5基のダムが集中しています。しかし一方では、この条件は急流によって削り取られた土砂がダムに大量に堆積して、ダムの寿命を短くします。そこで出し平ダムでは寿命を延ばすために、水を排出する通常のゲートとは別に、底部近くに排砂ゲートを設けて、溜まった土砂を排出することが行われました。最初の排砂は1991年12月に実行されました。

ところがダム湖の底質は図10.5に示したように、有機汚濁物質を多量に含む土砂であったために、黒部川が注ぐ沿岸部の漁業は壊滅的打撃を受けました。排砂開始後、影響のひどさに驚いた漁協の申し入れがあって、排砂は3日間で中止になりました。その間に排砂された土砂量は46万 $m^3$ に及ぶ大量なものでした。

排砂したときの黒部川河口付近における濁水の拡散範囲を、図10.10に示します。河口から沖合3 km、長さ5 kmの広い範囲が濁水に覆われています。一方、海底では同図に示されるように、排砂後1ヵ月後であっても、ヘドロ状に黒ずんだ底質が海底に広がって悪臭を放ち、河口付近のCODは実に43.7 mg/gという大きな値になっていました。

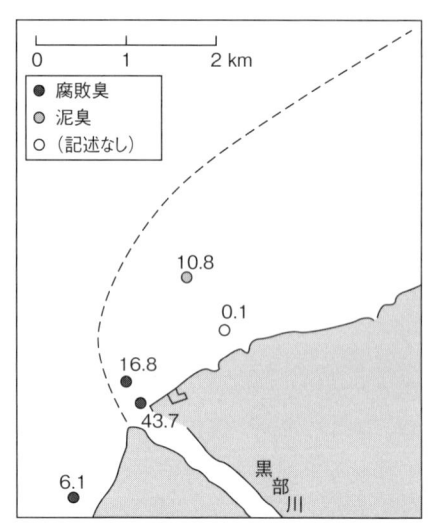

図10.10 黒部川出し平ダムからの排砂（1991年12月）による黒部川河口付近における濁水の拡散範囲（破線）と、排砂の約1ヵ月後における底質のCOD（mg/g）の分布、日本水産資源保護協会（1993）を改変

被害について当時の水産庁長官は国会において、「黒部市ほか4市町村にまたがりまして、定置網、刺し網、ワカメ養殖業等につきまして、ヒラメ、あるいはカレイ、アワビ、サザエ等の対象資源が死滅する等の漁業被害が生じました云々」と答弁しています。マスコミがしばしば取り上げたヘドロの中で息絶えた魚たちの無残な映像が、印象に残って

います。その後も、クルマエビ漁、キス網漁に関しては現在廃漁状態、ワカメ養殖栽培は休止状態など漁業不振が続いているといわれます。電力会社は「土砂があんなに変質するとは考えなかった」と見込み違いを認めて、補償金を富山県漁協に渡しました。しかし補償金は漁業被害者には雀の涙程度しか渡らなかったと聞きます。そして排砂による漁業被害の問題は今なお裁判で争われています。

その後、会社は排砂方法を種々検討し、また調査を行って、新しい方法では被害は生じないと主張して、大量の排砂を何回となく行っています。この間の事情は、2011年に発生した東京電力の福島第一原子力発電所における最大級の原発事故のとき、想定外でこんな事故が起こるとは思わなかったと言いながら、それ以後原発は安全だと主張して、原子力発電を続行しようとしていることを想起させます。

2010年に富山テレビが放映した「不可解な事実～黒部川ダム排砂問題～」では、黒部川河口域で、生物の死骸を餌とするヨコエビが大増殖して、網にかかった魚が骨だけになる恐ろしい映像が放映されました。初回以後の大量の排砂が、本当に海域に影響を与えていないかどうかについては、今後も慎重な科学的検討を行って注目する必要があるように思います。

## 土砂の減少

一方、ダムに土砂が堆積すると海に土砂が届かなくなり、海域の地形と環境は変化して大きな影響を受けます。球磨川には3つのダムができて以来、図10.4（b）に示したようにダム内に膨大な土砂が堆積しました。この結果について、河口周辺の漁業者は次のように話しています。

> 昔は球磨川から運ばれてくる水が広がるその先まで、どこまでも歩いていける砂干潟と藻場が広がり、今は見られなくなったアマモが舟のスクリューに巻き付き、動かすのに苦労したほどであった。しかし荒瀬ダムが建設されたころから、すべての生きものの産卵場、保育場となっていた藻場と砂干潟が消えていき、最近では次第にぬかるんできて泥化してきた。

定置網（水深7〜8m）をしようとしても、ヘドロが2m以上も堆積しているため、錨もきかない。川の中の中洲も次第に減少してきた。

このようにダム建設に伴う土砂の減少は、海域の漁場環境に大きな影響を与えていることが推察できます。

道前香緒里・石賀裕明氏（2002）の柱状採泥による堆積物の分析結果によれば、球磨川前面の潟には球磨川由来の砂は約半分しかなく、半分かそれ以上の砂は別の場所から潮流などによって運ばれてきているという驚くべき結果を報告しています。もし球磨川が、波が荒くて人為的開発の影響が少ない外海に面した海岸に注ぐのであれば、誰の目にも顕著な海岸侵食が目に見えるはずでしょう。

### 設楽ダムと三河湾

設楽ダムは後出の図11.2に示すように、三河湾に注ぐ豊川の上流に建設予定の巨大ダムです。現在このダムの建設が三河湾の環境に及ぼす重大な影響が問題になっているので、ここに触れておきます。これについては市野和夫氏（2008）の解説があります。

三河湾はわが国の主要内湾の一つであり、周辺の都市人口がそれほど多くないのに、環境基準（COD）の達成率が内湾の中で最も低く、最も汚濁した内湾といわれます。これは、三河湾は伊勢湾を介して外海につながり、他の内湾に比べて地形的に著しく閉鎖性が強いことに加えて、これまでの沿岸の埋立面積が開発前の干潟面積の6.6％にも達して、干潟の消失率が東京湾に次いで多く、広大な干潟・浅瀬が消失したことがあげられます。またこれまでの豊川用水・豊川総合用水事業によって、河川水の流入が著しく減少したことも、大きな原因と考えられます。

したがって三河湾の環境回復は緊急な課題であって、これをいささかでも妨げる行為は許されないはずです。しかし、新たにダムを建設することは、これまで述べてきたところによれば、さらにエスチュアリー循環を弱めて生物生産能力を弱め、自然の浄化能力を低下させて汚濁を強め、赤潮や貧酸素

水の発生を頻繁にし、漁業にも大きな影響を与えると予想されます。これに関しては日本海洋学会海洋環境問題委員会（2008）が問題点を指摘して提言を行っています。また次章に指摘するように、このダムは治水・利水の面でも問題を抱えています。したがって巨大な設楽ダムの建設は疑問であり、再考すべきと考えられます。

## 10.5 漁業への影響

　開発が進んだ多くの内湾では、全般的に漁業が衰退しています。ダムが海の漁業に与える影響については、佐々木克之氏（2008）の報告があります。なおダムと水産の関係については、清野聡子氏が監修した日本水産学会誌（2007）の特集「河川管理－ダムと水産」に多面的に論じられています。

　漁業の衰退の理由も多様です。不知火海（八代海）においても同様です。しかし、その衰退の重要な原因として不知火海の場合は、そこに注ぐ最大の川、球磨川に3基のダムが建設されたことがあげられると、漁民はこれまでの経験を通じて主張しています。例えば、不知火海沿岸漁協川辺川対策委員会の宮本 勝会長は、潮谷義子熊本県知事（当時）に漁民の体験を代弁して、次のように訴えています（高橋ユリカ氏、2001）。

　　自然の恵みを生み出す干潟や浅瀬は、球磨川が上流から運ぶ栄養と水量と土砂によって形成され、不知火海すべての生きものの産卵や稚魚の育成場所になる。球磨川に荒瀬ダムをはじめとするダムが建設されるたびに、藻場や干潟が減少するのを見てきており、それにあわせて漁獲量が年々減っており、大変な危惧を抱いております……

　だが他の要因と分けて、その根拠を明確に示すことは非常に難しいです。と同時に、建設当局がダムは影響していないと、ダムの影響を否定することも困難なはずです。ここでは不知火海を例にして、ダムと漁業衰退に関係する事象を、漁師の経験も含めて述べます。

## 河口漁場の悪化

　前節に述べたように球磨川前面の漁場が著しく泥化しました。不知火海には全般的に魚種や漁獲量が減少してきましたが、特に稚魚期に藻場、干潟、河口域を利用する魚類、エビ・カニ類、貝類の減少がひどくなっています。漁師によると、漁場が泥化するにつれて、アマモ、サヨリ、ウノカイ、アオギス、コウカイ、アカガイなど、本当にすべてのものが消えていきました。ウノカイなどは子どもでも1時間もあればバケツいっぱい採ることができたのです。昔たくさんいて現在はほとんど姿を消した魚介類の名前を数多くあげることができます。

　佐々木克之氏（2008）によると、愛知県の矢作川では河口付近に1965年には1.68 km$^2$の干潟が存在していましたが、2000年には半分の0.82 km$^2$に減少してしまいました。そしてこの河口域は、以前にはアサリの生産が多くて他域への稚貝の供給地として有名でしたが、最近は逆に外から稚貝を仕入れてまかなければならない状況になっています。一方、1971年に完成した矢作ダムでは、現在までに1,500万 m$^3$の土砂がダムに堆積しているといわれます。このことが上記の事実と関係が深いと考えられます。

## ダムの放水の影響

　球磨川河口においては、漁師の話によると、ダムの水が洪水などで放水されたときは、通常の増水の場合と異なって、水の色と勢いが違い、流れが強く、舟や定置網その他の漁業施設が流されることもあります。また上下層で水の流れが異なって、網が張れないこともありました。放水の場合には、そのたびに澪筋が変わり、河口付近の干潟の形状が変化します。ヘドロは澪筋に溜まりますが、干潟ではメタンガスの発生も見られます。濁水の影響は風次第で変化しますが、1ヵ月間ぐらい残ることもあります。

　ダム放水後は泥をかぶって漁場環境が悪化し、貝や藻が大量に死にます。急激に真水が襲って生簀の魚が死ぬこともありました。アオノリも一晩でなくなったことがあります。また塩分が変わるため、魚類、エビ類が移動していなくなり、漁ができなくなります。

赤潮は大水が出た後で、気温が上がり風も凪いだときに発生しやすくなります。天気が良いとダム放水後3日めくらいから赤潮が起こります。最近では発生する場所も広がり、期間も3月から9月頃までと長くなっています。

　生きものにとって水でも栄養でも、適量が日々与えられることが必要です。莫大な水と栄養が一時にドンと供給されても、大変な障害を受けることになります。われわれ人間も同様でしょう。

## 河口に近いほど漁業が衰退

　九州農政局の水産統計においては、不知火海を3海区、すなわち不知火海区（九州本土側海域）、天草東海区（天草東側海域）、および鹿児島県側海区（八代海南部海域）に分けて、1965年以来の毎年の漁獲量がまとめてあります。球磨川は不知火海区に注いでいます。なおここでは養殖漁獲量は除いて、海面漁獲量を対象にすることにします。

　いま図10.11 (a) に3海区における海面漁獲量の経年変化を比較して示しました。ただし初期には水俣病に関係して漁獲制限もあるので、その影響を避けて、1969年を100としてその割合（％）で図示されています。また短期間の変動を消すために、3年間の移動平均が加えてあります。

　大局的には3海区とも漁獲量は減少しています。中でも球磨川が注ぐ不知火海区の減少が最も顕著で、その次が鹿児島県側海区で、天草東海区の減少は少なくなっています。これを図10.11 (b) の塩素量分布と比較すると、球磨川の影響が及ぶ順序とほぼ一致しているといえるでしょう。

　一方、国土交通省の資料をもとに、3海区における汚濁負荷COD の流入負荷量を比較すると図10.11 (c) が得られます。ただしこの海域の分類は、上記の3海区の分類とまったく同じではありませんが、傾向を知ることはできると思います。陸域からの負荷とともに、養殖に伴う負荷が加わるために、西部が最も多く、南部、北部の順序になっています。この順序は、上に述べた海面漁獲量の減少の順序とほぼ逆です。

　すなわち、汚濁負荷の流入が少ない海区ほど、漁獲の減少が激しいということになります。このことは逆に、塩分が低いほど、すなわち球磨川の影響

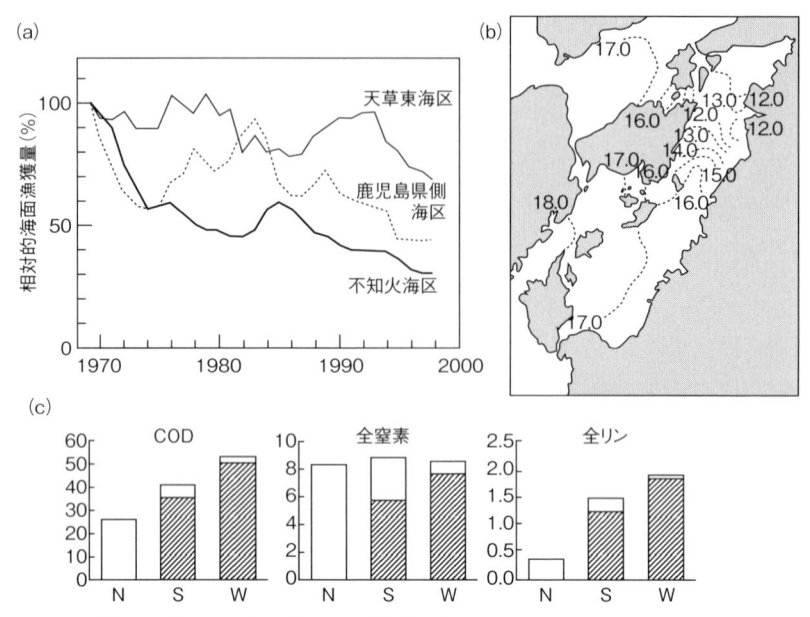

10章　川を断ち切る巨大ダムの脅威

図 10.11　(a) 不知火海の 3 海区（図 10.4 (a) 参照）における海面漁獲量（3 年間の移動平均、1969 年基準）の経年変化（宇野木、2005）、(b) 不知火海における塩素量の分布、気象庁による、(c) 不知火海の北部 (N)、南部 (S)、西部 (W) における COD、全窒素、全リンの加入量（単位：トン/日）白の部分は陸から、斜線部分は海面養殖による加入、国土交通省川辺川ダム砂防事務所による

が大きい海域ほど、海面漁獲の減少は顕著になっているということを表します。以上のことから、海域における漁獲の減少が、球磨川内部における何らかの変化、つまりダムの建設に深く関係している可能性が高いことを示唆しています。

**神通川の場合**

田子泰彦氏（1999）によれば、富山県の神通川では本流および支流を併せて総延長は 1940 年には 1083.4 km でしたが、図 10.12 (a) によればダム建設が次々と推進されて、1954 年に 263.8 km に減少し、1985 年には 185.0 km となり、1940 年に比べてわずか 17.1％の距離になりました。これに対応して神通川におけるサクラマスの漁獲量は、図 (b) に示すように著しく減少し、

—216—

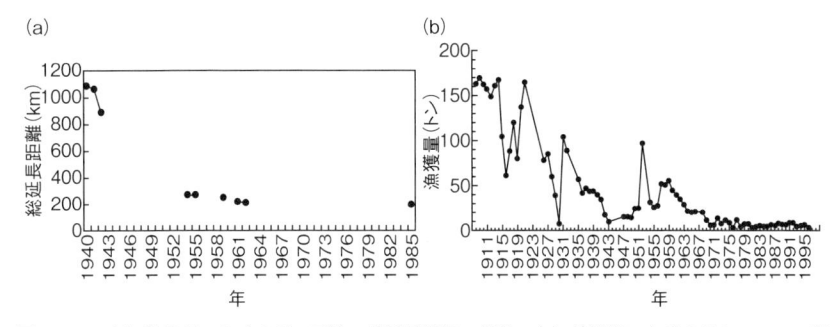

図 10.12 (a) 神通川におけるダム下流の総延長距離の推移、(b) 神通川におけるサクラマスの漁獲量の推移、田子泰彦氏（1999）による

ダムがないときには150トン余の漁獲がありましたが、近年には数トンしか獲れません。サクラマスは源流域で産卵するので、遡上範囲が減少するとこのように漁獲量が減少します。なお図 (a) では、サクラマスが生息可能な総延長距離は1962年以後ほとんど変わらないのに、図 (b) では漁獲量は1962年以降も減少傾向にあります。これはその後の河川事業によって河川形状が変化したためです。最大水深が2 mを超える大きな淵が、18から11に減少しています（田子泰彦氏、2001）。また魚道の効果も認めにくいといわれます。

一方、アユに関しては、神通川で放流尾数を増やしても、漁獲量は減少しています。これは河川環境がアユの稚魚の成長に適していないことによると考えられています。

## 10.6 ダムと災害

**ダムの堆砂に関わる災害**

ダムの建設に伴う災害としてよく知られているのは、砂がダムに溜め置かれて、海に流れてこないために生ずる海岸侵食でしょう。これについては6.4節で述べました。一方、ダムが建設された川の上流では、流れが緩くなって砂が溜まり、断面積が小さくなります。そこへ大量の雨が降ると、水位が以前より高くなって水が溢れやすくなります。天竜川の佐久間ダムの上流にお

いて、水害がしばしば起こるのはこのためといわれます。

　ダムの下流では、土砂の供給がダムで妨げられるので、河床の砂や礫が流出して、河床が深くえぐられてきます。そうすると洪水のとき、深く河床に打ち込まれた橋脚が抜け上がり、橋や鉄橋が倒れるような危険な状態が生まれます。また川の水を取り入れる水門も、水位が下がると役目を果たすことができなくなり、造り直さねばなりません。

　最近会計検査院が、国土交通省所管のダムのうち約210ヵ所を調べたところ、5割に当たる100ヵ所余りで土砂がダムに溜まり、洪水を防ぐ機能が弱まっていることがわかり、国交省に対策を求めています（2014年10月16日朝日新聞）。ダムの稼動は最も古いところで約60年を経過していますが、検査院が土砂量を調べたところ、約20ヵ所ですでに100年後の予想量を超えており、その時点で予想量の3倍以上のダムもあったということです。国交省はこれに対して、「ただちに支障が生じるとは認識していないが、土砂の除去には費用と時間もかかり、対策が進んでいないダムもある」と述べています。

## ダムの崩壊にもとづく災害

　ダムの堤体自体が壊れて災害が生じた例もあります。2011年に東日本を襲った大地震によって、福島県の藤沼ダムが破壊され、7名の死者と1名の行方不明者が生じました。日本においては、これまで大規模なダムが壊れた報告はまだ見当たりませんが、外国ではダム崩壊で大惨事が起きた例は多くあります。しかし日本のダムも、建設後年数を経てきたものもあるので、注意が肝要と思われます。なおわが国の建設予定の巨大ダムに対しても、地すべりや崩落など地質上安全性に問題があると指摘されているものとして、例えば八ッ場ダム（嶋津暉之・清澤洋子氏、2011）や設楽ダム（設楽ダム建設中止を求める会、2014）などがあります。絶対に安全だと声高に言われた原子力発電所が、もろくも最大級の事故を起こしたことを想起すべきです。そこで外国で起きた3件の重大事故を紹介しておきます。

　サウスフォークダム（アメリカ、フィルダム、1889年）：大雨によりダム

堤体を貯水が越流して決壊、2,200名が死亡。

マルパッセダム（フランス、アーチ式コンクリートダム、1959年）：試験湛水を開始した約16時間後に、基礎地盤が軟弱のため決壊、500名以上死亡。

板橋・石漫灘ダム（中国、フィルダム、1975年）：記録的な大雨のため、両ダムを含めて大小62のダムが決壊、推定26,000名が死亡、大躍進政策の人海戦術による欠陥工事のため。

### ダムの建設に伴う洪水

ダムができたが、洪水が発生して甚大な被害を受けた例があります。1965年7月、熊本県の人吉盆地は梅雨前線豪雨による洪水に襲われ、6名の死者と、1,200戸以上の家屋の損壊・流出などを蒙りました。地元の人たちはこの洪水はこれまでの洪水と違って、避難する間もなく突如襲ってきたと言っています。そして洪水は、その5年前に球磨川上流に建設された市房ダムからの急激な放水によるものと考えています。ダムの管理者はそうではないと言っていますが、治水のために造られたダムも、洪水に対して安全でなかったという例になります。ダムの効用だけでなく、その限界も住民に告げておくべきでしょう。

外国の例として、イタリアのバイオントダム（アーチ式コンクリートダム）では、1963年に試験湛水中に大規模な地すべりが発生しました。ダム自体は決壊しませんでしたが、莫大な土砂がダム湖に流れ込んだために、水がダムの堤頂を越えて溢れ出ました。これは洪水として激しい勢いで流下し、直下の村を襲って壊滅させ、2,000名以上を死亡させたといわれます。ダムの決壊を含め、地盤への配慮がきわめて重要なことを教えています。

ダムに伴う災害の事例は、ダム誘発の地震を含めて、パトリック・マッカリー氏の著書（1998）に多くの例が紹介してあります。

**参考文献**
青海忠久（2008）：黒部川のダム排砂と富山湾の環境・生物生産、森川海のつながりと河口・沿岸域の生物生産・9章、恒星社厚生閣
市野和夫（2008）：川の自然史－豊川のめぐみとダム、あるむ

10 章　川を断ち切る巨大ダムの脅威

宇沢弘文（2010）：社会的共通資本としての川を考える、社会的共通資本としての川・序章、東京大学出版会
宇野木早苗（2003）：球磨川水系のダムが八代海へ与える影響、川辺川ダム計画と球磨川水系の既設ダムがその流域と八代海に与える影響・第 6 章、日本自然保護協会報告書、第 94 号
宇野木早苗（2005）：河川事業は海をどう変えたか、生物研究社
岡本　尚・山内征郎（2001）：ダムの堆砂量は何によって決まるのか、応用生態工学、第 4 巻第 2 号
小松輝久（2008）：地中海とその流入河川、川と海－流域圏の科学・20 章、築地書館
佐々木克之（2008）：河川改変が海の生きものと漁業に与える影響、川と海－流域圏の科学・第 10 章、築地書館
嶋津暉之・清澤洋子（2011）：八ッ場ダム－過去、現在、そして未来、岩波書店
高橋　裕（2004）：河川を愛するということ－川から見た日本と地球、山海堂
高橋ユリカ（2001）：瀕死の海が伝えたこと、世界、5 月号、岩波書店
田子泰彦（1999）：神通川と庄川におけるサクラマス親魚の遡上範囲の減少と遡上量の変化、水産増殖、第 47 巻
田子泰彦（2001）：神通川と庄川の中流域における最近の淵の減少、水産増殖、第 49 巻
田崎和江ほか 12 名（2003）：富山県出し平の排砂ゲートから排出された黒色濁水の特徴、LAGUNA（汽水域研究）、10 巻
土木学会関西支部編（2000）：川のなんでも小事典、講談社
日本海洋学会海洋環境問題委員会（2008）：豊川水系における設楽ダム建設と河川管理に関する提言の背景：河川流域と沿岸海域の連続性に配慮した環境影響評価と河川管理の必要性、海の研究、第 17 巻第 1 号
日本水産学会編（2007）：河川管理－ダムと水産、日本水産学会誌、第 73 巻第 1 号
パトリック・マッカリー、鷲見一夫訳（1998）：沈黙の川－ダムと人権・環境問題、築地書館
程木義邦・村上哲生・東　幹夫（2003）：球磨川水系におけるアユ成魚の体形と胃内容物の比較、川辺川ダム計画と球磨川水系の既設ダムがその流域と八代海に与える影響・第 2 章、日本自然保護協会報告書、第 94 号
道前香緒里・石賀裕明（2002）：堆積物の元素組成から見た球磨川、川辺川流域の環境評価、島根大学地球資源環境学研究報告、21
村上哲生（2013）：ダム湖の中で起こること－ダム問題の議論のために、地人書館
山本民次（2008）：河川改変が海の水質と生態系に与える影響、川と海－流域圏の科学・9 章、築地書館
Thornton, K.W., B.L. Kimmel and F.E. Payne、村上哲生・林　裕美子・奥田節夫・西條八束監訳（2004）：ダム湖の陸水学、生物研究社

# 11章　巨大ダムが抱える問題

　前章で巨大ダムが環境や漁業に与える影響を調べました。一方、ダムの建設によって、私たちは大きな利益を受けていることも認めねばなりません。人間が生きていくためには、自然に手をつけざるを得ないのです。だが改変の手が強引で、自然の摂理をあまりに越えると、多くの問題が生じて大きな社会問題になります。最近の巨大ダムの建設によって、環境や漁業が悪化して被害を受け、困窮する人もいますし、受け入れをめぐって住民間に厳しい亀裂が生じているのも悲しい事実です。またその建設によって、長年住み慣れた土地を強制的に立ち退かされて難儀する住民も少なくありません。このようにきわめて問題が多い巨大ダムを建設する根拠について、多くの人が疑問を抱いています。

## 11.1　ダムに対する社会と国の対応

　最初に、ダムの建設に対して社会がどのような反応を示したか、これに対して国がどのように対応したかを、典型的事例を取り上げて簡単に振り返っておきます。

**ダム問題の始まり**
　ダムの水源地となる地域に住む人たちは、古くから大変な苦難を受けてきました。1937年に出版された石川達三氏の名作「日陰の村」では、東京市民(当時)の重要な水がめとして建設された奥多摩の小河内ダムの建設によって発生した社会問題、水没者間の対立などがリアルに表現されていて、ダム建設に絡んで深刻な事態が起きていたことがわかります。しかしこのことが、利益を受ける側の市民の目に映ることはほとんどありませんでした。

11章　巨大ダムが抱える問題

　戦後1947年に、国と日本発送電は厳しい電力不足に応えるために、只見川に水力発電用のダムを造り、福島、群馬、新潟3県の境にまたがる尾瀬ヶ原を貯水池とする計画を発表しました。だが美しい景観とミズバショウなどの湿地性植物に親しまれていた湿原の水没には、当然ながら強烈な反対運動が起こり、ついに建設計画は撤廃されて尾瀬は自然公園として守られることになりました。この運動の中心となった人たちは、1951年に日本自然保護協会を設立し、それ以来協会は多様な自然保護運動の推進役として活躍しています（日本自然保護協会編、2002）。

**蜂の巣城の攻防**

　ダム問題が全国的に注目を浴びるようになったのは、筑後川上流の下筌ダムの建設に対して、1960年に地元住民が監視のための砦「蜂の巣城」を築いて、大規模な反対運動を展開したことでした。このダムは洪水調節を含む多目的ダムでした。運動の指導者の山林地主室原知幸氏は、建設当局が住民の理解を得ることなく、一方的に強引に建設を進めることに対して、「法には法、暴には暴」をモットーにして、ありとあらゆる戦法で反対運動を展開しました（阪口豊氏ら、1995）。

　そして筑後川の治水計画を批判して、事業認定は無効であるとの裁判を起こしました。その主張として、計画高水流量算定の問題点、流域の土地利用と水害との関係、ダム地点の地質の欠点、ダム湖の堆砂・流木対策の不備、高潮対策と洪水処理との不整合、ダム建設費用振分け計算の問題点などが列挙されています。しかし1963年の東京地裁の判決は、国の方針を追随することが多かった判例にならって、原告の敗訴となりました。ただ判決理由書を見ると、原告の主張がかなり引用され、被告である国を叱責している部分も少なくありません。

　1964年に蜂の巣城は、機動隊700人、建設省職員の手によってついに落城、その6年後に「法に適い、理に適い、情に適う」を念願しつつ、指導者室原氏は世を去りました。しかしこの事件は、その後の国の治水対策に影響を与えました。1973年の水源地域特別措置法を軸とする水源地域対策への政府

の配慮、流域内の上・下流のアンバランスを是正する政策を推進させる動機になっています。

## 河川法の改正

その後も、国民の意識の高まりに伴ってダムを含む河川事業のあり方に、批判や非難の声が強まり、各地で反対運動が激しくなりました。そこで国は1997年に、河川行政の基幹となる河川法を大きく改正しました。その中では、河川法の目的に河川環境の整備と保全が加えられました。そして河川管理のあり方、行政の説明責任、河川環境保全の実効性などに関する事項が加わり、不十分ながら河川整備計画の策定への住民参加にも言及がなされています。

なお河川法は、明治、昭和、平成と3回大改正されましたが、その経緯と考え方については、竹村公太郎氏（2007）の簡略な解説があります。ところで、平成の河川法の改正によって改善が見られるところもありますが、法の精神が十分には生かされていないために、ダム建設をはじめとする大規模な河川事業に反対する厳しい声が、今なお各地で消えることはありません。なぜでしょうか。

## 河川法に対する国の対応

改正された河川法では、行政が河川整備計画を作成するときは、対象河川について流域委員会を設けて学識経験者の意見を聴取することが義務付けられています。そこで淀川水系に4つのダムの建設を計画した国土交通省近畿地方整備局は、2001年に淀川水系流域委員会を設けて諮問しました。この委員会を例にして、河川法に対する国の考え方を見てみます。

従来委員会の委員は諮問当局が選んでいましたが、ここでは河川工学者ら第三者で作る準備委員会が選び、一般公募の枠も設けました。事務局は民間機関に委託し、会議は公開、傍聴も自由にし、傍聴者の意見も募りました。従来の同種委員会に比べて、画期的な委員の構成と委員会の運営であり、住民の意見を積極的に汲み取る姿勢も見られ、世間の期待と注目を浴びました。

委員会は、治水計画や事業費などについて整備局提出のデータ、さらに不

足部分について提示させたデータにもとづいて、慎重に検討を重ねました。委員会は、本会議、ワーキング、現地視察、住民意見交換会などを含めて実に600回もの会合をもちました。そして結論として、ダム建設は適切でないとの意見書を提出しました。その理由として「ダムの必要性に十分説得力のある内容になっていない」、また「ダムの必要性や緊急性を検討するには、堤防強化などの対策との組み合わせについて、事業費を明示し、優先度などを総合的に検討することが不可欠」としています。これに対して整備局は「ダム建設が適切でないと我々が納得できるような根拠のある内容ではないと考える」と主張しました（朝日新聞2008年4月23日による）。

### 国が河川法の基本を守らない理由

　かくして、専門家を中心に市民を含めて誠実熱心に審議を行ったと一般に高く評価されている委員会の意見を、国はついに採択しませんでした。委員会の審議内容およびこれに対する国の対応などの詳細は、この委員会で国側の重要な立場にあって、委員会のまとめに誠実に精力的に努力をされた宮本博司氏（2010）の報告があり、興味深い内容で参考になります。

　この中で宮本氏は、発言力のある官僚とそのOBの中に、河川法によって抜本的に誠実に従来の河川行政を変えようとするのではなく、「河川法改正は、河川行政に対する住民批判の"ガス抜き"の仕組みをつくるためのものと考える人たちがいたのではないだろうか」と指摘しています。このように河川法をガス抜きと考え、形式的にはこれに従いつつ、依然として従来どおりの巨大ダムの建設が推進されるのはなぜでしょうか。

　その理由として次のことが考えられます。(1) 河川行政に関わる一部の幹部やOBがもつ、自分たちが一番河川を知っていてその判断に間違いはないとして、川のもつ自然界、生物界、社会・文化における重要な役割を理解しない狭い自己本位の自信、(2) 公共事業の権限や予算を守ろうとする事業当局の強い意識、(3) 時代の変化に応じて事業を見直して、計画を変更または中止するという道筋ができていない法制度、(4) 莫大な建設費用に伴って生じる利権を得る側からの建設遂行への圧力が強いこと、などが考えられます。

その根本には、いわゆる「政・官・財の鉄の三角形」と称される強固な利益集団の存在が指摘されています。さらに、(5) 地方自治体が過疎からの脱却、一時的ながらの資金投入と建設ブーム、観光地としての発展などを期待して、ダムの建設を要望する例が多く見られます。だがダムが建設されて地域が発展したという例はないといわれ、何よりも住民が住まいと生活を奪われ、あげくの果てに住民間に厳しい亀裂が残るのです。

委員会の結論が無視された後、惜しまれつつ上記の宮本氏は河川技術官僚の道を辞められました。同氏は次のように述懐しています。

流域委員会の仕事は大変タフな仕事であったが、委員会が進むにつれて、(委員会を支えた近畿整備局の) 職員の目が輝きだした。情報を隠すことなく、現場を感じ、学識経験者や住民と信頼関係の中で話し合い、それにもとづいて対応していくという仕事のやり方に、"私たちの仕事は、こういうことだったのですね" と言い出した。今でも当時一緒に仕事をした職員や OB から "あの頃は、みんな活き活きやっていましたね" という声を聞く。

理想的な委員会の姿が目に浮かびます。

ここで上記 (5) に関係して、奥会津の只見ダム建設に関して、只見町議会が設けた特別委員会の報告 (1989 年) を紹介しておきます (2015 年 1 月 31 日付朝日新聞による)。委員会はすでに建設された 2 つのダムの経験を踏まえて、ダムのデメリットとして、過疎の要因となる、農林水産の振興に影響を与える、購買力が減退する、自然環境が破壊される、をあげています。それでも只見ダムの建設は進められました。その結果、耕地を失い、生産基盤を失った水没地住民は、町にいつくことができずに町の過疎が進まざるを得なかったのです。

次に、河川法の精神が活かされていないと思われる具体例を考えることにします。

## 11.2 治水問題

ダムの建設を必要とする理由に、洪水対策があります。強雨のために対象河川の流量がある程度以上になると洪水が起こるので、上流にダムを建設して水を溜め、下流へ向かう流量を減らして洪水を防ぐという考えです。しかし洪水を防ぐのに、ダムを唯一絶対なものと考えるのでなく、その他流域全体にわたって総合的に考える必要があることを述べます。そうすれば、巨大ダムに頼らなくても洪水は防げる場合が多いのです。以下にダムの治水効果についての問題点を具体的に指摘します。

**八ッ場ダムの場合**

現在建設が進行している群馬県の八ッ場ダムは、利根川支流の吾妻川の中流に位置していて、近くに景観に勝れた吾妻渓谷があり、水没地に800年の歴史があると称される川原湯温泉があります。八ッ場ダムの構想は1952年頃からありましたが、当初は住民の反対で立ち消えになりました。その後1965年に新たに建設省が予定地の住民にダム建設を発表しました。それ以来住民の間に激しい意見の相違が見られましたが、紆余曲折を経て本体工事を除いて事業は進められてきました。しかし2009年の民主党政権に至って、当時の国交大臣によってダム本体の工事中止の表明がなされ、工事は中断されました。ところが2012年に自民党政権に替わり、新たな国交大臣は再び工事の続行を表明したのです。このようにこの数十年にわたり、地元住民は国に翻弄され続けてきたのでした。八ッ場ダムに関わる諸問題については、嶋津暉之・清澤洋子氏（2011）の著書に詳しく紹介してあります。

この著書には、八ッ場ダムの治水効果についても、定量的にわかりやすく説明してあります。そして結論として、八ッ場ダムの治水効果は小さく、利根川の治水対策として意味をもたないと結論しています。結論はなるほどと納得させるもので、詳細は彼らの著書を見ていただくことにして、概略を紹介します。

利根川治水対策のベースになっているのは、利根川流域が大被害を受けた

1947年のカスリーン台風です。だが2008年の衆議院の質問主意書に対する政府答弁によれば、カスリーン台風再来時の八斗島地点（伊勢崎市、利根川の治水基準点）の洪水ピーク流量の計算値を、既設6ダムの場合と、それに八ッ場ダムを加えた場合を比較したとき、同じ20,421 m$^3$/sを算出しており、皮肉にも八ッ場ダムによる削減効果はゼロという結果が得られています。この理由は、利根川本川流域と八ッ場ダムがある吾妻川流域の雨の降り方が異なるためです。計画通りに雨が降れば、ダムは効果をもつでしょうが、そうでなければ効果は減じます。またダムの集水面積は河川全体の集水面積の一部にすぎず、もともと効果は少ないことが多いのです。ダムに頼る治水対策は、ギャンブルともいわれる所以です。

　利根川の最近50年間の最大洪水は1998年の9月の洪水（台風5号）です。このときの八ッ場ダムの効果を見積もると、八斗島地点で最大13 cmの水位低下がありました。ところが洪水時の八斗島地点の最大水位は、堤防の上端から4 m以上も下でありましたから、十分に余裕があり、八ッ場ダムによって13 cmの水位低下があったとしても、利根川の治水対策には意味がないことになります。さらに下流になるほど洪水のピークは緩やかになるので、それに伴ってダムの洪水調整効果は小さくなります。国交省の計算結果を見ると、八ッ場ダムによる八斗島地点での洪水ピークの削減量を100とすれば、江戸川および利根川下流のピーク削減量はその20～40％になり、利根川に対する八ッ場ダムの治水効果はわずかなものといえます。

　それでは、利根川は洪水に対して十分な対策がなされているかといえば、決してそうではないのです。堤防はこれまで何度も嵩上げして繕っているので、脆弱なところが各所に見られます。それに対する補強対策が緊急に必要です。ところが図11.1に示すように、利根川の河川改修費は年々急速に減少しているのに、それとは逆に八ッ場ダムを含めてダムの建設費が急増しています。治水効果の小さいダムに予算を振り向けて、必要な河川整備をおろそかにしているというのは、本末転倒というべきで納得しがたいところです。

## 設楽ダムの場合

　設楽ダムは、愛知県東部を流れる豊川の支流、寒狭川の上流に建設が予定されています。図11.2を見て下さい。豊川の自然の豊かさと、この設楽ダム計画の問題点は、市野和夫氏（2008）の著書に述べてあります。なお、このダムが三河湾に与える影響については10.4節ですでに述べました。このダムの治水目的として、洪水のときに設楽ダムに水を貯めて、下流域における洪水の被害を減らすことができると謳われています。だが図11.2からわかるように、設楽ダムの集水面積は、豊川の集水面積のごく一部を占めるにすぎません。すなわちこの面積は、基準点石田地点の集水面積の11％を占めるにすぎず、その下流域まで含めると設楽ダムの集水域は9％に落ち込みます。設楽ダムで、ダムより上流に降る雨をすべて受けとめたとしても、それだけの効果しかないのです。

　具体的には、例えば150年に1回の洪水時に、基準点石田地点における流量として7,100 m$^3$/sが予想されています。このときダムの洪水調節によって流量を1,000 m$^3$/sだけ減少させ、石田地点の水位を約1 m下げるというものです。その結果6,100 m$^3$/sの流量が河道を流れますが、現在の河道は4,100 m$^3$/sしか対応できません。したがってダムができても、残りの2,000 m$^3$/sもの流量が溢れて、大きな洪水被害が生じると考えられます。

　それゆえ河道の整備や堤防の強化が緊急に必要です。このための経費は、ダム建設費に比べればわずかといえます。豊川下流には江戸時代の初期からの規模の大きな霞堤や遊水地が現存しており、洪水の被害を少なくするのに効果をあげてきました。このような手法も考慮して、ダムに費用を注ぎ込むのではなく、河道対策と堤防強化を強力に進めることが重要かつ有効と考え

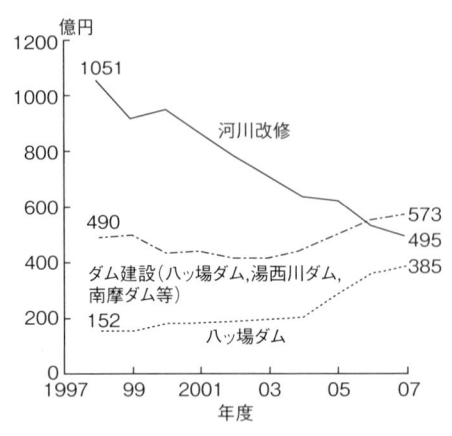

図11.1　利根川水系のダム建設費と河川改修事業費の推移の比較、国交省の資料にもとづく、嶋津暉之・清澤洋子氏（2011）による

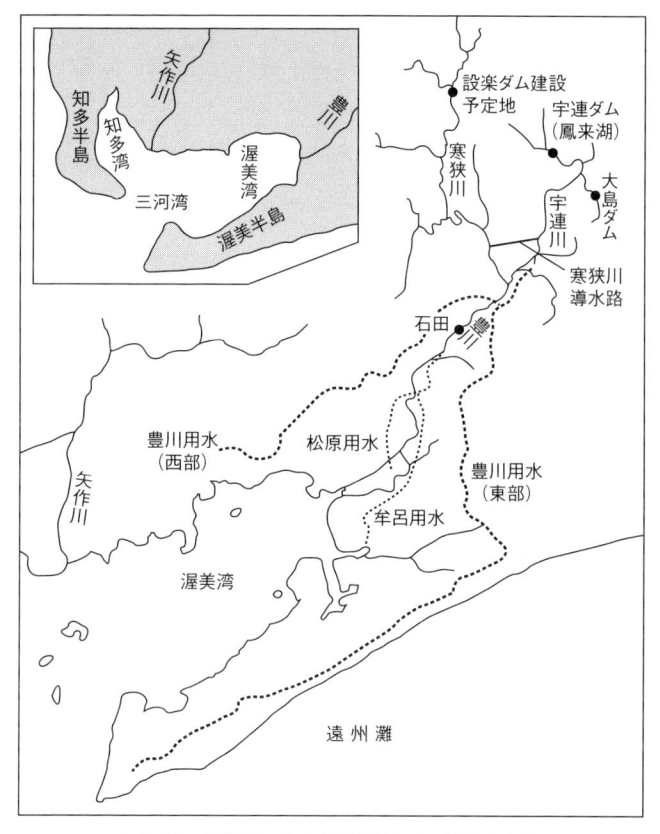

図 11.2　渥美湾に注ぐ豊川と設楽ダム建設予定地

られるのです。

　今は 2 例を紹介しましたが、現在実施中や計画中のダムにも、同様に治水対策として適当と思えないものが少なくありません。例えば、北海道自然保護協会編（2013）の著書によれば、サンルダム（天塩川水系）、平取ダム（沙流川）、当別ダム（石狩川水系）などもそうであり、もっと有効適切な方策を採るべきだと対案が示されています。そしてダム建設を進める場合には、建設当局（北海道開発局、北海道庁）は説明責任を果たすべきと佐々木克之氏（2013a）は主張しています。

11章 巨大ダムが抱える問題

## 基本高水流量の問題

ところでダムの必要性を主張する際に、洪水の根拠として取り上げる河川流量が基本高水流量です。これが本当に妥当でしょうか。基本高水流量を決めるには、計画降雨を定めて、適当なモデルを用いて流量を求めるのが基本的方法です。しかし計画降雨の設定も確定的とはいえず、また河川水流出の過程には多くの要因が関与して複雑であり、私たちの知識は不足していて、誰もが納得できる手法はできていません。かくして任意性が入り込む余地が非常に広いのです。

最近各地で、河川当局が設定した基本高水流量が妥当な値ではないとの異論が、地域住民のみならず研究者の間でも問題になっています。すなわちダム建設計画に際して、建設の必要性を強調するために、過大な高水を設定する傾向があるというのです。これに対して、建設当局は最初に提示した高水流量が、唯一絶対のものであると強弁して、決して改めようとはしません。

しかし基本的には、自然の営みは複雑精妙であって、私たちの理解は限られたものであり、単純に確定的な推測は困難であることを銘記しておかねばなりません。したがって当局が最初に提示した1つの値のみが唯一正しいと主張して固守することは、決して科学的な態度とはいえません。できる限り最新のデータをもとに、現状の知識のうえに適当と思われる方法を用いて定めた複数の値を求めて、議論を重ねて多くの人が納得できる値を定めることが必要と考えられます。

いま蔵治光一郎氏（2006）にしたがって、全国109の一級河川における既往最大の洪水ピーク流量を、2006年の基本高水ピーク流量と比較した結果を図11.3に示します。3水系を除き基本高水流量は既往最大流量より著しく大きくなっています。差が5,000 m³/sを超えるものが

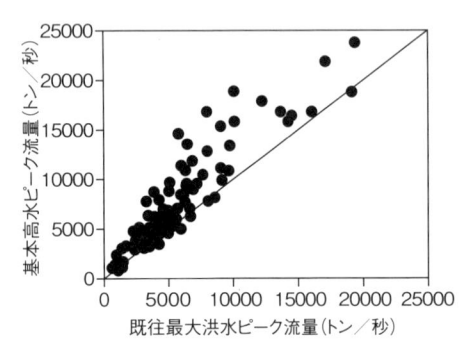

図11.3 基本高水ピーク流量と既往最大洪水ピーク流量の関係、蔵治光一郎氏（2006）による

— 230 —

少なくなく、中には 10,000 m³/s 近く超えるものもあります。高水流量が過大すぎる可能性は否定できないのです。

**望まれる治水対策**

　このように既往最大流量を大幅に超える設定による巨大ダムでの治水対策は、膨大な経費と長年月を必要として実際的といえません。費用をもっと少なく、住民にあまり負担をかけず、環境を損なうことも少ない対策を考えるべきだと思います。そのためには総合的な洪水対策をとらねばなりません。

　これについては、例えばすでに表 2.2 に示したように、世界ダム委員会 (WCD) は洪水管理のための総合的対策を提示しています（イアン・カルダー氏、2008）。これは洪水規模の縮小、水害危険度の縮小、防災能力の強化の 3 本柱から成っています。洪水を力尽くで抑え込んで防ぐのではなく、洪水の発生をある程度までは許容して、被害をできる限り小さくするような対策をとり、そして命を護るための警報と避難の必要性を説いています。

　この考えは 2011 年 3 月に発生した東北地方太平洋沖地震により、甚大な人的・物的被害を受けた経験を踏まえて、強大な自然力を強引に抑えて災害から免れるという防災ではなく、被害を最小限に留めて命を護る減災の考え方と同じです。洪水対策も、現在のようなダムを中心とする構造物に依存する対策でなく、緑のダムの活用、河道改修、堤防強化、霞堤や遊水地の整備などによる柔軟で総合的・実際的な対策を取るべきでしょう。これに関して例えば、前述の高橋 裕氏（1999）も従来の力で洪水を抑え込む河道主義からの脱却を主張していますし、大熊 孝氏（2010）は川とうまく付き合ってきたわが国の伝統的な河川技術の中に、学ぶべきものがあると述べています。

## 11.3　利水問題

　私たちはこれまで川に水を溜める堰やダムを造って、灌漑用水、水道用水、工業用水、水力発電などに活用して、大きな恩恵を受けてきました。現在の巨大な多目的ダムの場合には、利水目的として市民のための水需要が主体と

なっていますが、その他に内容があいまいな流水の正常な機能の維持というのが最近取り上げられています（11.4節）。これらの目的のためにはたして巨大ダムが必要かどうかを考えます。具体例として、前節にも取り上げた八ッ場ダムと設楽ダムの場合を考えます。

### 八ッ場ダムの場合

八ッ場ダムの構想が再浮上した 1960 年代には、全国的に水道用水、工業用水の需要が増加の一途を辿っていました。この傾向は特に首都圏で強く、利根川や荒川などの流域では、ダム建設などの水源開発事業が次々と推進されました。しかし現在では事情は大きく変わり、水源開発の進捗と水需要の減少のために、むしろ水余りが顕著になりました。

すなわち図 11.4（a）において、保有水源量が太い実線で、1 日最大給水量の実績が細い実線で、東京都の給水量の予測が点線で示されています。最近の給水量の実績は年々減少しているのに対して、予測は過大にはずれています。また保有水源量（太い実線）は非常に大きくて、著しく水余りであることが理解できます。給水量が減少してきたのは、節水型機器が普及する一方で、漏水防止対策で漏水が減少したことなどによるものです。水洗トイレ、洗濯機、食器洗浄器などは、今後より節水型になるものと期待され、さらに人口も減少傾向になるので、水需要はさらに減少すると思われます。また用

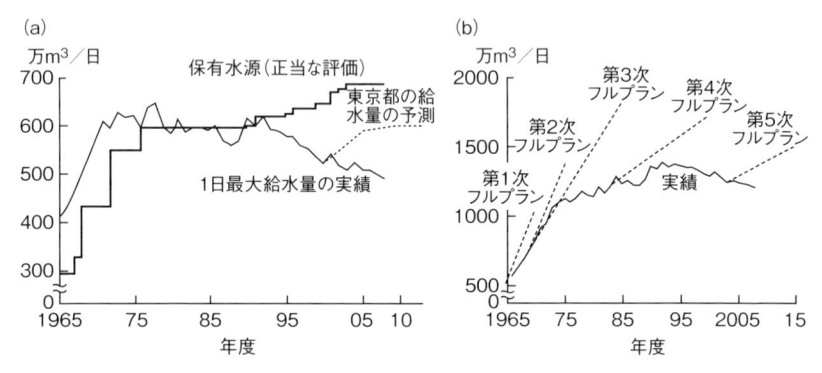

図 11.4 （a）東京都水道の保有水源と 1 日最大給水量の実測と予測、（b）利根川・荒川流域における水道の 1 日最大取水量の実績とフルプランの予測、嶋津暉之・清澤洋子氏（2011）による

水型工業の生産が頭打ちになる一方で、工場内の水使用合理化が進んできて、工業用水も減少の傾向が見られます。

図 11.4 (b) には、利根川・荒川流域の水道用水の実績 (実線) と、当局による利根川・荒川の水資源開発のフルプラン (点線) とが比較してあります。フルプランは何回となく改定されましたが、いずれも実績と大きく乖離しています。以上のことから、利水目的のためには、八ッ場ダムは不必要といえます。嶋津氏ら (2011) は、もしダム計画先にありきの水行政ではなく、水需要を抑制する水行政が早い時期から進められていたならば、当初地元が絶対反対の意思を示していた八ッ場ダムの建設計画は見送られていたであろう、と述べています。まことに残念なことです。

## 設楽ダムの場合

豊川の水は、古くから流域の農業用水や水道用水などに利用されてきました (図 11.2)。高度成長期の 1970 年代の一時期は水不足で給水制限などがありましたが、これに対応するために始められた豊川総合用水事業が 2002 年 3 月に完成した結果、約 3 億 8,100 万 $m^3$/年もの水が確保できるようになりました。一方、水需要の経年変化を図 11.5 に示しましたが、最近は 2 億 7,000

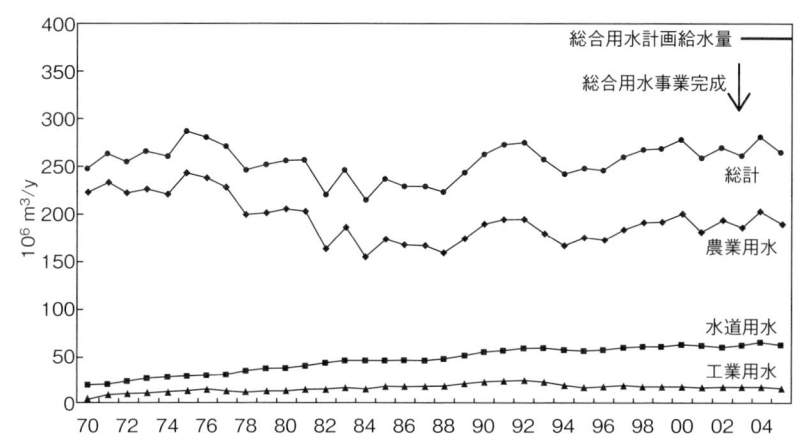

図 11.5 豊川の農業・水道・工業用水への供給実績と、これを大きく上回る豊川総合用水の供給量 (3 億 8,100 万 $m^3$/年)、市野和夫氏 (2008) を一部改変

万 m³/年程度になっていて横這い傾向が見られます。この結果およそ 1 億 m³/年を超える供給余力があります。

ところでこの地域では 2005 年に、観測史上最少の降水量を記録しました。名古屋地方気象台では、実に 1891 年の観測開始以来 114 年間の最少記録でした。この年、豊川水系では取水制限などの若干の節水は行われましたが、水道や工業用水道での障害はもちろん、農業被害も皆無でした。豊川総合用水事業が完成したことにより、この地域の水供給施設は、100 年に一度の少雨にも耐えられる状態に整備されていると判断しても良いでしょう。したがって膨大な費用をかけて問題の多い設楽ダムを、利水目的のためにわざわざ建設する理由はないと思われます（市野和夫氏、2008）。

なお強引な考えで作りあげた虚構ともいえる将来予測を根拠にして、ダムの建設や計画が行われていることが多いですが、納得できる例はほとんどありません。北海道の場合にも、その数例が北海道自然保護協会編（2013）の著書に示されています。

## 11.4　流水の正常な機能の維持への疑問

ダム建設の目的の中に「流水の正常な機能の維持」という項目があることは、おそらく読者の大部分は知らないでしょう。しかしこれが占める割合は驚くほど大きく、厚幌ダム（北海道厚真町）の場合には、ダムの総貯水容量 4,740 万 m³ の中で、2,130 万 m³ が充当されることになっていて、全体の約 45％も占めています。さらに設楽ダムの場合には、「流水の正常な機能の維持」のために、総貯水容量 9,800 万 m³ の中の実に 65％の 6,000 万 m³ が当てられています。なお最近のホームページによると 7,300 万 m³ とさらに増えているそうです。

川の自然の流れを巨大ダムで阻害しながら、正常な流れを維持することを主目的にダムの建設が必要だという論法は、自家撞着も甚だしいというべきです。なお「流水の正常な機能の維持」は 1964 年の河川法改正時に取り入れられました。しかし、その 2 年前の 1962 年に、農業利水の専門家である

## 11.4 流水の正常な機能の維持への疑問

新沢嘉芽統(かずとう)氏は、その著書「河川水理調整論」において、維持水の必要性については根拠がないと批判しています（佐々木克之氏、2013b）。

なお前に議論した「基本高水流量」も 1964 年の河川法改正時に取り入れられました。この 2 つの考えが 1964 年に取り入れられたのは、高度経済成長が始まって財政的に余裕が生じたために、より大きなダムを造るために考え出されたと、佐々木克之氏（2013c）は考えています。

### 設楽ダムの場合

これまでの豊川用水・総合用水事業による活発な水資源開発の結果、豊川水系の宇連川の下流約 2 km にわたって、大雨時以外はまったく水が流れない区間ができてしまいました（図 11.2）。また豊川下流で維持流量が低く設定されたために、最下流の水道用水・工業用水の取水地点で塩水化の問題が生じました。そこで正常な流れを維持するために、渇水時にダムから、両区間のために合わせて 6.3 m$^3$/s を流して解決しようと計画されています。

これまでの水資源開発で散々痛めつけられた宇連川や豊川下流部の部分的再生のために、建設費用 2,070 億円を要するダムの総貯水容量の 65％を当てて備えるというこの巨大ダムの建設目的が、はたして妥当なものかと疑問を感じざるを得ません。このために無傷で残された寒狭川上流の豊かな自然が破壊され、地域に重大な負の影響が生まれるのです。建設当局の「自然に優しいダム造り」とは決していえないはずです。もっと自然に優しい解決策を取るべきです。なぜこのような理由が取り出されたかというと、設楽ダムの必要性に関して、上記のように治水・利水の目的が失われたために、建設当局は新たに自然に優しいとの名目を掲げて、計画を実現しようとしているように思われます。

市野和夫氏（2008）は、このように本末転倒したダム建設が認められるとすれば、今後、全国で自然に優しい「流水の正常な機能の維持」目的のダム建設が続々と行われ、自然環境の破壊はとどまるところを知らない事態になると危惧される、と述べています。

## 北海道のダムの場合

　北海道の 4 つのダム事業、サンルダム（下川町）、平取ダム（日高町）、当別ダム（当別町）および厚幌ダム（厚真町）における「流水の正常な機能の維持」について、佐々木克之氏（2012）が詳細な検討を加えているので、その概要を紹介します。

　北海道のこれらのダムにおけるこの正常な機能維持の主たる役割は、渇水時のサケやマスなどの魚類の遡上や産卵を助けるためということになっています。しかし、これらの魚類は、進化の過程で渇水に対処する術を学んでいるので、この機能は必要ないというのです。すなわちサクラマスは、河川水量が少ないときには淵で待っていて、降雨で増水したときに一気に遡上するからです。サンル川の例では、サクラマスやヤマメが渇水によって減少したという調査結果は知られていません。

　また当局が定めた名寄川の非灌漑期の正常流は 5.5 $m^3$/s ですが、この流量はサケやサクラマスにとっては必要がないどころか、害悪になる可能性も高いのです。すなわちこの川の冬季の渇水実績流量は 2.5 $m^3$/s で、これで遡上が行われているのです。ところが上記の正常流量はこの 2 倍以上の強さを考えています。12 月に生まれたサケやサクラマスの稚魚は遊泳力が弱くて、川のよどみで流されないようにしていますが、正常流量にすると稚魚が遡上どころか流される危険性が生じます。

　このように当局の称する正常流量の機能が必要ないので、その経済的根拠を科学的に示すことができません。そこで建設当局は一般の人には理解できない計算をして、逃れようとしています。しかし実際にはそれどころか、常識で理解できるように、ダムそのものが魚の遡上を妨げるとともに、川底が泥化して産卵場を失わせるなど、魚たちにとって大きな阻害要因になっているのです。このように実態を見ず、科学的知識にもとづかない正常流量は破棄されるべきと、佐々木氏（2012）は主張しています。

## 11.5 自然環境保全の問題

　ダムの建設は、川と海の流域全体に自然環境ひいては生物環境に好ましくない影響を与える可能性が高いことを述べてきました。本章の初めに述べたように、ダム問題が社会的に広く知られるようになった重要なきっかけの1つは、只見川にダムを建設する計画が出されたとき、美しい景観と貴重な沼地植物に恵まれた豊かな自然環境が失われることに対して、強い反対運動が生じたことでした（日本自然保護協会編、2002）。そしてダム建設が打ち出されるたびに、各地で必ず自然保護の声が強く主張されています。

　ダム建設の候補になるような川の流域には、山野が広がり、清流が流れ、さまざまな動物が生息し、植物が繁茂し、また季節によって種類や姿を変えて生存・生活をしています。これらは私たちに喜びと生きる力を与えてくれ、またさまざまなリクリエーションの場として楽しみを与えてくれています。

　さらに、中には貴重な動植物も存在し、消滅が心配される稀少生物や、世界中でもそこにしか棲んでいない固有種も見出されます。例えば日本自然保護協会（2003）によれば、いまは建設が中止された川辺川ダムの建設予定地には、種の保存法・政令指定種とされたクマタカが生息していて、ダム建設によって種の存続が危ぶまれたのでした。またダム建設時にはほとんど満水となる岸辺の洞窟には、洞窟生物が21種類生息していて、環境省の絶滅危惧種と指定されている固有種も含まれています。さらに洞窟内には閉鎖性の高い特殊な生態系も成立していて、建設時にその崩壊が心配されたのでした。

　設楽ダムの建設予定地においても、森の王者ともいうべきオオタカが生息していて、その生存が危惧されます。また最近の河川改修などのために急減して絶滅が心配され、天然記念物に指定されたナマズに似た小魚、ネコギギも生息しています。ダム建設がこの消滅に拍車をかけることが心配されました。

　建設当局はパンフレットなどで、ダム建設が動植物に与える影響については、あらかじめ調査、予測を行い、その影響を極力少なくして、良好な

環境を保全するような配慮をするので心配ないといっています。そして貴重種の存続の危惧に対しては、ダム建設の影響は小さい、生息可能な代替地を考える、ダムが完成するまでに適切に処置ができるなどと住民に答えています。

　ただしこのように生物が関わる難しい問題では、筆者が知る範囲内では科学的に十分に調査研究を行って、その可能性を示した例は見出されないように思います。私たちは慎重な科学的調査を要求し、取り扱いを十分注目・監視する必要があります。

　さらに北海道日高地方の沙流川における二風谷ダムのように、アイヌ民族の宗教対象と居留地をも侵害して建設が強行された例もあります。さすがにこの点は建設完了後に裁判で違法と断罪されました。ところでこのダムは、破綻した苫小牧東部工業地区のための工業用水という最大の利水目的すらも不要となり、さらに大量の砂が堆積して治水効果も危ぶまれたものです。しかし裁判ではこのダムの建設は否定されませんでした。わが国においては、多数の住民が批判する公共事業に対して、裁判所はややもすれば行政側に偏り、国民に失望を与える例が多く見受けられます。

## 11.6　環境影響予測の問題

　ダムなどの大規模事業の場合は、事業者はあらかじめ環境影響評価を行って、影響はないか、あるいは無視できる程度に小さいこと、また影響があるとしても適切に処置すれば避けることができることを示さねばなりません。そして影響は無視できるとの結論を根拠にして、これまで巨大ダムが建設されてきました。だが実際には前章に述べたように、環境に望ましくない重大な影響が生じています。これは影響予測が正当に行われていなかったことによるものです。影響予測の現状と問題点については、例えば石川公敏氏ら（1994）が沿岸を対象にして全般的に詳細に述べています。ダムに関しては村上哲生氏（2013）が考察しています。

　予測には一般にシミュレーションが用いられるので、建設当局が提示した

## 11.6 環境影響予測の問題

若干のシミュレーション結果をもとに、その精度を見てみます。多くの場合、公表図表のみでは精度は理解しにくいので、これを読み取って計算値と実測値を比較する必要が生じます。

**ダム湖内の予測**

川辺川ダムの場合に、建設当局はこのダム近くの鶴田ダムの実測値を用いて、予測モデルに適当なパラメータを適切に設定すれば、実測値を再現することができたと述べています。そこで発表されているデータをもとに、全窒素、全リン、COD、クロロフィル $a$ の4要素について、予測値と実測値とを比較して、図11.6に示しました。予測値と実測値の不一致はきわめて大きく、建設当局の説明と大きく食い違っています。

図11.7の（a）と（b）は設楽ダムの場合に、下久保ダム（群馬県）を例

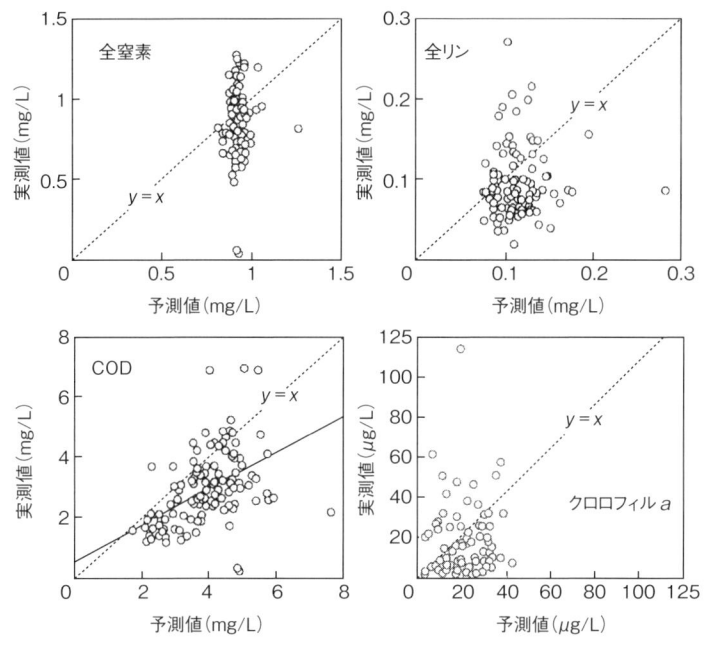

図11.6 川辺川ダムの場合に、鶴田ダム（鹿児島県）を対象に建設事業者が示した全窒素、全リン、COD、クロロフィル $a$ の予測値と実測値の比較、程木義邦氏ら（2003）による

11章 巨大ダムが抱える問題

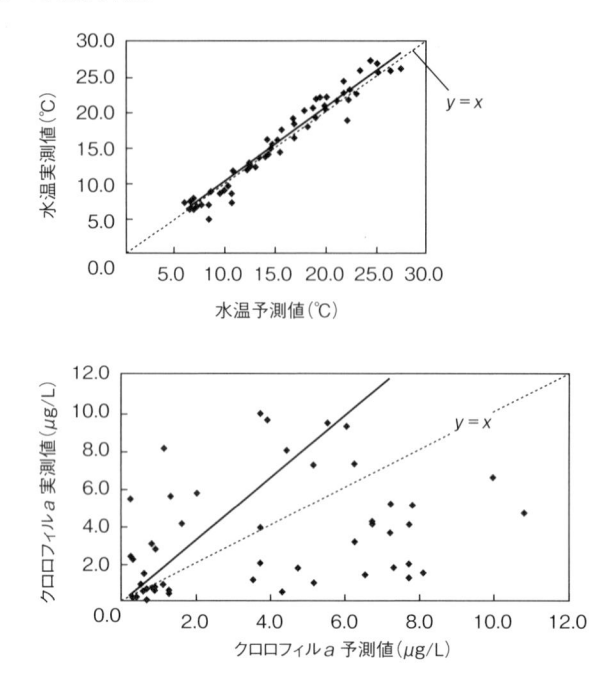

図 11.7 設楽ダムの場合に、下久保ダム（群馬県）を対象にした水温とクロロフィル $a$ の予測値と実測値の比較、村上哲生氏（2013）による

にして水温と、プランクトンの発生量を表すクロロフィル $a$ の予測値と実測値を比較したものです。水温の予測精度は高いですが、クロロフィル $a$ の予測値は実測値と大きく外れていて、予測結果はまったく信頼できないことがわかります。

### 海に対する予測

川辺川ダムの場合に、建設当局は現状において八代海の実際を再現できたと述べています。この計算は八代海を 10 のボックスに分けて、ボックスモデルを用いて計算したものです。モデルでは深さ方向には上層（海面下 0 〜 3 m）、中層（3 〜 10 m）、下層（10 m 〜海底）の 3 層に分けています。計算は夏季を対象にしていますが、報告書のままでは計算精度を見るにはわかりにくいので、図 11.8 に上層と下層の塩分値が比較して示してあります。上

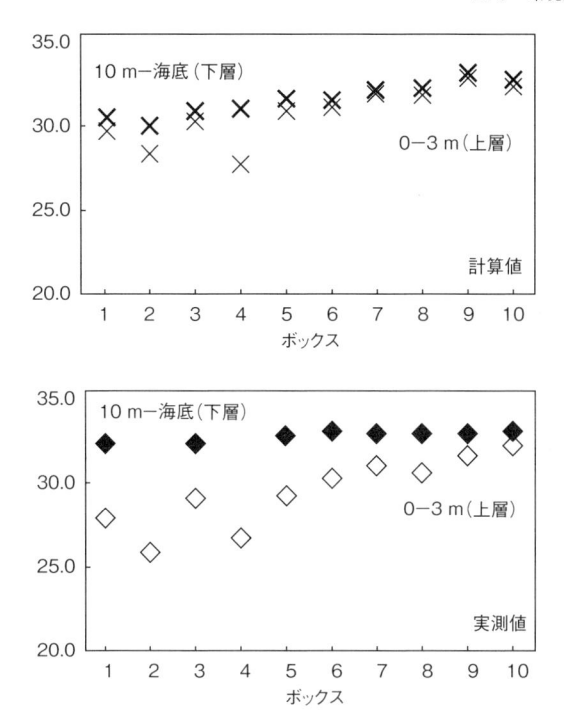

図11.8 川辺川ダムの場合に、事業者が八代海を10ボックスに分けて求めた上層と下層の塩分の計算値（上）と実測値（下）の比較、上下層の差は密度成層の程度を表す、宇野木 (2003) による

段は計算値、下段は実測値です。

　夏季には密度成層が発達して海の環境に本質的影響を与えますが、密度が示されていないので塩分のみで代用しています。上層と下層の差を見比べると、この計算結果では密度成層は表現できていないことがわかります。夏季に本質的な密度成層が表現できなければ、重要な密度流を含めて他の海洋要素は再現できないことを意味します。

　また報告書のデータを用いて、全リンと全窒素について計算値と実測値を比較したものを図11.9に示しました。全リンに関しては、計算値の範囲は実測値に比べて非常に狭くて、実際を再現しているとは思えません。全窒素については、全リンより一致は良いですが、やはり違いが大きいです。

11章 巨大ダムが抱える問題

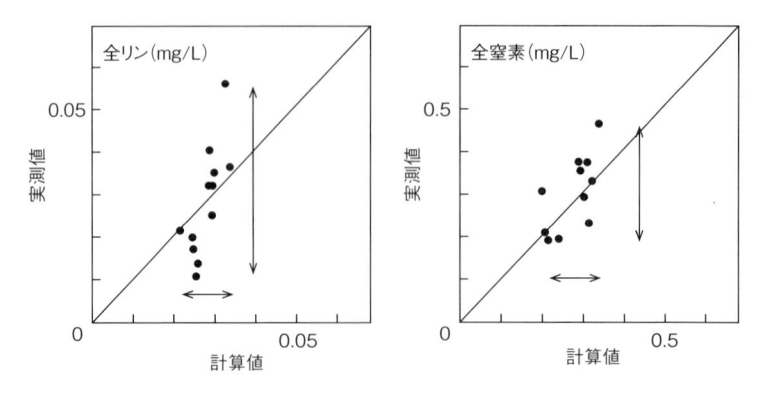

図11.9 川辺川ダムの場合に、事業者が八代海を対象に求めた全リンと全窒素の計算値と実測値の比較、宇野木（2003）による

**予測の困難性**

　以上の例では、水温の場合には予測は良好でしたが、化学要素や生物要素の再現性は良くありませんでした。したがってこのような計算結果を根拠に、ダム建設の影響はないとか、小さいとか結論することはできないはずです。物理要素に比べて、化学要素特に生物要素については、関係要因が多くて複雑ですので、精度が落ちるのは当然のことです。物理要素でも、密度成層が表現できなければ流れの予測も困難です。研究の進展が望まれますが、容易ではないでしょう。ましてや環境やその他の生物と複雑な関係をもって生活をしている大型の鳥や哺乳類などへの影響評価はきわめて難しく、予測の不確実性は著しく大きいので、予測は困難と考えてそれへの対処を考えねばなりません。

　したがって、シミュレーションの結果を盾にして、安易にダム建設の影響は無視できると結論することは避けねばなりません。いずれにしても、これまでの研究成果を十分に理解し、丁寧にくり返し観測調査を行って現場の実態を詳しく把握し、慎重に判断することが肝要と思われます。

## 11.7 ダムの廃止問題

　現在、ダムが自然および社会に与える影響の重大性が認識されて、世界的にダム廃止の声が強まっています。事実、アメリカ干拓局のダニエル・ビアード総裁は 1994 年 5 月の国際灌漑・排水委員会の講演会において、「アメリカはダム事業から撤退する」と表明して、大きな反響をよびました。その理由は次のようです。(1) 大規模な水資源開発事業にかかる莫大なコストと財政面の制約、(2) 社会における河川の自然と文化に対する価値観の変化、(3) 土壌の塩害、農業汚染、湿地の消滅と生物への影響、堆砂、ダムの安全性、それらを解決するための環境コスト、(4) ダムの建設に頼らない水資源管理のソフト的対策、などがあげられています。ダムの廃止問題は、パトリック・マッカリー氏（1998）や日本弁護士連合会（2002）の著書、その他で議論されていて、詳細を知ることができます。

　わが国においてもダム廃止の声は強く、この流れに沿って長野県知事、熊本県知事、滋賀・京都・大阪の府県知事などは、ダムの建設を拒否する表明を行っています。特に 2 代の熊本県知事は、住民の切実な要望を受け入れて、国に川辺川ダムの建設を放棄させ、また荒瀬ダムの廃止を決めました。川辺川ダムの廃止には、住民の活動が大きく寄与していますが、その経過は、高橋ユリカ氏（2009）の「川辺川ダムはいらない」や「脱ダムへの道のり」編集委員会（2010）の著書で知ることができます。

　現在荒瀬ダムの取り壊しが進められていますが、ダムの取り壊しには多くの問題があり、慎重に行われています。ダム撤去に伴う環境の変化は、つる詳子氏（2014）が継続的に報告しています。撤去工事が進むにつれて、瀬・淵や河原の出現によって、昔の球磨川の流れに近くなっているといいます。そして、撤去が始まった頃は生物資源の回復が見え始めたが、残された上流の 2 つのダムや河川施設の影響が現れ始めたためか、アユや他の生きものなど、健全な川が生み出す自然資源の回復は、これからだということです。

　今後わが国においても、建設後の経過年数を経るにしたがって老朽化が進み、問題点が顕在化するダムが多くなると思われます。そしてダムの廃止問

題が取り上げられるようになるでしょう。ダムの廃止のノウハウは、科学・経済・環境のためのハインツセンター（2004）の著書「ダム撤去」に詳しく述べてあります。そして荒瀬ダム撤去の経験は、わが国にとって貴重なデータを提供すると期待されます。

　前章と本章において、巨大ダムに頼る治水対策の問題点を指摘しました。わが国は高度経済成長を支えるために都市化と工業化を推進したため、国土の利用は一変しました。この結果、各地の災害ポテンシャルは著しく増大し、治水安全度は決して高いとはいえません。安全度を高めるためには専らハード面が注目されていますが、ソフト面の対策も重要です。わが国が置かれている川と国土の危機の現状と対応の問題点について、高橋　裕氏（2012）が貴重な指摘をしていますので、ご一読を薦めます。

**参考文献**
イアン・カルダー、蔵治光一郎・林　裕美子監訳（2008）：水の革命－森林・食糧生産・河川・流域圏の統合的管理、築地書館
石川公敏・堀江　毅・関根孝道（1994）：沿岸の環境アセスメント、海洋環境を考える－海洋環境問題の変遷と課題、日本海洋学会編、恒星社厚生閣
市野和夫（2008）：川の自然誌－豊川のめぐみとダム、愛知大学総合郷土研究所ブックレット、16号、あるむ
宇野木早苗（2003）：球磨川水系のダムが八代海へ与える影響、川辺川ダム計画と球磨川水系の既設ダムがその流域と八代海に与える影響・第6章、日本自然保護協会報告書、第94号
大熊　孝（2010）：技術にも自治がある－治水技術の伝統と近代、社会的共通資本としての川・第4章、東京大学出版会
科学・経済・環境のためのハインツセンター、青山己織訳（2004）：ダム撤去、岩波書店
蔵治光一郎（2006）：一級河川における基本高水の変遷と既往最大洪水との関係、水文・水資源学会2006年研究発表会要旨集
阪口　豊・高橋　裕・大森博雄（1995）：日本の川、岩波書店
佐々木克之（2012）：ダム建設における流水の正常な機能の維持とは？、北海道の自然、第50号
佐々木克之（2013a）：説明責任を果たすことなくダム建設を推進する北海道開発局・北海道を糺す、北海道の自然、第51号
佐々木克之（2013b）：新沢嘉芽統の維持流量批判、虚構に基づくダム建設、緑風出版
佐々木克之（2013c）：想定という虚構に基づくダムづくり、虚構に基づくダム建設、緑風出版
嶋津暉之・清澤洋子（2011）：八ッ場ダム－過去、現在、そして未来、岩波書店
高橋　裕（1999）：河道主義からの脱却を－河川との新しい関係を目指して－、科学、69巻
高橋　裕（2012）：川と国土の危機－水害と社会、岩波書店
高橋ユリカ（2009）：川辺川ダムはいらない－「宝」を守る公共事業へ、岩波書店
竹村公太郎（2007）：日本の近代化における河川行政の変遷－特にダム建設と環境対策－、日本水産学会誌、第73巻第1号
「脱ダムへの道のり」編集委員会（2010）：脱ダムへの道のり－こうして住民は川辺川ダムを止めた、

熊本出版文化会館
つる詳子（2014）：日本初のダム撤去の現場からの報告 – 荒瀬ダムのこの1年（4）、不知火海・球磨川流域圏学会誌、第8巻
日本海洋学会海洋環境問題委員会（2008）：豊川水系における設楽ダム建設と河川管理に関する提言の背景：河川流域と沿岸海域の連続性に配慮した環境影響評価と河川管理の必要性、海の研究、第17巻第1号
日本自然保護協会編（2002）：自然保護NGO半世紀の歩み、日本自然保護協会五〇年誌、上、平凡社
日本自然保護協会（2003）：川辺川ダム計画と球磨川水系の既設ダムがその流域と八代海に与える影響、日本自然保護協会報告書、第94号
日本弁護士連合会、公害対策・環境保全委員会編（2002）：脱ダムの世紀 – 公共事業を市民の手に、とりい書房
パトリック・マッカリー、鷲見一夫訳（1998）：沈黙の川 – ダムと人権・環境問題、築地書館
北海道自然保護協会編（2013）：虚構に基づくダム建設 – 北海道のダムを検証する、緑風出版
程木義邦・佐々木克之・宇野木早苗（2003）：川辺川ダムにおける水質予測とその問題、川辺川ダム計画と球磨川水系の既設ダムがその流域と八代海に与える影響・第4章、日本自然保護協会報告書、第94号
宮本博司（2010）：淀川における河川行政の転換と独善、社会的共通資本としての川・第13章、東京大学出版会
村上哲生（2013）：ダム湖の中で起こること、ダム問題の議論のために、地人書館

# 12章　川と海を断ち切る河口堰の脅威

　川と海が接触する河川感潮域では、両水域とは異なる特異な環境が形成されます。その物理環境の特性はすでに3章で説明しました。この水域の環境が河口堰の建設によってどのように変化し、生物の生存生活にどのように影響を与えたかを本章で考察します。河川感潮域の特性については、西條八束・奥田節夫氏編（1991）の著書に述べてあります。また河口堰が環境に与える影響および関連する問題は、長良川河口堰を中心に村上哲生氏ら（2000）の共著で知ることができます。なお河口堰が自然環境、生物、漁業などに及ぼす影響の具体的な内容は、日本自然保護協会の4つの報告書（1996、1998、1999、2000）に詳細に述べてあります。本章はこれらの著書に多くを依存しました。

## 12.1　河口堰問題

これまでの河口堰

　河川感潮域には川と海の連絡を断ち切る河口施設が古くから建設されてきました。それらはおおまかには、塩水の遡上を阻止する潮止堰、堰で流れを止めて水を取る取水堰、その他津波や高潮の侵入を防ぐ防災用の水門などがあります。

　1970年以降に盛んに造られるようになった河口堰は、昔からの伝統的な技術で造られてきた小規模な堰とは、その構造も目的も異なる施設といえます。川の下流部に造られる河口堰は、水位を上げて取水を容易にする本来の堰の役割の他に、塩水や高潮などの進入を防ぐとともに、最近では従来にはなかった貯水機能をもつ巨大構造物になりました。このような河口堰が建設されている川は少なくないですが、例えば利根川、芦田川、遠賀川、筑後川

12.1 河口堰問題

などの名があげられます。これに長良川が加わりました。

　河口堰が与える影響は、それが河口域のどの位置に建設されるかによって、影響の程度や内容が異なってきます。河川感潮域の中で環境が大きく変わる地点は、塩水くさびの上流端、海水が到達する塩水遡上端、水位の潮汐変化が及ぶ感潮上限などがあります。既存河口堰が環境に与えた例は、12.3 節で紹介します。河口堰が環境に与える影響は、河口に近いほど複雑で大きくなります。長良川河口堰はまさにその位置に建設されたのです。

## 長良川河口堰の建設目的

　長良川河口堰は図 12.1 に示すように、長良川・揖斐川の河口から 5.4 km 上流に位置しています。堰の幅は 661 m にも達する巨大なもので、可動部分は 555 m になります。

　長良川河口堰建設の目的は 2 つあります。1 つは利水で 22.5 m$^3$/s の大量の水を取水しようとするものでした。しかし現実には水需要の予測は大きく外れて、いまは 3.59 m$^3$/s の水が取水されているだけで、水 84％ は使い道がない無駄な公共事業です。なお河口堰建設の根拠として、上流側で必要なだけの水を取って、河口付近にまで流れてきた余り水は、海に流れ去るだけでもはや使用制限がないから、いくら水を取っても良いという論理が、建設当局にはあるように思えます。しかしこれまで述べてきたように、海にとっての河川水の重要性を考えると、このような論理は決して成り立たないことは明らかです。したがって当初における取水予定の 84％ の水が海へ流されるということは、伊勢湾にとって幸いであるというべきです。

　もう 1 つの目的は治水です。大規模な洪水の疎通を良くするために、河口の断面積を広げる必要があるが、現状では川幅の拡大は難しいので、浚渫によって水深を大きくするというものです。しかし水深を大きくすると、海からの塩水の進入が激しくなって被害が出るので、堰を造って塩水の進入を阻止する必要があると主張されました。だが洪水対策は総合的にやって効果が出るもので、問題が多い河口堰がどうしても必要とは思えません。河口堰建設の必要性が利水のみでは説明が困難なので、治水を加えて必要性を説く口

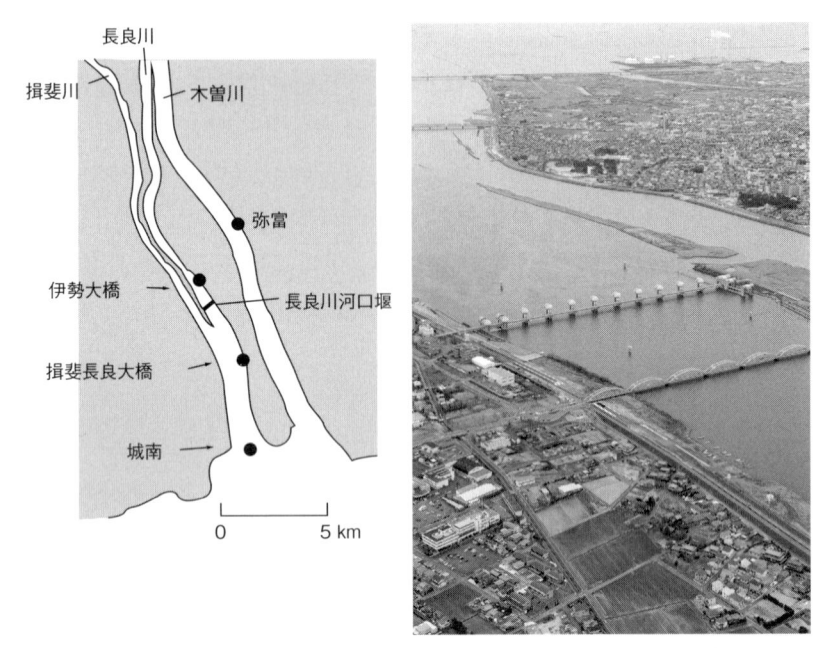

12章 川と海を断ち切る河口堰の脅威

図12.1 木曽三川と長良川河口堰（写真中央上）、写真提供：共同通信社

実にされたと考えるのが自然です。河口堰の必要性についての論理の矛盾は、田中豊穂氏（1991）が詳細に論じています。

## 長良川河口堰に対する社会の反応

　これまでにも河口堰の建設に際して、地域的に反対の声はありましたが、巨大な長良川河口堰の建設計画が発表された後は、建設反対の声は全国的に澎湃と起こり、激しい反対運動が展開されました。反対の声は建設後も消えず、開門さらに撤去の主張がなされています。なぜでしょうか？　基本的には、これまで強引な度重なる河川事業によって、各地で川の、特に河口付近の自然が激しく損なわれ、人々は川から遠ざけられていました。だが最近に至り自然溢れる川の重要性が人々に認識されてきたためと考えられます。もう1つは、はじめに建設ありきで、上記の建設目的が理解しにくいものであったからです。

— 248 —

反対運動は大きく 2 つの時期に分けられます。最初は 1973 年の建設認可後に、岐阜県・三重県の漁業者を中心とする長良川河口堰建設差し止めの訴訟から始まりました。この訴訟は原告が 26,000 人にものぼるマンモス訴訟として注目を浴びました。河口を横断する巨大構造物が、河口域の生物の往来を妨げ、環境を悪化させ、魚介類の生息を困難にして、漁業が継続できなくなることを漁民たちが、心配するのは当然のことでした。しかし裁判の制度によって大人数による裁判は制限を受けて縮小せざるを得ず、結局県の仲介による漁業補償を受け入れて、最後まで反対していた漁協もついに 1988 年に建設に同意せざるを得ませんでした。

　第 2 次の活発な反対運動のきっかけは、天野礼子氏（2001）らを中心とする市民運動家たちによるものでした。彼らはサツキマス、アユ、シジミなどの生存に関わる具体的な問題から始まり、わが国の河川管理のあり方までに及ぶ広範なもので、反対運動は全国的規模になりました。天野氏の川のあり方についての考えは、彼女の著書（2001）に明白に記されていて、うなずけるところが多いです。

　そして河口堰の影響を科学的に把握するために、日本自然保護協会（1996、1999、2000）が委員会を設けて活動を開始し、また日本魚類学会、日本陸水学会、日本生態学会などは相次いで、河口堰建設計画の見直しを求める声明を発表しました。また市民を含めて有志グループによる環境調査も活発に実施されるようになりました（例えば伊藤祐朔氏、2013）。

　このような動きがあるにも関わらず、1988 年に河口堰の建設が始まり、1994 年に河口堰本体工事が完成して試験湛水が行われ、そして 1995 年には河口堰の本格運用が開始されました。かくして河川当局は、河口堰建設の所期の目的を果たすことはできましたが、これからの河川事業を進めるにあたっては、かくも多くの住民が建設反対の行動を起こしたことを、真摯に受け止めるべきだと思います。

　なお 2011 年に、愛知県で長良川河口堰の検証をしてきた専門委員会が、「5 年以上の開門調査」を求める報告書をまとめる動きがありました。河口堰によって汽水域の生態系が破壊されてきたが、堰を開ければ大部分が回復する

可能性があるので、開門調査を求めたという内容です。これは岐阜県、愛知県、国土交通省の同意を必要とするもので、その後開門調査が実施されたという報告は聞いていませんが、是非実施してもらいたいものです。

## 12.2　河川感潮域における環境の特性

### 潮汐と海水の進入

　感潮域より上流では、洪水などで水位が大きく変化することがありますが、平常時には水位もしたがって水深も流れもあまり変化せずほぼ一定です。しかし感潮域では、3章に述べたように、海から潮汐波が遡上してくるために複雑です。一般に1日に2回の満潮と干潮の水位変化すなわち水深の変化が生じます。そして上流における流れは一方向と単純ですが、感潮域では潮流が加わって流れの方向も強さも変化し、ときに流れは止まります。ただし潮汐の遡上上限に近付くと潮流は弱まるので、河川流が潮流に打ち勝って、流れは下流方向を向きますが潮汐周期で変化をします。そして潮流の流量は場所や日によって違いますが、河川流量の数倍から10倍以上に大きくなることも少なくありません。

　感潮域には海から塩水も進入してきます。進入の状況は、3.4節に述べたように、河川流と潮流の強さによって大きく異なります。模式的に図3.11に示したように、流れと塩分の分布は強混合型、緩混合型、弱混合型に分かれます。長良川は全般的には緩混合型に属しますが、河川流量の多少、大潮・小潮によって変化します。河口堰が建設される前の長良川では、潮汐は河口から40 km近くまで遡上したとの報告もあり、塩水は18 km程度まで上流に達することがありました。

### 懸濁物質の輸送と堆積

　微細粒子は凝集作用がなければ、単に水平運動をくり返してついには海に流出するのみです。だが河川水と海水が接触するところでは凝集作用が活発に行われて、多量の懸濁物質が生成されることを8.1節で学びました。懸濁

粒子の粒径が大きくなると沈降速度を増して堆積しやすくなり、流れの場の特性に応じて、特有の堆積環境が生まれることになります。

　弱混合型と緩混合型の場合における懸濁物質の分布と堆積の状況はすでに図 3.12 に示してあります。

　このようにして潮が上がる上端付近には、上流および下流に比べて粒径が小さい泥が溜まりやすくなっています。すなわち感潮域は、上流の川および下流の海から運ばれてきた懸濁物質が集まって沈降しやすい場になっているのです。ただし大きな洪水がくると、その前に堆積した堆積物は一挙に押し流され、洪水末期に細かい鉱物性の粒子が堆積し、洪水前と異なる底質の分布が現れます。しかしやがて徐々に通常の感潮域における底質の状態にもどっていきます。

**生物にとっての環境**

　感潮域は海水と淡水が混合する場であって、生物にとって上流の川や下流の海とはまったく異なる独自の生息場所になっています。この特徴を山室真澄・沖野外輝夫氏（1996）を参照して述べます。ここでは、生物にとって重要な環境因子である温度や塩分が、時間的にも空間的にも激しく変動しています。また前項に述べたように、感潮域には非生物的な細粒物質が豊富に存在します。

　このように環境因子の変動が時空間的に大きく、細粒物質が多く供給される感潮域では、生物の種類数は他の水域に比べて少ないことが認められます。これは環境因子の変動が激しいことによるストレスが主因であるとされます。しかし感潮域では、生息する生物の種類数は少ないですが、その環境に適応できる生物にとっては、豊富な栄養物質を比較的低い競争率で入手できる、魅力的な場所といえます。一方、移動能力が弱い水生植物や底生動物に比べて、移動能力が大きい魚類や鳥類などでは、淡水域よりも感潮域の方が種類数が多いといわれます。

　一次生産量や漁獲量からいえば、感潮域は他の水域に比べて生物生産が高いといわれています。この原因の1つとして、一次生産に必要な窒素やリン

などの栄養塩を含むさまざまな物質が集積する場であることがあげられます。また懸濁物質を餌とする貝などの生物（懸濁物食者）にとっては、感潮域内に生産された一次生産物だけではなく、河川や海から供給される有機懸濁物質も餌として利用できます。さらに懸濁物食者が摂取した有機物の一部は分解されて、栄養塩の形で水中に排泄され、再び一次生産に利用されます。このような高い生産は、一次生産者が植物プランクトンで二次生産者が懸濁物食二枚貝という組み合わせのときに効果的に機能しています。

## 12.3 既存の河口堰による環境の変化

はじめに、既設の利根川と多摩川における河口堰を取り上げて、河口堰が与えた影響を理解します。

### 利根川の例

利根川は流域面積がわが国最大の川で、利根川河口堰はその河口から18.5 km上流の地点に設置されています。建設の目的には塩害の防除と都市用水・農業用水の供給があげられます。当初は塩害の防除が目的でしたが、渇水による水不足、特に東京オリンピックが開催された1964年の大渇水を機に、利根川に河口堰を建設して取水することが決まり、1965年11月から建設が始まりました。そして1971年4月には竣工しました。計画が発表されてから漁業者は建設に反対しましたが、漁業補償が行われてついに建設は了承されました。だが漁業者には大きな不満と不安は残っていたのでした。利根川河口堰が環境に与える影響については、日本自然保護協会（1998）の報告書に詳しく述べてあります。また沖野外輝夫氏（1996）の報告もあります。これらをもとに説明を行います。

利根川河口堰が建設される前では、塩分が進入する上限は河口から約40 km付近であり、塩分の進入頻度が50％程度であるのは17～18 km付近でした。この付近はヤマトシジミの生息密度が高く、底生動物、動物プランクトン、植物プランクトンなどの分布の中心地になっていました。すなわち感

## 12.3 既存の河口堰による環境の変化

潮域で最も生物生産力の高い場所であったのですが、利根川河口堰はまさにその付近、18.5 km の地点に建設され、生物生産に重大な影響を与えたのです。

河口堰完成直後の1971年夏に、はたしてシジミの大量死が発生して大きな問題になりました。以後毎年夏になるとシジミの大量死がくり返されています。図12.2に千葉県、茨城県および両県合計のシジミ漁獲量の経年変化が示されています。河口堰建設後に漁獲量が激減したことが認められます。ただし1975〜1979年にかけて一時増加しましたが、これは種シジミの放流の結果です。しかしこれは長続きせず、1980年頃から再び減少に転じました。最近は利根川の天然シジミは全滅と伝えられています。種シジミの放流も、洪水での流失、酸素不足による死滅などによって放流効果が低いことから、最近は多くの地域で取り止めになっています。

シジミ消滅の原因としては、河口堰建設に伴う底質の泥化とそれに伴う貧酸素化によるものがあげられます。その他に、利根川の一次生産は霞ヶ浦の一次生産にも依存していましたが、常陸川水門の閉鎖によって霞ヶ浦から利

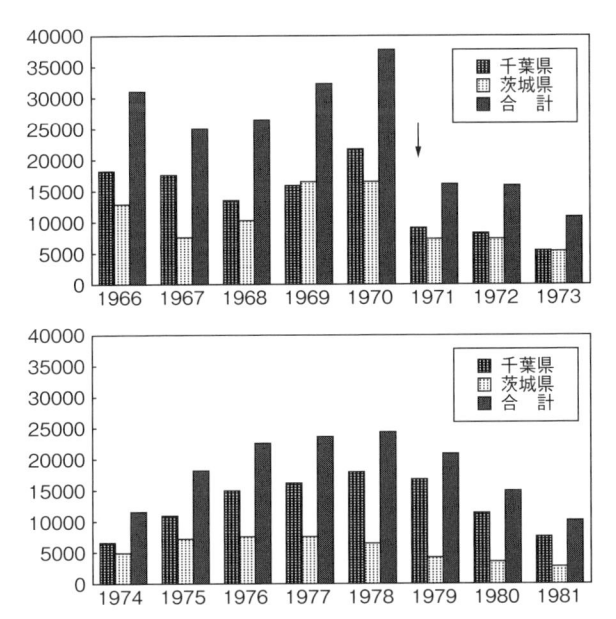

図12.2 利根川の農林水産統計にもとづくシジミ漁獲量の経年変化（トン／年）、矢印は河口堰完成年、沖野外輝夫氏（1996）による

根川への有機物供給がきわめて少なくなって餌不足になったことも一因になっているといわれます（佐々木克之氏、2014）。

また魚類は、利根川河口堰建設前には66種いましたが、建設後には21％が姿を消し、28％が上流または下流に生存域が制限されるようになりました。なお河口堰の両側に回遊魚の通過のための魚道が設置されています。これについての漁民へのアンケート調査によれば、89.4％の漁民が「効果はなかった」または「効果はまったくなかった」と回答しています。

利根川河口堰が水域に与える影響について村上哲生氏（1998）がまとめていますので、その一部を紹介しておきます。

(1) 多量の浮遊藻類の発生：流速の低下は、滞留日数の長期化に繋がり、堰上流部での浮遊藻類の発生を促進する。観測初年度からクロロフィル$a$濃度が100 $\mu g/L$に達するほどの多量の発生が認められる。
(2) 河川水中の有機物の増加：浮遊藻類の多量な発生は、水域への新たな有機物の負荷と理解される。藻類生産が盛んな河川では、通常の河川で認められる自浄作用は、見かけ上働かないと考えられる。
(3) 溶存酸素の過剰な生産と消費：夏季の藻類の大発生時に、表層では酸素消費を上回って酸素過飽和になる。一方、堰の上側と下側の堆積物は黒色であり、嫌気的状態にある。利根川河口堰では堰上流への塩水の進入はある程度認められているので、塩分を含む水は底付近に停滞して密度成層を形成し、上方からの酸素の供給を抑えるので、底層の酸素は急激に消費される。
(4) 堰下流での泥の堆積と貧酸素水塊の形成：堰のために上流に向かう流れが止められるので、堰直下では有機物に富む細かいシルト、粘土が堆積する。貧酸素水塊の最初の発生が堰直下であることは、この堰直下の堆積物の酸素消費によるものと考えられる。
(5) 淡水化の影響：堰によって従来の汽水域が分断されて、淡水域が堰上流に形成された影響は、植物の分布の変化など多方面にわたっている。

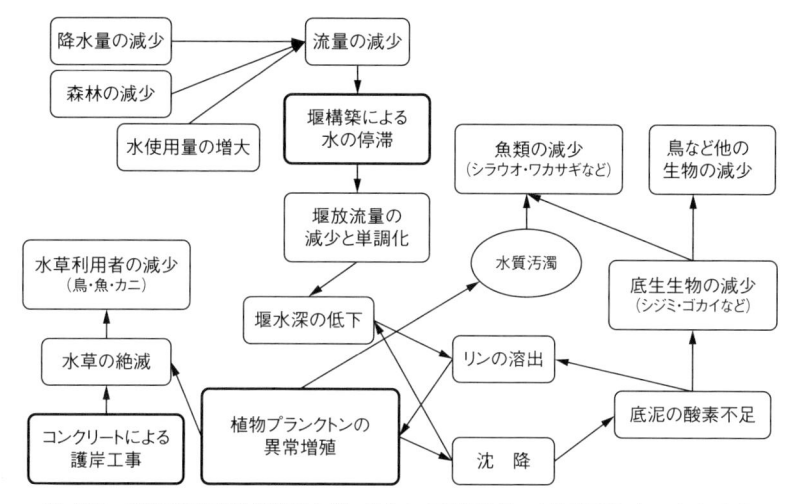

12.3 既存の河口堰による環境の変化

図12.3 利根川河口堰と周辺の水質・生物との因果関係、小椋和子氏（1998）による

なお小椋和子氏（1998）が、利根川河口堰と周辺の水質・生物との因果関係を模式図にまとめていますので、図12.3に転載します。また利根川河口堰は漁業に甚大な被害を与えていますが、被害状況については鈴木久仁直氏（1998）の報告があり、上記シジミの例のように、顕著な影響が生じていることを知ることができます。

### 多摩川の例

多摩川は全長約38 kmのわが国49番めの小さな川です。しかし首都圏の中央を流れて、流域は人口稠密で産業活動がきわめて活発であり、人間活動の影響を著しく強く受ける河川ということができます。この川は国の政治の中心都市・江戸に接する川として、古い昔から堰を設けて利用されてきました。丸子用水・二か領用水としての農業用水堰は1597年に着手され、15年を経て完成しています。羽村堰から導水される有名な玉川上水は、玉川兄弟によって1653年に建設されて現在も活用されています。

その他多くの堰がありますが、ここで取り上げる堰は河口から約13 km遡った丸子橋上流の調布取水堰であり、1936年2月に竣工しています。これは、これまで取り上げた河口堰とは規模も小さく性格も異なるところがあ

— 255 —

ります。ただ長年にわたり人間にとことん利用し尽くされた川の、潮が遡る所に位置する堰の実態を理解しておくことも意義があると思われ、簡単に紹介しておきます。これについては小椋和子氏（1996）の報告があるので、これにしたがって述べます。

　図12.4（a）に1959年から1991年に至る33年間の2年ごとの、多摩川下流3地点における溶存酸素（DO）の経年変化を示しておきました。地点は河口から上流に向けて大師橋、六郷橋、田園調布堰上の順になり、前の2地点は堰の下流に位置しています。ただし、1959年から1967年までの田園調布堰上の水質は、堰下流の丸子橋で測定されていて海水の影響を受けています。1969年以降は淡水のものです。

　図に明らかなように、1963年には3地点とも溶存酸素が存在せず、無酸素状態にあったことがわかります。すなわち魚介類が棲めないきわめて悪い水質だったのです。しかし以後は環境回復の処置が進められて、溶存酸素は徐々に増加し、1991年頃はその値が10 mg/L以上になって著しく改善されてきています。

　一方、図12.4（b）には化学的酸素要求量（COD）の経年変化が示されています。溶存酸素が最も低下していた1963年には、3地点ともほぼ30 mg/Lという極大値をとっています。だがその後は次第に減少しています。ただ堰上と堰下の値を比べると、図の後期においては、溶存酸素は堰上の値が低く、CODの値は堰上の値が高い傾向が見られ、堰より上の中流域では下流に比べて改善対策が遅れていることが推測されます。

　栄養塩の無機態窒素は、1963年の大師橋では14 mg/Lを超える大きな値でしたが、1991年になっても3地点ともまだ約10 mg/Lという大きな値であり、上記のCODが急激に減少したのに比べて、変化は少ないです。しかしながらその内容を見ると、1963年では無機態窒素の大部分がアンモニア態窒素であるのに対し、1991年では硝酸とアンモニアがほぼ同程度になっています。この結果は、下水処理場の働きによって、生の下水が含むアンモニアが硝酸に変えられ、この水が多摩川へ流入したためと推定されます。これは溶存酸素の増加と一致しています。

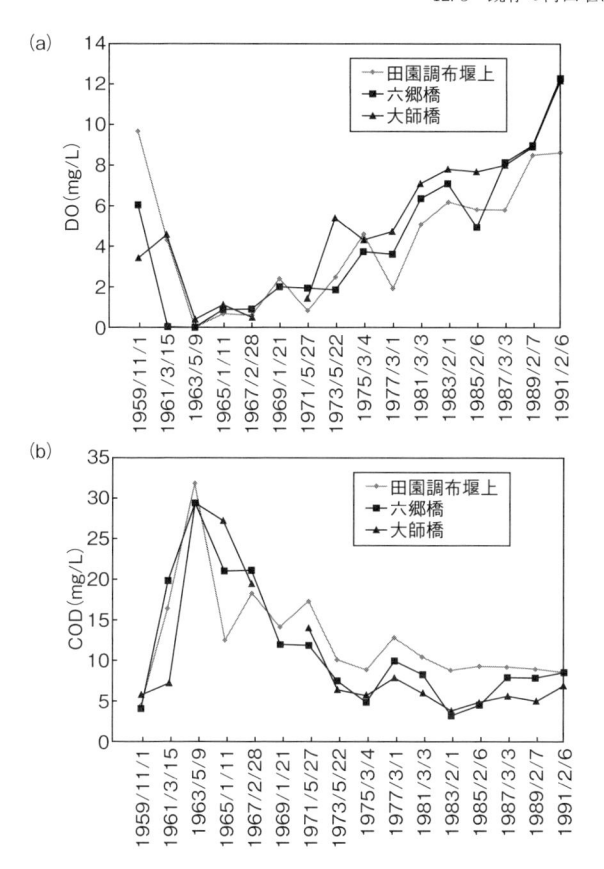

12.3 既存の河口堰による環境の変化

図12.4 多摩川下流域の溶存酸素（DO、(a)）と化学的酸素要求量（COD、(b)）の経年変化、建設省資料にもとづき小椋和子氏（1996）作成

　以上のことから、1965年頃には生物も棲めないような汚濁した水環境であった多摩川下流域は、環境の大幅な改善が見られるようになりました。この原因は下流部の下水道の普及と工場廃水の規制のおかげです。また臭気も、1969年までは硫化水素臭が頻繁に観測されましたが、1987年以降は無臭となっています。
　このように汚濁水の流入の減少と海水の希釈があるために、堰下の下流部は堰上の上流部に比べて生きものにとって良好な環境になっています。この結果アユが堰下で大量に捕獲され、モクズガニが多摩川を遡り、川崎市の小

河川にまで到達している例も見られました。1989年と1990年の調査によると、大師橋ではボラ、コイ、マハゼ、スズキが、丸子橋ではフナ、コイ、マハゼ、ウグイが確認されています。

そして1986年2月の観測で、感潮域において植物プランクトンの上流から流されてきたものと、現地で生産されたものの比率を求めたところ、塩化物イオンが12 g/Lの地点で、堰上からの寄与は40%にすぎず、60%は現場で生産されたものであることがわかりました。このように感潮域は冬季でも高い生産性をもつ水域になっています。

かくして一時期は生物も棲めなかった汚濁した多摩川も、上記のようにだいぶ改善はされました。しかし、豊かな生態系が維持され、さらに可能であるならば堰からの水道水の取水が再びできる状態からはほど遠いといえます。小椋和子氏（1996）は、このためにはさらなる下水道の整備、流量の確保、汚濁起源物質の流入の削減、生態系の維持などが必要と述べています。

流量を増やすためには、上流域の開発の規制、森林の保護、地下水の涵養、節水の努力などが、今後も進められねばなりません。汚濁起源物質の削減には、リンや窒素を除去する技術の開発とともに、環境を汚さない住民の行動と意識のさらなる改革が必要です。生態系の維持のためには、コンクリートで囲まれた河川環境を、もっと自然に溢れたものに改善することが望まれます。長期にわたり痛めつけられてきた川を取りもどすことは大変で、地道に一歩ずつ進めていかねばならないでしょう。

## 12.4 河口堰による流れの変化

以下の諸節では長良川河口堰を取り上げて、これまでの報告や資料にもとづいて、河口堰が環境や漁業にどのような変化を与えたかを述べます。

感潮域では上流からは淡水の河川流が、海からは潮流に伴って海水（希釈されているので汽水）が遡上してきます。海水は淡水よりも重たいので、河川流は表層を下流に、海水は下層に沿って上流に向かって進みます。流れと塩分の鉛直方向の分布は、河川流と潮流の強弱によって異なり、その状況は

12.4 河口堰による流れの変化

図3.11に模式的に示されました。おおまかには強混合、緩混合、弱混合に分けます。そして緩混合と弱混合の場合に、懸濁物質の堆積状況がどのように異なるかは、図3.12に描かれています。

だが河口堰が建設されると、このような水と物資の流れは断ち切られます。ところで通常の場合、河口堰は上流からの流れを止めて溜めておくのではなく、余分の水を下方へ流します。これには堰の上方から流す場合（オーバーフロー）と、下方から流す場合（アンダーフロー）があります。両者の場合における流れの状況が、模式的に図12.5に描かれています。

いずれの場合も上流側の軽い河川水は、堰を出て表層を流れ去っていきます。一方、下方から上ってきた海水は堰で止められて停滞します。停滞すると圧力が高まるので、下流向きの圧力勾配ができて、図に示されるような循環流が発生します。これには表層の流れとの間に生ずるせん断応力や連行加入の働きも加わっています。いずれにしても堰の上側と下側の下層には水が停滞するので、物質も堆積しやすくなり、後に述べるように環境に大きな影響を与えることになります。

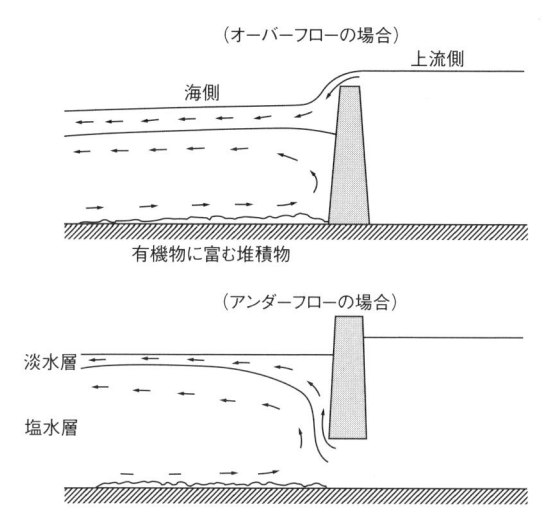

図12.5 河口堰からのオーバーフローとアンダーフローの場合の堰下流における流れ、村上哲生氏ら（2000）による

## 12.5　植物プランクトンの大発生

　以前の日本の川における調査では、川で増殖するプランクトン（河川棲プランクトン、ポタモプランクトン）は見つかっていませんでした。これは日本の川は短くて流れが速いので、発生しても増殖する時間的余裕がないためと考えられていました。そして河川水中で見出される藻類は、川の中の礫に付着した藻類が剥がれて流れてきたものか、湖や貯水池のような止まった水で増殖したプランクトンが流れ出てきたものと考えられていました。一方、大陸の川は長い距離をゆっくりと流れ、源から河口まで流下する時間が非常に長いので、プランクトンが十分に増殖することが可能なのです。

**河川棲プランクトンの発見**

　ところが長良川河口堰で締め切られた後に、村上哲生氏（2000）が長良川下流で観測したところ、河川棲プランクトンが豊富に生息していることが、日本で初めて見出されました。長良川の水で培養実験をやったところ、1週間足らずで、水が着色するほどプランクトンが多量に発生することが確かめられました。堰ができると堰の上流と下流において水の流れが弱められるので、河川水の滞留時間が長くなって、河川棲プランクトンが増殖することが可能になったのです。なお岐阜などの都市を通過してきた長良川には、プランクトンの増殖に必要なリンや窒素といった栄養塩は十分に含まれていたのでした。

　そこで既存の河口堰のある河川で調べたところ、藻類発生量が驚くほど多いことがわかりました。例えば福山市を流れる芦田川では、藻類の存在量を表すクロロフィル量が観測のたびに 100 $\mu$g/L を超え、200 $\mu$g/L 近くに達する場合もありました。遠賀川では約 80 $\mu$g/L、筑後川では約 20 $\mu$g/L が観測されています。汚濁が目立った 1970 年代の霞ヶ浦でも、20〜40 $\mu$g/L の程度で、汚染湖の代表例である諏訪湖における最大値が 160 $\mu$g/L の程度であったことを考えると、河口堰の建設が藻類の増殖にどんなに好都合であるかが理解できます。

12.5 植物プランクトンの大発生

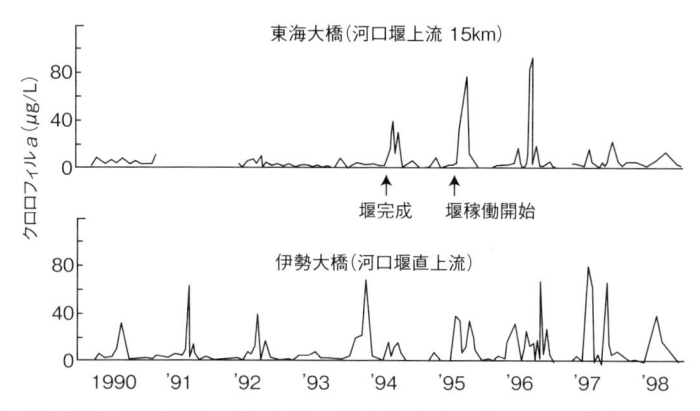

図 12.6 長良川河口堰運用前後の東海大橋と伊勢大橋におけるプランクトン発生パターンの変化、村上哲生氏ら（2000）による

## 河口堰運用前後の変化

　長良川河口堰の場合を知るために、図 12.6 に河口堰の上流 15 km の東海大橋と、堰のすぐ上流の伊勢大橋の両地点における、河口堰完成を挟む期間のクロロフィルの経年変化を示しました。河口堰 15 km 上流の地点では、河口堰運用開始（1994 年完成）後はそれ以前に比べて、植物プランクトンが著しく増えたことが認められます。河口堰のすぐ上流地点では、河口堰運用前は季節的な植物プランクトンの大きな増殖、いわゆる季節的ブルームは出現していたものの、運用後は季節的ブルームの他に、植物プランクトンの大発生が増えたことが理解できます。その存在量は 40 〜 100 μg/L ときわめて大きな値に達していて、前記の霞ヶ浦や諏訪湖の数値と遜色ない状態になっています。

　このプランクトンの大量発生は、河口堰によって水が停滞して滞留時間が長いこと、表層よりも下層の水が重く密度成層をしていること、さらに水が止められて鉛直混合が弱いことなどによるものです。密度成層は表層の水が温められて下層の水より温度が高いこと、下層に塩水が存在することによって生じます。堰の上流側でも堰の開閉に伴って塩水が残っていることが多いのです。このような状態では表層の水は豊かな光と栄養を受けて、植物プランクトンが活発に光合成を行って大量に発生するのは当然のことです。

## 12.6 貧酸素水塊の発達

　表層に発生した植物プランクトンはやがて死滅し水底に堆積します。また堰の上流側では流れてきた落葉なども堰に止められて底に堆積します。これらの大量の有機物はバクテリアなどの微生物によって次第に分解されます。分解されるために大量の酸素が消費されるので、底層で酸素が次第に不足して貧酸素水塊が発生します。実は表層においては、酸素は大気から補給され、また活発な光合成によって多量に生成されるので、酸素は豊富に存在しています。しかし、河口堰のために上下の混合が抑えられて成層したことで、表層の酸素が下方に運ばれず底層は貧酸素状態になります。

**堰上の観測例**

　図 12.7 は、河口堰の試験湛水時における堰上流の表層と底層における溶存酸素の変化を示したものです。堰が締められても、飽和状態であった表層の酸素には変化は生じませんでした。一方、底層においては実験開始前はかなりの酸素がありましたが、密度成層が形成されていたために、酸素はどんどん消費されて減少していきました。しかし約2日半後に堰が開かれると、

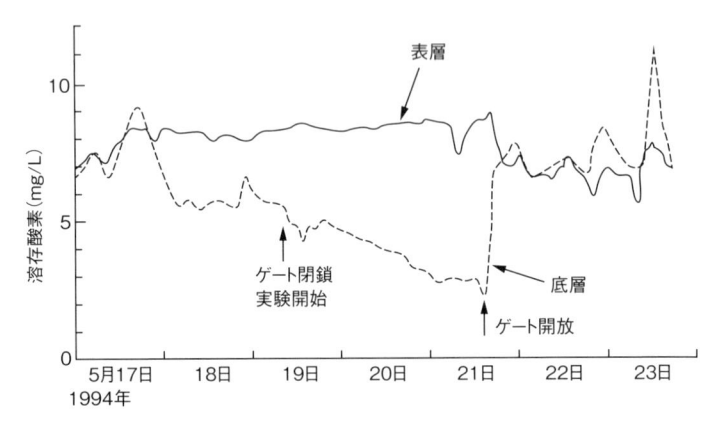

図 12.7　長良川河口堰の閉鎖に伴う表層と底層における溶存酸素の変化（石橋雅子氏、1995）、村上哲生氏ら（2000）より転載

上下の混合が激しく行われて底層の酸素も、締め切り以前のレベルまで直ちに回復しました。

**堰下の観測例**

次に堰より下流の水質に注目します。河口堰下流の揖斐長良大橋（図 12.1 (a)）における河川当局の公開データをもとに、表層に対する底層の酸素消費の程度を知るために、溶存酸素濃度の上層と下層の差を求め、6月から9月までの変化を図 12.8 の実線で示しておきました。これに対して図中の点線は、塩化物イオン濃度の上層と下層の差を描いたものです。マイナスの値が大きいほど、成層が強いことを表します。

一見して上下の塩分差がほとんどないときは、混合が進んで、下層の溶存酸素は上層の値とほとんど同じであることがわかります。これは堰が開放されたときと思われますが、データ不足で確かめられていません。一方、大きい塩分差が続くと、溶存酸素の上下差は大きい値が続き、貧酸素化が強まっていることがわかります。なお細かく見ると、溶存酸素の上下差のピークは、縦の破線で示した小潮時よりもやや遅れて出現することが多いようです。同時期の堰のない木曽川の弥富においては、上下の溶存酸素の差は、小さい状態が続いていました。

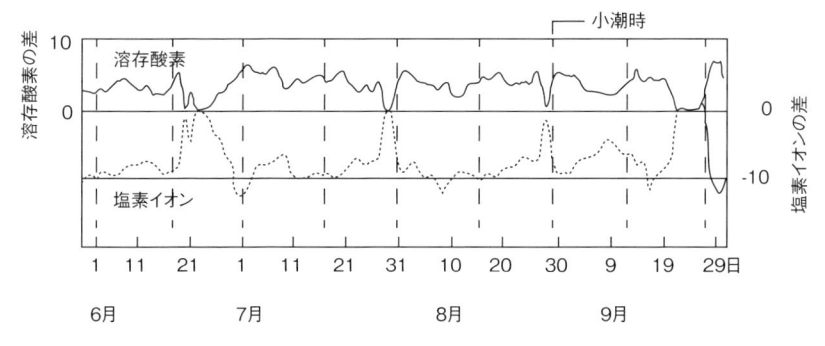

図 12.8 長良川河口堰建設後（1998 年）の堰下流（揖斐長良大橋）における溶存酸素（実線、mg/L）と塩化物イオン（点線、g/L）の表層と底層の濃度差、宇野木・金ヶ江（2003）による

なお伊勢湾奥部の下層に発生した貧酸素水塊が、風や潮汐の作用で河川を遡上して堰下流域に出現することも観測されているので、この水域の環境を考える場合には留意する必要があります。

## 長良川と木曽川の長期間の比較

さらに、河川当局の公開データにもとづいて、河口堰運用前と後のそれぞれ4ヵ月間の連続データを用いて、長良川河口堰の上流側の伊勢大橋（河口距離6.4 km）と下流側の揖斐長良大橋（同3.0 km）、および堰のない木曽川の弥富（河口距離8.7 km）の3地点における貧酸素の発生状況を統計的に比較して調べます。地点の位置は図12.1を見て下さい。結果は図12.9に示されています。図では1時間ごとの表層と底層の溶存酸素の差を求めて、その頻度分布が描かれています。なお河川流量が多いときは上下に混合して底層の貧酸素状態が起こりにくいので、図においては長良川の流量が毎秒100 $m^3$ 未満の場合を対象にしています。ちなみに長良川の平水流量は毎秒80 $m^3$ です。

図12.9の左側（a）は河口堰運用前の1994年の結果を、右側（b）は運用後の1998年の結果を表します。図の左側の運用前では3地点において、表層と底層における溶存酸素の差の頻度分布は、形状がよく似ています。いずれも、上下層の差は1 mg/L未満の場合が最も多く、上下差が大きくなると急激に減少しています。すなわち堰がない状態ではどこでも、下層における貧酸素状態の発生は乏しいということになります。

一方、河口堰運用後の図12.9の（b）では、河口堰がない木曽川の弥富では、分布の形状は当然ながら左側の運用前と異なりません。しかし長良川においては堰の上側と下側の両地点とも、運用後は分布が大きく変わりました。すなわち、全般的に上下差が大きい回数が増え、出現回数のピークの位置も値が大きい方へ移動しました。なお頻度のピークは下流側が上流側よりも値がやや大きいところへ現れています。以上のことから河口堰建設後に、堰を挟んで長良川の上流と下流の全域に底層の溶存酸素が全般的に減少し、貧酸素水塊が出現しやすくなったことが明瞭に理解できます。

## 12.7 底質のヘドロ化

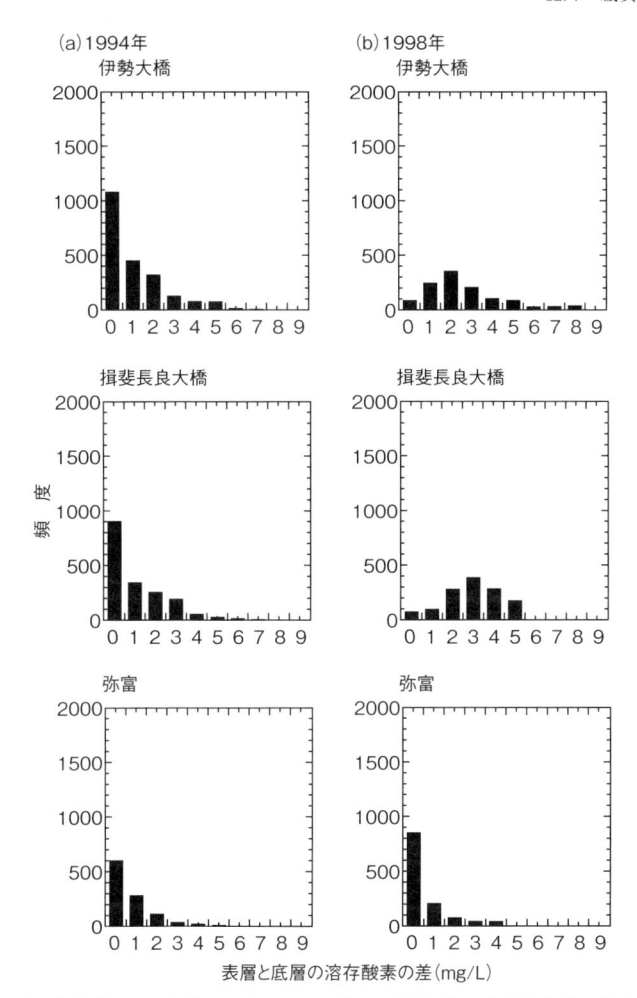

図12.9 長良川と木曽川の3地点における6～9月の1時間ごとの表層と底層の溶存酸素濃度差の頻度分布、(a) は河口堰運用前の1994年、(b) は運用後の1998年、伊勢大橋と揖斐長良大橋は長良川河口堰の上流と下流、弥富は木曽川（図12.1参照）、長良川流量が100 m³/s 未満のとき、宇野木・金ヶ江（2003）による

## 12.7 底質のヘドロ化

　河口堰ができるとその上流では流れが止まって、砂・粘土が堆積することは当然のことです。また堰の下流でも図12.5の流れのパターンから、堆積

が生じることは理解できます。これまでの利根川、芦田川、その他の河口堰付近の観測結果でも、堰の両側において堰に近付くにつれてより細かなシルト、粘土の小さな粒径のものが堆積していました。しかもそれらは有機物を含んでいて、その含有量も堰に近付くほど増えていたのです。

　長良川の場合にも同様に、河口堰に近付くほど細かなシルト・粘土の量が増え、かつ含まれる有機物の量も増えていて、黒ずんでヘドロ状になり、悪臭を放つこともありました。これは前節に述べた底層の水が酸欠状態で貧酸素になるため、底に沈んだ有機物は分解されないままに、有機物に富むシルトや粘土というごく細かい物質に含まれて、いわゆる黒色泥状物質ヘドロとなって底に堆積するのです。

　底質の有機物含量は、これを乾燥して強く熱したときに燃えてなくなる量（強熱減量）で表されます。河口堰周辺で生成された底泥の有機物の分布状況を、長良川河口堰とともに他の河口堰を含めて図12.10に示しました。上記の事実が明瞭に認められます。

　超音波探査による面的な調査結果によると、長良川河口堰の周辺では、数十cmから1m近くに達するほどの厚みのヘドロ層が広がっていました。そして堰がない隣の揖斐川では、河口からの距離は同じであっても、このような層は見出されませんでした。

　河口堰下流に堆積した粒子の起源を、顕微鏡で調べるとプランクトンの遺骸がたくさん含まれていました。そして意外にも、これの主体は海水産でもなく汽水産でもなく、堰上流で発生した河川棲植物プランクトンの遺骸

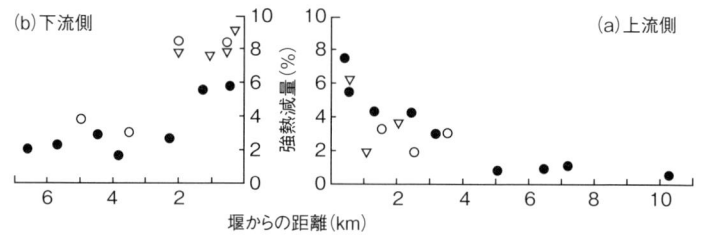

図12.10　河口堰の上流側（a）と下流側（b）における堆積物の有機物含有量（強熱減量）の分布、●は長良川、○は利根川、▽は今切川、村上哲生氏ら（2000）に加筆

だったのです。かくして堰下流の有機堆積物は、堰上流のものが河川流量の多い時期に下流へ流れ出し、上げ潮に乗って再び堰の方へ上がって堆積したものと判断されました。

なお洪水時には、通常は河床の堆積物は下流に押し流されますが、500 m³/s もの洪水の場合にも、長良川河口堰周辺では堆積物はすべて流されるのではなく、意外にも有機物に富む微小粒子が残されていました。これは有機物を含むシルトや粘土の微小粒子は、堆積後時間が経過すると、川底の微生物が出す物質の働きなどにより、互いに固く結ばれるようになったためと考えられています。

## 12.8　漁獲生物へ与えた影響

河口堰が自然環境に与える影響一般について、吉田正人氏（2001）は図12.11 にまとめています。これには上記の植物プランクトンの大発生、貧酸素水塊の発達、底質の悪化などとともに、生物・生態系の変化についても示

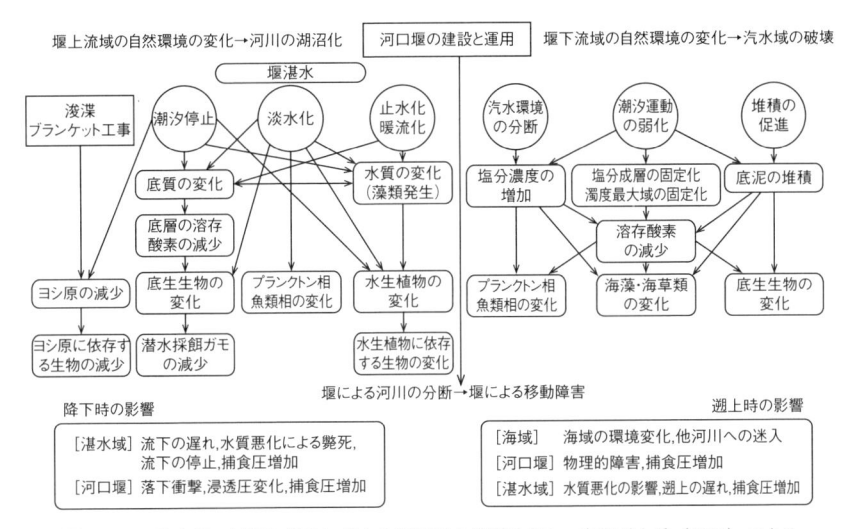

図 12.11　汽水域の河川生態系に対する河口堰の影響モデル、吉田正人氏（2001）による

12章　川と海を断ち切る河口堰の脅威

してあります。以下ではシジミ類とサツキマスの漁獲生物を取り上げて、これらの建設後の変化を紹介します。

シジミ類

　長良川河口堰建設当局のモニタリング調査をもとに、堰上流におけるヤマトシジミ類の経年変化を、山内克典氏（2000）が調べたものを図 12.12 に示しました。堰上流域ではヤマトシジミ類の個体数は、すべての地点で年々減少し、1998 年以降にはほとんど採集されなくなりました。ヤマトシジミは産卵と孵化のためには 2〜3 の塩分が必要なので、塩分が失われた堰上流部では再生産ができなくなったのです。

　堰下流でも閉鎖後 1 年で、ヤマトシジミ類は激減しました。1996 年 8 月の 0.5 m 四方当たりの個体数は、調査された 7 地点のうち、4 地点ではゼロ、3 地点では数十という値でした。堰運用後には河口堰下流部には、塩分成層

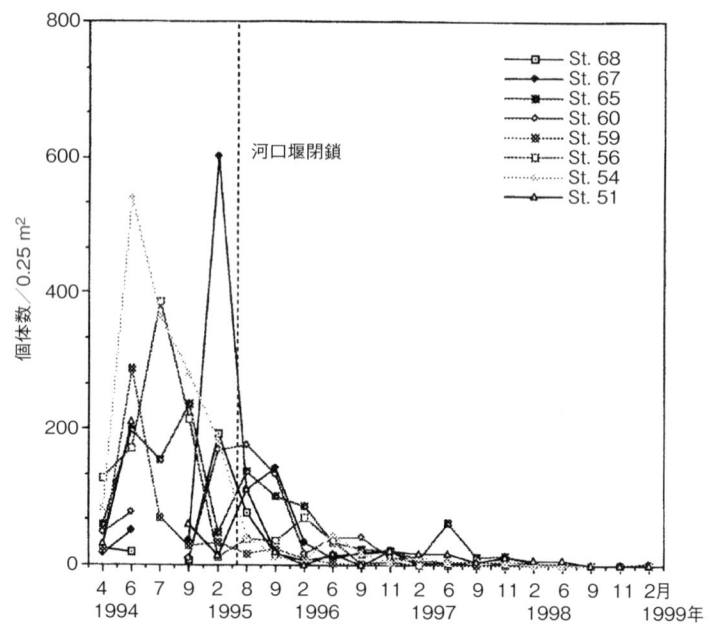

図 12.12　長良川河口堰の上流域におけるヤマトシジミ類の個体数変化、建設省・水資源開発公団の資料をもとに山内克典氏（2000）作成

が恒常化されて高塩水が滞留することが多く、有機物を多量に含むシルト・粘土分が広がり、還元状態の底泥が厚く、急速に堆積したことが、激減の原因と考えられます。マシジミについてもほぼ同様な結果が得られています。

建設当局の当初の予測は、「ヤマトシジミは減産する」といって、漁業補償を行いましたが、減産の内容を検討する必要があると山内氏（2000）は述べています。またマシジミについては、「影響は少ない」と予測していましたが、実際は激減しているのです。

### サツキマス

長良川の重要漁獲種であるアユとサツキマスについては、新村安雄氏（2000）の報告があります。長良川河口堰の建設当局は1993年に、回遊性の両魚種に関して「堰の設置によって降下時および遡上時に影響を受けることは考えられますが、その影響を軽減するため、各種の影響軽減のための対策を実施するので、基本的には大きな影響はないと判断されます」と述べています。

新村氏（2000）は、この結論を得るためにアユについて河川当局が実施した調査方法の問題点を厳しく指摘しています。ここではサツキマスについて報告します。河川当局は、堰が完成した1994年以前のデータをもっていないにも関わらず、堰によってサツキマスの漁獲高には変化はないと公表していることについて、新村氏はおかしいと指摘しています。調査方法が面倒で難しいので、魚類に対する河口堰の影響を明確にすることは容易でないといえます。

また建設当局は、市場における入荷量をもとにして漁獲数の変化を調べ、河口堰による影響は小さいとしています。しかしながら、サツキマスは伝統的に、市場を通しての流通以外の経路で消費されるものが多いのです。そこで新村氏らは1994〜1996年について、長良川下流域の漁業者に対してヒアリング調査を行いました。その結果、下流域全体の漁獲数は河口堰建設以前の20％程度に減少していると推定しました。また1日当たりの捕獲尾数を調べた結果によると、25％程度減少していることも示しました。

12章 川と海を断ち切る河口堰の脅威

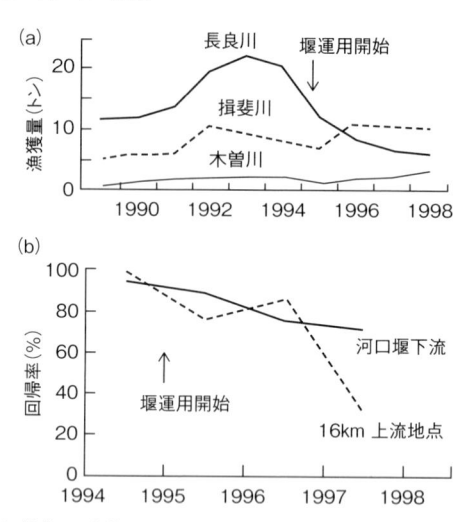

図12.13 (a) 長良川、揖斐川、木曽川におけるサツキマスの漁獲量の経年変化、新村安雄氏（2000）による、(b) 長良川におけるサツキマスの母川回帰率の経年変化、新村安雄氏（2000）の掲載表をもとに図化

　図12.13（a）には1989年から1998年までの、木曽三川におけるサツキマスの河川別漁獲量が示されています。長良川の漁獲量は河口堰運転後の1995年から明らかに減少しています。一方、長良川と河口を別にする木曽川では漁獲量に格別の変化は見られません。しかし河口を同じにする揖斐川では、漁獲が増えている傾向が見られます。長良川を遡上すべきものの一部が、揖斐川を遡上している可能性が推測されます。

　図12.13（b）はサツキマスの長良川の河口堰下流における、河口堰運用開始前後の母川回帰率の変化を示したものです。母川回帰率とは、河川に回帰したものの中で、放流された母川に遡上して採捕されたものが占める比率を意味します。これは標識個体による採捕調査によって可能です。図によると明らかに、河口堰運用後に母川回帰率が減少していることが認められます。その原因にはいろいろ考えられますが、河口堰の建設が母川回帰に影響を与えている可能性が強いことを教えます。以上のことを考えると、魚道があっても河口堰はサツキマスの遡上に強い影響を与えていることは確からしく思えます。

— 270 —

## 12.9　長良川河口堰の経験から学ぶもの

　陸水学の研究者として、また河川当局の検討委員会委員として、長良川河口堰に関係してきた西條八束氏（1999）が、これまでの経験から学ぶべきことをまとめています。参考になることが多いので、ここに一部を引用して紹介しておきます。

　**予測値とモニタリング結果を比べて考える**
　　河川当局側の堰運用後の藻類発生量に関する予測値は、わずか数年の間に次々と変わってきた。
　1989年頃：水質の変化はほとんどない
　1990年頃：藻類の異常増殖による集積現象（アオコ）は出現しない
　1991年度：クロロフィル $a$ 量の年平均は 1.24 $\mu$g/L、渇水年の年平均値が 3.6 $\mu$g/L、年最大値が 23.7 $\mu$g/L
　1994年度：1991〜93年程度の気象条件での最大値は 10〜20 $\mu$g/L 程度、1994年のような過去最大の異常渇水での最大値は 30〜60 $\mu$g/L

というように、当局が新たな調査をするたびに予測値が大きくなってきた。日本自然保護協会グループが現地観測の観測値を発表して批判した後に、より高い予測値が示されたといえる。予測値にある程度の幅があるのは止むを得ないが、それぞれの段階でそのような誤った予測値を次々と発表したことに対する責任はまったく取られていない。そしてより重要なことは、責任問題よりも、なぜ誤っていたのかを科学的に検証することであるが、それができていない。理由を明らかにすることは、今後の予測の誤りを少しでも少なくすることに繋がるのである。

　**NGOグループによる調査の意義**
　　長良川河口堰の藻類の発生量などに関して、日本自然保護協会その他のNGOグループが、環境アセスメントに果たした役割は、きわめて大きかった。その自主的な観測データにもとづく問題点の指摘がなかったならば、

12章　川と海を断ち切る河口堰の脅威

建設当局の予測は大きな誤りのままであったはずである。

### 情報公開の問題

　長良川河口堰に関して河川当局は、1994年以降のほとんどすべてのデータの公開に踏みきった。（筆者注：これは行政側が設けた観測結果の検討委員会の委員就任を是非にと要請された故西條八束氏が、委員引き受けの条件としたものであって、行政側がこれを認めたものです。情報公開法制定以前のことです。）これは日本では例外的なことであって評価できる。データが公開され、モニタリング調査が実施されてきたからこそ、予測値との違いを知り、その原因を科学的に究明することが可能になったのである。

　ある場所、ある時期のデータは、その後どんなに金をかけても得られるものでないので、きわめて貴重なものである。それらのデータが国や自治体で得られたものであれば、それは税金を使って得られたもので、国民共通の財産といえる。目的に応じて自由に使えるようにしておけば、どれほど有効に役立つかわからない。

　なお上記2番めの話題に関係したことですが、NGO「長良川下流域生物相調査団」の事務局長を長らく務めた伊東祐朔氏（2013）が、最近「終わらない河口堰問題－長良川に沈む生命と血税」という本を出版しました。この中で調査内容とともに、調査結果をもとにした河川当局との交渉経過が詳しく述べてありますが、調査結果をなるべく無視したい河川当局の姿勢がうかがえます。

**参考文献**
天野礼子（2001）：ダムと日本、岩波書店
石橋雅子（1995）：河川感潮域の環境問題、日本陸水学会誌、第56号
伊東祐朔（2013）：終わらない河口堰問題－長良川に沈む生命と血税、築地書館
宇野木早苗（2005）：河川事業は海をどう変えたか、生物研究社
沖野外輝夫（1996）：利根川の感潮域、河川感潮域－その自然と変貌・8.1節、西條八束・奥田節夫編、名古屋大学出版会
小椋和子（1996）：多摩川河口域、河川感潮域－その自然と変貌・8.2節、西條八束・奥田節夫編、名古屋大学出版会

## 12.9 長良川河口堰の経験から学ぶもの

小椋和子（1998）：利根川河口堰周辺の水質、日本自然保護協会報告書、第83号、2.4節
西條八束（1999）：長良川河口堰、これまでの沿岸環境改変の事例と課題・第Ⅱ章、明日の沿岸環境を築く、日本海洋学会編、恒星社厚生閣
西條八束・奥田節夫編（1996）：河川感潮域－その自然と変貌、名古屋大学出版会
佐々木克之（2014）：ヤマトシジミの減少原因と対策、水産振興、555号、東京水産振興会
鈴木久仁直（1998）：河口堰の影響予測と漁業被害、利根川河口堰の流域水環境に与えた影響調査報告書・3.3節、日本自然保護協会報告書、第83号
田中豊穂（1991）：建設の論理の矛盾と疑問、長良川河口堰－自然破壊か節水か・第4章、技術と人間
長良川河口ぜきに反対する市民の会編（1991）：長良川河口堰－自然破壊か節水か、技術と人間
新村安雄（2000）：長良川河口堰建設による魚類、特にアユ、サツキマスに対する影響、河口堰の生態系への影響と河口域の保全・5－1節、日本自然保護協会報告書、第87号
日本自然保護協会・長良川河口堰問題専門委員会（1996）：長良川河口堰事業の問題点－第3次報告－、長良川河口堰運用後の調査結果をめぐって、日本自然保護協会報告書、第80号
日本自然保護協会（1998）：利根川河口堰の流域水環境に与えた影響調査報告書、日本自然保護協会報告書、第83号
日本自然保護協会（1999）：長良川河口堰が自然環境に与えた影響、日本自然保護協会報告書、第85号
日本自然保護協会・保護委員会河口堰問題小委員会（2000）：河口堰の生態系への影響と河口域の保全、日本自然保護協会報告書、第87号
村上哲生（1998）：利根川河口堰の流域水環境に与えた影響のまとめ、利根川河口堰の流域水環境に与えた影響調査報告書・2.12節、日本自然保護協会報告書、第83号
村上哲生・西條八束・奥田節夫（2000）：河口堰、講談社
山内克典（2000）：長良川河口堰がシジミ類に与えた影響、河口堰の生態系への影響と河口域の保全・3－1節、日本自然保護協会報告書、第87号
山室真澄・沖野外輝夫（1996）：感潮域の生態系、河川感潮域－その自然と変貌・第4章、西條八束・奥田節夫編、名古屋大学出版会
吉田正人（2001）：日本の河口域・干潟で何がおこっているのか？、科学、71巻7号、岩波書店

# 13章　湾を断ち切る長大堤防の脅威

　1997年4月14日、農林水産省による諫早干拓事業のクライマックスとして、諫早湾を断ち切る長大堤防すなわち潮受堤防の工事で、最後に残された開口部1.2 kmの締め切り工事の状況がテレビで全国に放映されました。このとき重さ3トンの293枚の鋼板がつぎつぎと水しぶきを上げて落下し、それまで海水が自由に行き来していた海を、みるみる締め上げていく凄まじい映像は衝撃的で、人々の眼底に焼き付けられました。海の流れを絶つこの鋼板から、人の生命を絶つギロチンを連想する人がいましたし、有明海の愛嬌もの、ムツゴロウの断末魔の悲鳴を聞く思いがしたという人もいます。

　その後はたして、有明海に以前にはなかった異常事態が発生して新聞紙上で有明海異変と騒がれました。宝の海といわれた有明海の漁業は衰退して漁民は困窮し、生活できずに自ら命を断つ人も20人を超えました。有明海の再生には潮受堤防の開門が不可欠で、2012年12月6日福岡高裁は佐賀地裁に続き開門調査を命じ、国も上告せずにこれを認めました。だが農水省は言を左右にして実行しようとはしません。この事業が海にどのような影響を与えたかを調べます。

## 13.1　諫早干拓事業とそれへの対応

　有明海は日本随一の広大な干潟が広がるために、地先の干潟に堤防を築いて干拓地を造成する地先干拓方式が、14世紀の古い昔から行われてきました。

**国営諫早干拓事業**
　農林水産省による国営諫早干拓事業は、図13.1 (a) に示す有明海において、

13.1 諫早干拓事業とそれへの対応

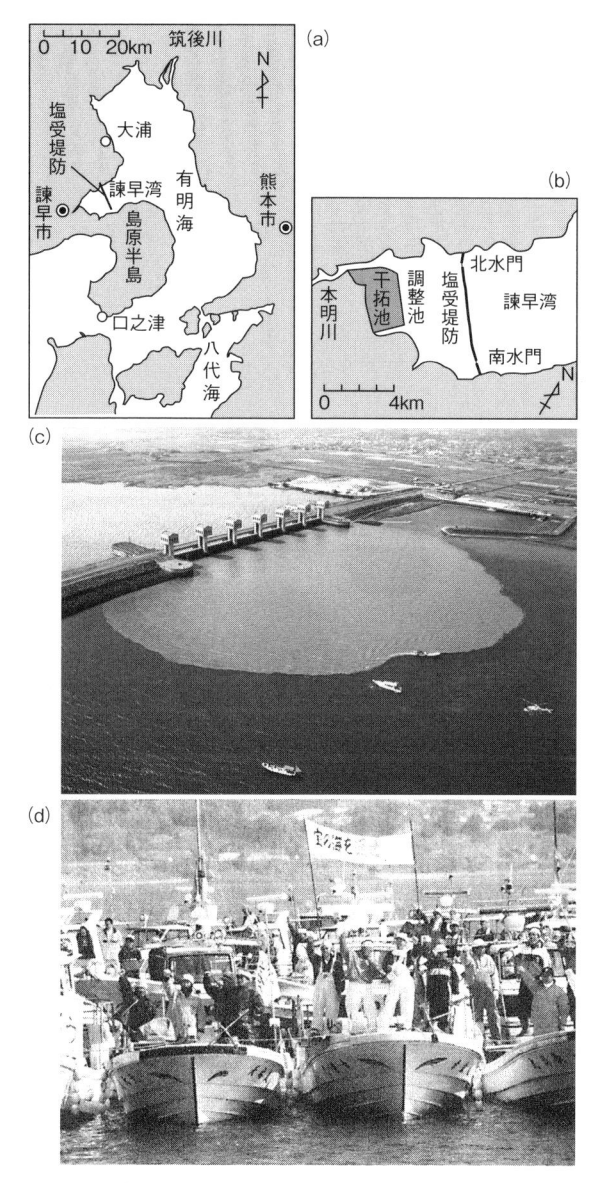

図 13.1 (a) 有明海全図、(b) 諫早湾西部の潮受堤防、調整池、干拓地、(c) 2001 年 3 月の北水門から諫早湾（手前）に広がる調整池からの汚濁水の拡散状況、写真提供：共同通信社、(d) 2002 年 3 月 10 日の有明海 4 県漁民の海上デモ、漁船 650 隻・漁民 2,600 名参加、永尾俊彦氏（2005）より転載

— 275 —

その横腹にくっつく諫早湾の途中に、図（b）に描かれているように長大堤防を築いて締め切り、奥に干拓地を造成する複式干拓方式です。この事業は途中で批判を受けて計画縮小されましたが、最終的には締め切り面積は 3,550 ha、干拓面積は 900 ha です。締め切り面積は有明海の 2％に当たります。面積 2,600 ha の内部水域は調整池とよばれます。海水の進入を阻止する長さ 7 km の長大堤防は潮受堤防とよばれ、北側に幅 200 m、南側に幅 50 m、併せて 250 m の水門が設けてあります。図 13.1（c）の左上にのびているのが北水門です。調整池の水面が高まったときに、水位が干潮で低くなった外の海へ、水門を開いて内部に溜まった汚濁した河川水を排出します。

1986 年に事業当局は環境影響評価を行って、この事業が環境に与える影響は大したことはないという、下記のような内容を含む評価書を出しました。

諫早湾湾奥部の消滅は、干潟域や諫早湾湾奥部に生息する生物相の生息域や産卵場などを一部消滅させるが、このことが有明海の自然環境に著しい影響を及ぼすものではなく、また、その影響は計画地の近傍に限られることから、本事業が諫早湾及びその周辺海域に及ぼす影響は許容しうるものであると考えられる。

この評価が事実と甚だしく異なって誤っていることは、後でデータをもって示されます。

事業は 1986 年に開始、1989 年に工事着工、1997 年に堤防締め切り、1999 年に堤防完成、2006 年埋立事業完了です。事業の所要経費は、多くの巨大公共事業の例にならって、初期見積もりの 84％増の 2,490 億円にも及び、最終的な投資効率（効果÷費用）は、農水省の見積もりでは 0.83 となって、1.00 を切っています。民間企業であればとっくに終止符が打たれた事業でしょう。しかもこの見積もりは我田引水的な自己に都合の良いものであるといわれていて、宮入興一氏（2011）によればわずか 0.19 の投資効率にすぎないということです。

## 破綻した事業目的

　事業の目的は、「調整池及びそこを水源とする灌漑用水が確保された大規模で平坦な農地を造成し、生産性の高い農業を実現するとともに、背後低平地において高潮・洪水・常時排水不良に対する防災機能を強化すること」になっています。

　しかし実際には、13.3 節に述べる児島湖の場合と同様に、塩水を含み汚濁された調整池本体の水を灌漑に使用することはできず（高橋　徹氏ら、2010）、調整池に注ぐ本明川の河口から水を取っていて、所期の目的を達成していません。また報道によれば、税金を注ぎ込んで実施した事業費 2,490 億円に対して、年額の農業生産額はわずか 45 億円にすぎず、銀行の借入利子にも及ばない乏しさで、決して生産性が高いとはいえません。

　なおこの事業は、沿岸防災効果が全効果の 70% を占めていて、事業の主目的は沿岸防災であり、一般の認識とは異なっています。だが沿岸防災には、有明海沿岸で広く実施されている対策で特に問題はなく、この水域にだけこのように莫大な費用をかけて湾を切断する長大堤防を築く必要はありません。国と長崎県は当初、この事業は 816 名の犠牲者が出た 1957 年の悲惨な諫早大水害のような洪水も防ぐことが可能であると述べて、事業承認への市民の理解を得るのに大いに利用しました。

　だが片寄俊秀氏（2001）によってこれは誤りで、このような防災機能はまやかしであることが指摘されるようになり、事業が承認された後には、これを事業効果から取り下げて触れようとはしなくなりました。また複式干拓方式の沿岸防災機能については、宇野木ら（2008）は詳細に検討し、農水省がこの方法を最も有効と主張することは理解しにくく、適切な方法とは考えられないことを述べています。

　このようにきわめて乏しい農業生産に対して、かくも膨大な税金を使って、しかも有明海の環境を悪くし、漁業を困難にして漁民を苦しめる干拓事業ですが、強い反対を押しきってなんとしても実現させたいという農水省の動機は何でしょうか。これについて金子岩三元農水相は、「農水省の失業対策だね」と語ったと伝えられています。農水省は米余りで新規の農地造成などの事業

が困難になった折から、省内に800人を抱えていた干拓関係の技術者の働き場所を確保するために、大規模な複式干拓事業を行いたかったということだそうです（高橋徹氏ら、2010）。

なお根底には、前にも述べた利権をめぐる政官財の「鉄の三角形」が機能していると思われます。すなわち、2002年の県知事選をめぐっての干拓事業の受注企業からの違法献金問題によって、自民党長崎県連の幹事長と事務局長であった2名が起訴されて有罪となりました。また諫早湾干拓事業の受注企業61社において、農水省から409人が天下っているとのデータがあります（永尾俊彦氏、2005）。

長崎県も本事業の推進に強く協力しましたが、県が2001年に実施した県民アンケート調査結果では、長崎県の重要施策14項目につき「県がどの程度力を入れて欲しいと思いますか」という問への答えで、諫早湾干拓は「特に力を入れて欲しい」項目としては7.8％で最下位、逆に「あまり力を入れる必要はない」は56.8％で第一位でした。民意にもとづかない「上からの」開発であったがために、この干拓がこれだけもめ続けるのだと考えられます（永尾俊彦氏、2005）。

一方、文部科学省の外郭団体・科学技術振興機構は、科学技術上の失敗から得られた知識や教訓を広く活用することを目的にして、「失敗百選」を公開していますが、この中に国営諫早干拓事業も選ばれています。このようにこの事業が破綻していることは、農水省や長崎県の干拓事業関係者を除いて、広く認識されていることですが、問題は失敗だけに終わらずに、有明海の環境が悪化するとともに、まともな生業ができずに苦しんでいる漁民が現在多数いることです。

**事業に対する漁民、市民、社会の反応**

干潟の自然環境に対する重要性を認識していた先覚者山下弘文氏（2001）らは、この干拓事業に早くから批判反対をしていました。そして諫早湾奥部が締め切られた後には、豊穣の海を謳われた有明海の生態系と漁業は、後で述べるように予想通りに急激に崩壊していきました。特に2000年度の冬に

は、ノリの歴史的大凶作が生じ、漁師たちの農水省に対する激しい抗議運動が海上と陸上でくり返され、社会的な大問題になりました。例えば、2001年1月28日には、有明海周辺の漁師約6,000人、漁船約1,300隻が参加した海上デモが行われました。図13.1（d）には、2002年3月10日に実行された漁師約2,600人、漁船約650隻が参加した海上デモの様子が写されています。

　その後も海域の環境の悪化と漁業の衰退が続いて、漁民を中心として市民、弁護士、研究者らによるたゆみない抗議が続いています。そして有明海異変の主たる原因は諫早湾干拓事業にあると考えて、「よみがえれ！有明」訴訟では工事差し止めを求めて、2,500人近い人々が原告として農水省を訴えました。訴訟は順調には進みませんでしたが、裁判に負けるほど原告が増え続けるという事実をどのように考えれば良いのでしょう。

　一方、米余りで広大な休耕地（2008年度農水省調査によれば長崎県内で6,300 ha）が空しく遊んでいるにも関わらず、多数の漁民と世論の反対を押しきって、時代錯誤ともいえる干拓による農地造成を推進し、有明海の荒廃と漁業被害を招いたことに対して、各新聞や総合誌はきわめて厳しく批判を加えました。無駄な公共事業の典型とする論調がほとんどで、事業の必要性を容認する見解を探すことは困難です。平和や人権を守る、筆を執る人の集団である日本ペンクラブも環境問題として初めて、諫早湾の締め切りに対して抗議の声明を出しました。

　諫早湾干拓事業による諫早湾と有明海の現状を憂い、その再生を切望し、公共事業のあり方を批判する住民運動は、各方面できわめて活発に行われました。その中で、有明海漁民・市民ネットワーク、諫早干潟緊急救済東京本部、WWFジャパンなどの市民団体が2001年と2006年の2回にわたり公開した「諫早干拓・時のアセス」は貴重です。この中で干拓事業の問題点と今後進むべき方向が明確に述べられ、必要な基礎資料が収録されています。

　また干拓事業の経過、建設当局の意図、住民の困窮する現状と対応などを理解するうえに、例えば永尾俊彦氏（2005）や松橋隆司氏（2008）のルポルタージュは参考になります。さらに、裁判所が開門調査を命じるまでに至っ

た「よみがえれ！有明」訴訟の、馬奈木昭雄氏を団長とする弁護団の努力と活躍は、高く評価されます（松橋隆司氏、2014）。

## 13.2　原因究明の研究が含む問題

**研究の困難性**

　有明海の環境の悪化と漁業衰退の原因の究明、およびその解決を求める研究やシンポジウムも、各種の学会や研究機関によって数多くなされました。例えば、原因を究めるための調査の方向と方法について提案を行った日本海洋学会(2001)は、さらに「有明海の生態系再生をめざして」を編集出版(2005)して、原因解明と再生の方向を示すことに努めました。このような各方面からの研究によって、有明海の環境悪化や漁業の衰退に対する諫早湾干拓事業の影響が指摘されました。だが、まったく疑問がないように科学的に証明することは、実は大変難しいことです。なおこれは、環境に関わるすべての問題に共通することです。

　それは第1に、自然現象、特に生物が関与する現象では関与する要因が単一でなく複雑多様であるからです。あるものはプラスに、あるものはマイナスに働いて、それらが複合して現象が生じます。問題を残さないように要因すべての効果を明らかにして、原因を明確にすることは至難のことです。

　第2に、自然現象は広範囲に、しかも時間的に変化するものです。ある場所ある時間にどんなに正確に観測しても、それから理解できるものはわずかです。それゆえ広範囲に長期にわたる観測が要請されますが、このような観測調査は資金豊富な事業者を除いて、経費、時間、人手が限られた普通の研究者には無理です。したがって部分的な観測によって推論するわけで、問題を残さざるを得ません。

　第3に、諫早干拓事業の場合には、農水省が実施した事前調査が他に類がないほど杜撰で、必要なデータが不足していることです。例えば諫早湾外の有明海における測流地点は、後出の図13.13の一番外側の黒丸で示されたわずか3点のみです。有明海のような広い海域に対する環境影響評価で、この

ような貧弱な事前調査の例を筆者はこれまで見たことがありません。これは1例にすぎませんが、有明海の環境崩壊や漁業衰退の原因究明が難しいのは、農水省の事前調査がかくも杜撰であったために、事業前と事業後が比較できないことが最大の理由であるといっても過言ではありません。ただ有明海異変の原因の解明を避けたい農水省にとっては、好都合であったというべきでしょう。

### 研究者の対応

この問題に関して、筆者が2004年の報告で論じた内容を紹介します。

環境学者ノーマン・マイヤーズ氏は環境問題の研究に関して、「60％分かれば、科学者は報告しなければならない。不確かであるといって発表しなければ、何の問題もないと思われる」と述べています。これは環境問題における研究者の対応を的確に教えるものです。

上記のように、環境問題は一般に多種多様な要因が絡まって、ある特定の事業の影響のみを明確に示すことは非常に困難であり、これを理由に事業当局は事業の影響を否定します。また事業の効果は社会的にプラスとマイナスの面をもっていて、その是非の判断も加わって、良心的な研究者も疑問を抱きながらも、口を閉ざしがちです。しかしこれは事業を黙認したことになり、事業者はこれ幸いと事業を推進するので、その進行に加担したことになることに思いを致すべきです。

筆者が各種の会合で経験したことによれば、農水省はこのような研究結果もある、あのような観測事実もあるとさまざまな報告を列挙し、多くの説を並列して、原因は不明であり、干拓事業の影響とはいえないと主張しています。この結果、裁判とともに一般の人も、原因はいろいろあって、まだよくわからないのだと考えます。したがって研究者は、中立的立場であっても、自分の研究成果の発表がどのように利用されるかを考えながら、慎重に発表する必要があります。

## 疫学的判断

　因果関係からいえば、たとえ発生機構が科学的に明確でなくても、疫学的に考察すれば、原因と結果との関係は理解できるはずです。疫学とは、食中毒を例にとると、原因食品を食べた人と食べなかった人、中毒症状を示した人と示さなかった人との関係を調べて、因果関係を明らかにしようとするものです。

　このことを、柴田鉄治氏（2000）が水俣病に関して論じたことを例にして考えます。水俣病の場合は熊本大学研究班の努力により、水俣湾のチッソ工場排水で汚染された魚介類を食べた人が発症したことが明らかになり、また排水に含まれる有機水銀が原因物質であることも、事件発生後3年を要して突き止められました。しかしこれに対して、原因物質について加害者側の工場および関係官庁の旧通産省は、依頼した東大教授らの報告をもとにして、次々と疑念や反対論を出して、これが決着するのに実に長い時間を要し、患者は長期間にわたり苦しまなければならなかったのです。しかし最高裁判例によれば、患者の発生がチッソ工場の排水によるとの因果関係が認められれば十分であって、発生機構（原因物質）が何であるかが明らかでなくても良かったのです。

　有明海異変の場合にも、後に述べる多くの事実によれば、異変と干拓事業との因果関係は、筆者には疫学的に明らかであるように思えるのですが、なかなか認めてもらえません。環境影響評価に厳しい先進国に比べて、残念ながら日本は遅れていて、マイヤーズ氏が述べた60％では足りないようです。

## 不可欠な開門調査

　有明海異変の原因究明がこのような状況にあるとき、きわめて適切な原因究明の方法は、開門調査です。実は農水省はノリ第三者委員会の開門調査の提言を受けて、2002年の4月から5月にかけて、約1ヵ月間の開門調査を行ったことがあります。海水の導入は水門を挟んでの潮位差がわずか20 cmの微々たるものでしたが、13.14節に述べるように短期間の開門ながら調整池内の水質の変化は大きく、開門が有明海の環境改善に大きく寄与する可能性

があることが示唆されました。したがって適切な開門調査を実施すれば、原因は著しく明確になると思われます。

そしていくつかの裁判を経て、ようやく 2010 年 12 月 6 日に福岡高裁が開門調査を命じました。判決要旨は次のようです。

干拓事業は諫早湾内とその近場の環境変化を引き起こした可能性は高い。しかし、有明海の環境変化と事業との因果関係は科学的に明らかになったとはいえない。国が開門調査をしないのは立証妨害にあたる。因果関係を明らかにするため、3 年間の間に排水門を開けて、5 年間継続する。

となっています。現時点では適切な判決だと思います。

だが農水省は、長崎県と農民などの強硬な開門反対を理由に、2014 年 4 月に制裁金の支払いを命じた新たな裁判判決にも関わらず、開門調査を実施しようとはしません。その根底には、開門調査をすれば原因が明確になり、干拓事業の責任が問われることを恐れているためと推測されます。なお農民などの開門反対の理由も決定的なものとは思われず、また開門の要請者も農業と漁業が共存できる道を示しているので、話し合いが望まれます。

## 13.3　既存の湾切断の影響

湾を締め切るとどのようなことが生じたかを、岡山県の児島湖を例にして理解します。また島根県・鳥取県の中海・宍道湖では、締め切りによる淡水化が農水省によって計画されましたが、問題が明確になって事業は中止になりました。その理由は有益であるので、本節で簡単に触れておきます。

### 児島湾の締め切りの例

児島湖は図 13.2（a）の地図に示すように、児島湾中部を長さ 1558 m の堤防で締め切って、奥部を淡水湖とした人造湖で、面積は 11 km$^2$ で、平均水深は 2.1 m にすぎません。農水省の事業の主目的は広大な干拓農地の造成と

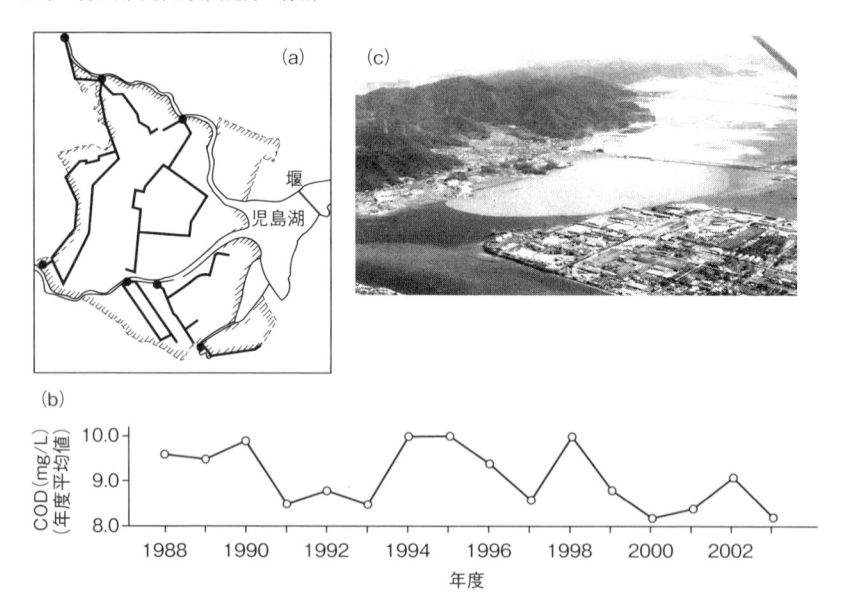

## 13章 湾を断ち切る長大堤防の脅威

図 13.2 (a) 児島湖と堰、周辺農地への灌漑水路（用水路と管水路）とその取水位置（●）、中国四国農政局の資料にもとづく、(b) 児島湖のCOD（化学的酸素要求量）の経年変化、中国四国農政局の資料による、(c) 水門から流出する児島湖の汚濁水の拡散、2002年8月20日、環境アセスメントセンター西日本事業部提供

　それを支える灌漑用水の確保で、その他塩害防止、防災などが加えられています。これは日本最初の複式干拓といわれていて、1951年に着手、1962年に完成しました。

　だが現実には、山陽新聞刊行の「よみがえれ児島湖」によれば、作物の種類によって異なりますが、最近では著しい水質汚濁のために、児島湖の水を灌漑用水として利用することには、大きな制限を受けていると記されています。そこで中国四国農政局の資料をもとに、灌漑用水の取水点を地図上に求めると、図13.2（a）の黒丸地点が得られます。いずれの取水地点も河口から数km以上の上流に位置しています。すなわち事業が目的とした、湖水による灌漑用水の確保は達せられなかったことになります。

　その汚濁の状況を知るために、図13.2（b）に児島湖におけるCODの経年変化を示しました。長い間環境基準の2倍程度の高い濃度を保って推移してきましたが、最近はやや改善の傾向が見られます。これは長年にわたる莫

— 284 —

大な経費（15年間で4,480億円、松橋隆司氏、2008）を投じての汚濁負荷削減のための努力と、底泥除去などの対策のためと思われます。図13.2（c）に右上の児島湖から水門を通って、著しい汚濁水（白い部分）が手前の旭川へ流れ込む状況が写されています。今後も膨大な経費をかけて水質浄化の努力は進められるでしょうが、現状のままでは目標が達せられる見込みは薄いと考えられます。

なぜならばわが国の湖沼の中で、水質汚濁湖の代表といえる手賀沼や印旛沼と並んで、児島湖は流域の人口密度、単位貯水容量に対する住民数、汚濁負荷の排出密度の大きさ等々がトップクラスであり、両湖と同じくきわめて水質が汚濁しやすい閉鎖湖であるからです。対策を講じて水質は一時的には良くなっても、容易に元にもどるのです。ただ手賀沼や印旛沼と異なって、児島湖は堤防を隔てて海とつながっていることは幸いです。

当初目的とした水利用ができない児島湖の現状を考慮すると、昔のように水門を開いて海とつなげば、水質汚濁防止対策は最も効果があると考えられます。だが開門して浄化が進めば、長大堤防で締め切った事業の失敗が明らかになるので、農水省は絶対に避けたいと思っているのでしょう。なお最近の新聞報道によれば、隣を流れる旭川の水を児島湖へ導入して浄化する案もあるようですが、水門を閉じている限り効果は限定的で、児島湖の浄化を望むことは容易でないと思われます。

**中海・宍道湖の計画例**

中海・宍道湖は、両者を併せるとわが国最大面積になる汽水域です。農水省の国営中海干拓事業は米作りのため、一部を締め切って干拓埋立し、合わせて灌漑用淡水池を得るというもので、1963年に開始されました。そして図13.3に示すように、1981年に森山堤防が締め切られ、1989年には本庄工区を除き、干拓・埋立地は完成しました。

この事業に対して住民の間に、日本一だった中海のヤマトシジミ漁への影響と水質の悪化が問題になりました。一方、農水省は「淡水化すれば水がきれいになる」と呼称して、中海・宍道湖の水を農業用水・工業用水・飲料水

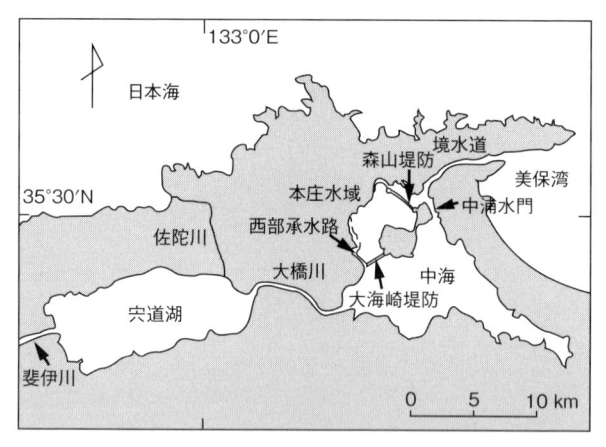

図13.3 2005年までの中海・宍道湖概要図、石飛 裕氏ら（2014）による

として利用することを考え、農業土木学会に淡水化の影響に関する研究を委託していました。そして同会の研究委員会は「宍道湖中海淡水湖化に関する水理水質及び生態系の挙動について中間報告」を提出し、1984年8月に公表しました。その内容は、「淡水化は現状の水質をほぼ維持して進めることが可能」と予測しています。

これを受けて農水省は島根・鳥取両県に淡水化事業への同意を求め、両県は中間報告の妥当性を検討するために、水質と生物関係の14人の専門家からなる助言者会議を設けて意見を求めました。なお検討結果の公表は、助言者会議自らが行うことが受託引き受けの条件となっていたということです。

同会議は、湖流変化と水質への影響、塩分躍層の消失に伴う水質への影響、アオコの発生予測などの諸課題を熱心に検討し、1986年2月に西條八束委員によって「中間報告書の淡水化後水質解析シミュレーションは、基本的な点で問題であり、この水質予測結果は、特に夏期についてはそのまま信頼できない」と発表されました。これにより地元の認識は、「淡水化すれば水がきれいになる」から、「淡水化すれば水が汚れる」に大きく変化しました。

この結果、淡水化計画は取り止めになり、さらに干拓事業そのものが2000年に中止になりました。助言者会議における当代一流の学識らによる検討と、政治と行政におもねることのない検討結果の公表が、この事業を中

止させる契機になったといえます。以上は山室真澄氏（2001）と石飛 裕氏ら（2014）に依存して記しました。ただし閉鎖性の強い中海・宍道湖は現在もさまざまな環境問題があり、検討が進められています。これについては上記の石飛 裕氏らの著書「中海宍道湖の科学－水理・水質・生態系－」を見て下さい。もし農水省の計画に沿って締め切りが実施されていれば、この水域の環境悪化の惨状は目もあてられぬ状態になったと推測されます。

## 13.4 有明海の環境特性

諫早湾の長大堤防が有明海の環境に与える影響を見る前に、海域の環境特性を理解しておきます。有明海の水深分布を図 13.4（a）に示しておきます。有明海は、東京湾・伊勢湾・大阪湾などに比べて、特徴ある内湾になっています。干拓事業開始前の有明海の特性については、日本海洋学会沿岸海洋研究部会編（1985）の「日本全国沿岸海洋誌」の第 21 章に、また生物に関しては佐藤正典氏編（2000）に詳細に述べてあります。干拓後については、日本海洋学会編（2005）や筆者（宇野木、2006）の解説があります。

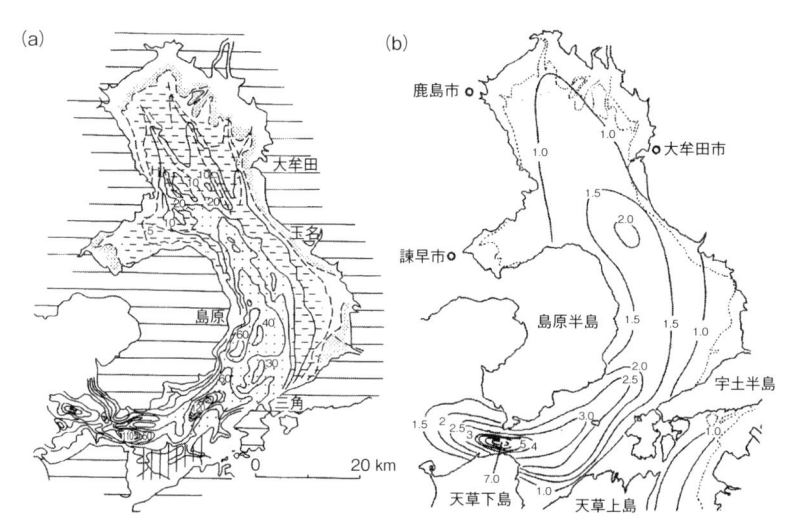

図 13.4 （a）有明海の水深分布（m）、「日本全国沿岸海洋誌」より、（b）有明海の大潮時における平均流速（ノット）、海上保安庁（1978）による

## 日本最大の潮汐および潮流

　有明海は湾奥で、大潮のときの潮差（満干の高さの差）がほぼ5 mもあり、最大潮差は6.8 mに達したほどで、わが国において潮汐が最も大きな湾です。5.1節に述べたように、内湾は桶の中の水と同じように流体振動系であるために、内湾の潮汐は外海からの進入潮汐波によって強制的に誘起された定常振動です。上記3湾に比べて有明海では、外海の潮汐自体が大きいこと、および有明海は南北に長いので自由振動周期も長くなって潮汐周期により近くなり、共鳴効果が進んで共振潮汐が発達しやすくなっています。以上の2つの効果で有明海には、日本で一番大きい潮汐が現れるのです。

　したがって有明海の潮流も強いです。その水平分布を図13.4（b）に示しました。湾口の早崎瀬戸では、共振潮汐の発達と口が狭くなった地形効果で、7ノットすなわち3.5 m/sの強流が見出されます。この流れが及ぼす力は、風でいえばほぼ100 m/sの風力に相当するほど強力なものです。湾奥付近でも、東京湾や大阪湾では数cm/sから10 cm/sの潮流が見られる程度ですが、有明海では1ノットすなわち50 cm/sもの強い潮流が存在します。このような潮流は、上下方向に海水の混合を活発に行って環境の形成に強く影響します。

## 日本で最も広い干潟とその浄化能力

　有明海は潮汐が日本で最大であること、および阿蘇山などの噴火に由来する大量の土砂が、河川から流出して堆積することなどから、日本で最も広い干潟があります。海図上の水深ゼロは潮が最も引いたところに定めてあるので、この地点から陸岸までの範囲が干潟と見なされます。有明海の干潟は、図6.9の影の部分で示されていますが、岸から数kmに及ぶ範囲が沿岸に広く認められます。有明海の干潟面積は1950年代には238 km$^2$でしたが、1989年には干拓や埋立、元海底炭鉱の陥没などによって207 km$^2$に減っています。そして諫早湾締め切り後には180〜190 km$^2$程度に減ったと考えられます。それでも日本全体の干潟面積の約40%を占める広さです。

　干潟・浅瀬は顕著な海水浄化能力をもっています。この問題をわが国で最

初に明確にした佐々木克之氏（1997）にしたがって説明します。この高い浄化能力を浄水場の働きにたとえると次のようになります。

第1は浄水場の2次処理的な機能、つまり有機汚濁物質の除去です。これには、アサリなどの大型底生生物が海水をろ過して浮遊有機物を餌にしての除去、底生生物が底泥を食べることによる除去、またバクテリアによる有機物の分解などがあります。

第2は浄水場の高度な3次処理的機能、つまり窒素やリンの除去です。これは微生物が水中に溶けている栄養塩の窒素に作用して大気中へ放出する脱窒作用、人間が漁獲物を外部へ取り上げること、鳥類が干潟のさまざまな生物を食べて外へ取り出すこと、アオサやアマモのような大型草・藻類による取り込みなどがあります。

このようにわが国最大の干潟は、有明海の浄化に大きな役割を果たしていると考えられます。また干潟の喪失に至らなくても、赤潮、貧酸素水塊、ヘドロなどの発生による環境の悪化で、干潟が正常な機能が果たせない状況も、有明海の環境にマイナスの働きをしていると思われます。

**日本で一番浮泥が多い有明海**

図13.5に、有明海の浮泥すなわち懸濁物質（SS）の濃度分布（単位：g/m$^3$）を示しておきました。熊本県の菊池川と緑川の沖および諫早湾奥に、濃度500を超す高濃度域が存在しますが、筑後川沖から有明海奥部へ、さらに西部の佐賀県側へと1,000を超える高濃度の浮泥域が広がっていることが注目されます。筑後川から流出した水は、河口の左側よりも右側へ広がる傾向が見られ、地球自転の効果が想像されます。このように広範囲に浮泥が広がっている海域は、日本では有明海以外には見られません。平均濃度が1,000～2,000の中国の長江に匹敵する濁りです。したがって有明海の透明度は、年間を通して0.5 mから3 mと小さく、場所によっては0.1 mにすぎないところもあります。

浮泥の起源は筑後川などの河川から運び込まれた細かい粘土粒子が、8.1節に述べたフロックになったものです。大きさは数$\mu$から数mm、場合によっ

13章　湾を断ち切る長大堤防の脅威

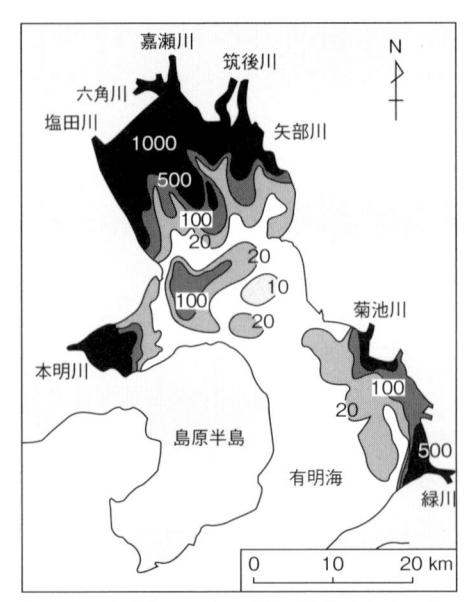

図13.5　有明海における浮泥の濃度分布（g/m³）、人工衛星画像と船上調査をもとに作成、代田昭彦氏（1982）による

ては数 cm の大きさに成長します。大きくなった懸濁粒子は沈降し、堆積して干潟の底泥となります。しかし有明海では潮流が著しく強いため、激しい巻き上げ作用によって再び浮上します。有明海の豊富な浮泥は新たに作られたものと、沈積と巻き上げをくり返した古いものとで形成されています。

　一般には、透明度が低く、水色が悪く、浮泥が多い海は汚濁の海と見なされます。ところが大量に存在する浮泥が、宝の海といわれていた有明海の高い生産性を支えていたのであって、このことを 13.5 節で説明します。

### 潮流の影響が強い海洋の構造

　有明海中央部における水温と塩分の鉛直分布の年変化を図 13.6 に示しました。有明海では潮流が強いために海水がよく混じって、他の内湾に比べて上下の一様化が強いことが認められます。ただし河川水の流入が多い暖候期には、表層には淡水を多く含んだ低塩分の軽い水が、下層には外海の影響を受けて塩分が濃い重い水が層状に重なる成層構造が生じています。成層が顕著であると、鉛直混合は強く制限されます。

　有明海における 5 m 層の、塩分の 1 月と 7 月の水平分布を図 13.7 に描いておきました。図を見ると 5 m 層においては、湾奥に注ぐ筑後川を主とする河川水は、図 4.2（d）に模式的に示されるように、いったん沖に突き出ますが、やがてコリオリの力を受けた時計回りの環流のために、湾奥から西側の佐賀県側にのびて広がっていきます。

13.4 有明海の環境特性

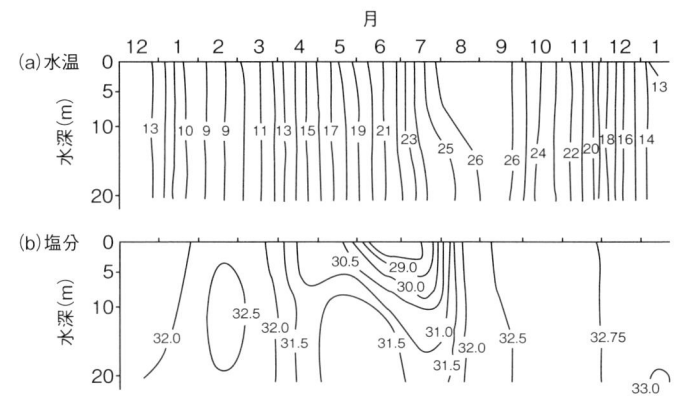

図13.6 有明海中央部における（a）水温（℃）と（b）塩分の鉛直分布の年変化、井上尚文氏（1985）による

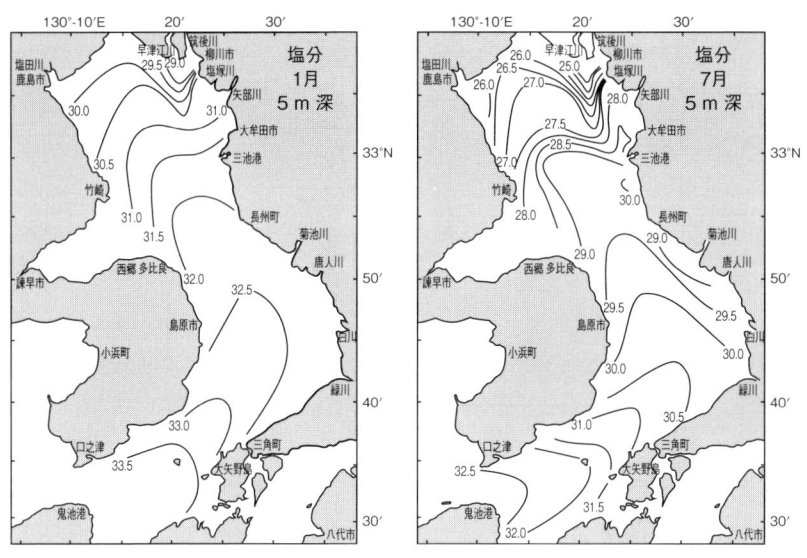

図13.7 有明海の5m深における1月（左）と7月（右）の塩分分布、1972〜1981年平均、井上尚文氏（1985）による

## 海水の循環と交換

　有明海では潮流が発達していますが、周期的な流れであるために物質輸送の効果はそれほど大きくありません。物質輸送や海水交換に効果があるのは一方向の流れ、すなわち恒流とか残差流といわれる流れです。恒流には、密

— 291 —

## 13章 湾を断ち切る長大堤防の脅威

度成層に伴う密度流、特に河川水流入によって生じるエスチュアリー循環、風による吹送流、および潮流と地形と結び付いて形成される潮汐残差流などがあります。エスチュアリー循環の重要性については4.2節で、その他は5章で説明しました。

有明海の3m層における恒流の水平分布を図13.8に示しておきました。分布は単純ではありませんが、2つの顕著な流系が見られます。1つは有明海北部の干潟の外側海域に卓越している反時計回りの還流です。もう1つは有明海南部の島原半島沿いに南下する強い恒流です。2つの流系はいずれも岸を右側に見て流れていて、4.1節に述べたコリオリの力の効果がうかがわ

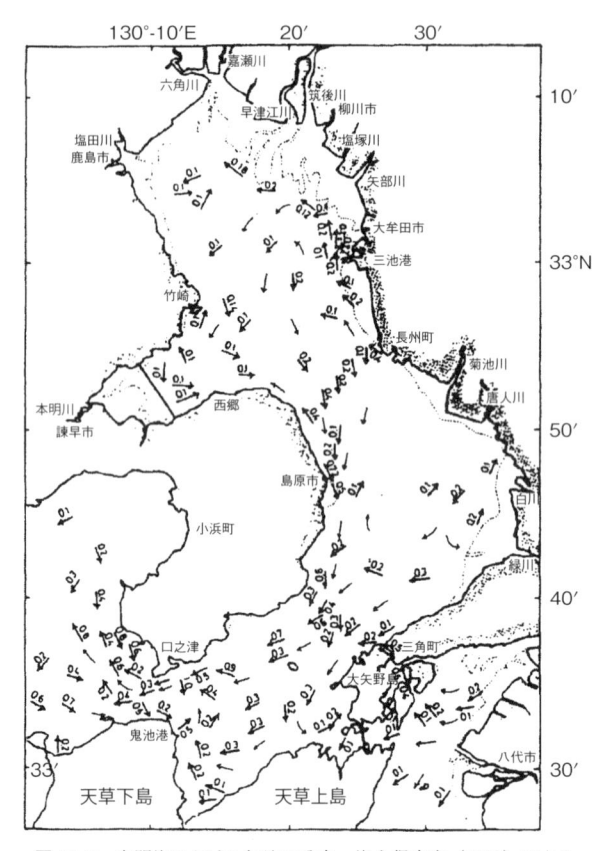

図13.8 有明海における恒流の分布、海上保安庁（1978）による

## 13.4 有明海の環境特性

れます。

なお前者の反時計回りの循環は、有明海漁業被害の裁定委員会の専門委員（2004）の染料拡散数値実験の報告によれば、図13.8記載の測流地点よりさらに奥の干潟域においても、同様に岸沿いに筑後川前面から諫早湾方面への物質輸送が認められます。この循環は図4.3（b）のエスチュアリー循環の表層の流れに相当すると考えられて、栄養塩を多く含む筑後川などの河川水の影響を理解するうえに非常に重要です。

一方、エスチュアリー循環の下層の流れとして、上層と逆に湾奥に向かう流れが存在するはずですが、潮流に比べて流れが弱く、観測データが不足していてよくわかりません。ただ湾南部の湾口に近いところでは、物質や生物の分布から、それが存在する可能性は高いとの指摘が見られます。また上記の裁定委員会の専門委員の数値計算結果では、諫早湾前面域の底層において、有明海奥部に向かう谷地形に沿う流れが認められ、この流れは諫早湾の底層で生成された貧酸素水塊などが諫早湾内から周辺に運ばれるメカニズムを考えるうえに、重要であると指摘されています。また速水祐一氏ら（2006）は、この流れによって懸濁物質が有明海奥部へ運ばれることを実測で確かめ、水質への影響を考察しています。これはエスチュアリー循環の一部ではないかと考えられています。

内湾に存在する淡水の総量を、単位時間に内湾に供給される淡水量（大部分は河川流量で、海面への降水量から蒸発量を差し引いたものを加えたもの）で割れば、内湾の淡水の平均滞留時間がわかります。柳 哲雄・阿部良平氏（2003）によると、この値は1990～2000年の平均で2.1ヵ月となっています。これまで報告されている大阪湾の1.5ヵ月や東京湾の1.5ヵ月に比べて、有明海は閉鎖性が強くて海水の交換が弱いことが理解できます。これは口が狭くて、内部が長くのびており、さらに諫早湾が横にくっつくという地形的特性が影響していると考えられます。

## 13.5　宝の海であった有明海

　かつての有明海は、単位面積当たりの漁獲量によって海域の生物生産力を比較すると、瀬戸内海と並んで、日本の沿岸漁業で最高水準を誇っていて、宝の海とか豊穣の海といわれていました。一方、海域の栄養の程度を表す指数で見ると、有明海奥部はその値が非常に高く、瀬戸内海よりも汚染が進み、赤潮が常に発生しやすい海域といえました。ところが実際には問題になるような赤潮は発生していませんでした。また上記のように閉鎖性が強い湾でもあったのです。それにも関わらず有明海はなぜ宝の海となり得たのでしょうか。

　代田昭彦・近藤正人氏（1985）によれば、これは有明海ではわが国で最大の潮汐と干潟が発達し、この結果として他の内湾にないほど大量の浮泥が存在するためといわれます。その理由は次のようです。なお浮泥の分布は図13.5に示してあります。

　第1に、浮泥は水中の栄養物質を効率良く吸着します。有明海湾奥部の主要河川の河口付近における調査では、水中の全窒素の20〜70％、全リンの80〜90％が浮泥に吸着されていました。

　第2に、このように栄養物質を大量に含む浮泥は、水中に漂っているときも、海底に堆積してからも、さまざまな動物プランクトンや底生生物（ゴカイ類や二枚貝類）の餌となって、その高い生産を支えるとともに、水中から取り除かれました。

　第3に、すべての浮泥は一度に食べ尽くされないで、強い潮流の働きで沈殿と再懸濁をくり返して、結果的に大量の浮泥は栄養物質の貯蔵庫として機能し、生物たちに安定した餌を供給していました。

　第4に、海底に堆積した浮泥や動物たちの糞などの有機物は、微生物の働きで分解され、無機的な栄養塩となって水中に溶出されます。これが大量の植物プランクトンや藻類の発生に寄与し、さらに動物プランクトン、魚介類と食物連鎖が形成されて、各段階で豊かな生産が行われる原因になりました。

　第5に、有明海では広大な浅瀬・干潟が広がっているために、13.4節で述

べた干潟の高い浄化能力によって、海中から外部へ栄養物質が除去されて、富栄養化や赤潮の発生と汚濁化が防がれていました。かつて有明海での漁業生産力や渡り鳥の飛来数が日本の最高水準であったことは、有明海の浄化能力の高さを示していたといえます。

## 13.6　深刻な漁業の衰退

　上記のように有明海の漁業生産力は、かつてはわが国のトップクラスでしたが、最近は著しく衰えています。その現状について述べます。

**漁獲量の経年変化**
　有明海にはこれまで環境に影響する諸事業（干拓や河川事業など）が行われてきましたが、諫早湾干拓事業が開始された1989年以降には、格別大きな事業は見当たりません。そこで佐々木克之氏（2009）にしたがって、1989年を1とした漁獲指数の、これ以降の経年変化を図13.9（a）に示しました。図によると、いずれの漁獲種も減少傾向にあります。その中で、イカ、タコ、エビなどの水産動物の減少は緩やかですが、魚類と貝類の減少は著しく、2008年の指数は0.4であって、1989年に比べて60％も減少しています。
　ところで農水省は、近年は日本沿岸全体で漁獲量は減少傾向にあるので、有明海における漁獲量の減少もその一環であって、干拓事業の影響とは見なされないと主張しています。そこで図13.9（b）に、有明海と瀬戸内海に対して、同様に1989年を1として漁獲指数を比較しました。図によると、瀬戸内海の減少傾向に比べて、有明海の減少は明らかに急であって、有明海に特有の事情が考えられます。すなわちこれは、諫早干拓事業による環境の悪化が原因であろうと推測されます。環境の悪化については後で示しますが、赤潮の多発、貧酸素水塊の発達、底質の泥化・細粒化などがあります。

**底生生物の漁獲の激減**
　以上のように漁獲量は全般的に減少していますが、特に減少が著しいのは

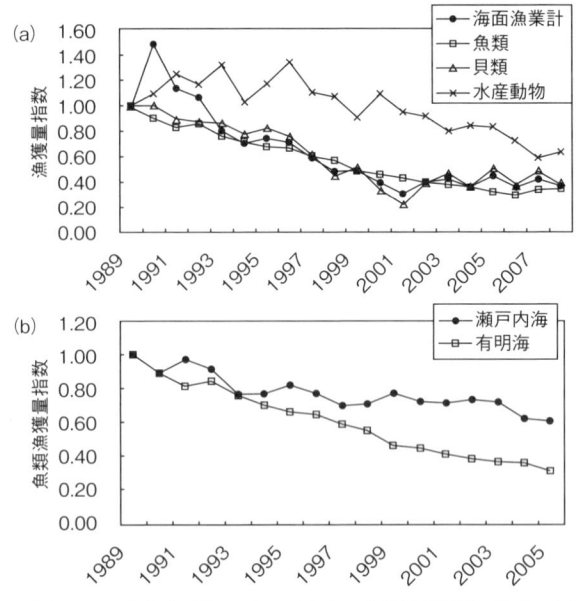

13章 湾を断ち切る長大堤防の脅威

図13.9 (a) 有明海の1989年漁獲量を1.0としたときの各漁獲量指数の推移、(b) 瀬戸内海と有明海の魚類漁獲量指数の推移、佐々木克之氏 (2009) による

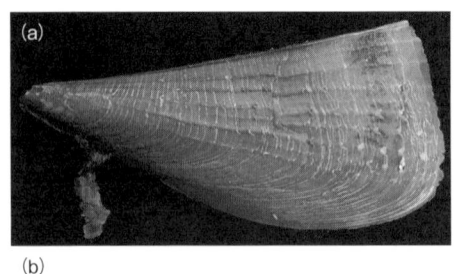

図13.10 (a) タイラギ (提供：逸見泰久氏)、(b) 有明海におけるタイラギ漁獲量の変化、佐々木克之氏 (2005) による

海底付近に生活をする漁獲種です。例えば、底生性であるカレイ類の2008年の指数は0.16ときわめて小さくなっています。また島原半島と熊本の間の底層で漁獲されるクルマエビは、2008年の指数はわずか0.11にすぎず、漁獲は著しく低下しています。

中でもタイラギ漁業は壊滅的打撃を受けました。タイラギは、図13.10 (a) に示すように三角形の殻をもつ大型の二枚貝で、美味しくて食用に喜ばれ、重要

な漁業資源になっていました。図13.10 (b) に有明海におけるタイラギの漁獲量の経年変化を示しました。全般的に漁獲量は減少していますが、18〜19年を基本とする周期性が認められます。この周期性の理由は不明です。

しかし最近漁獲が著しく乏しくなり、特に長崎県では干拓事業開始後に収穫皆無の状態が続いています。これは、干拓事業着工後から始まった堤防建設のための大量の採砂、埋立予定地からの濁水流出、堤防建設のための膨大なコンクリート打設工事、工事船の頻繁な往来による底泥の巻き上がりなどによって、工事現場から諫早湾口にかけて、海底に大量の浮泥が堆積したためです。また諫早湾を離れた有明海湾奥部においても漁獲量は減少していますが、後に述べるように、貧酸素水塊の発達と底質の泥状域の拡大などが影響していると思われます。

**ノリ漁業**

有明海のノリ生産量は全国の40％を占め、かつ品質も良く、有明海の水産業の重要な部分を占めています。その生産には自然的要因とともに人為的要因も加わるので、干拓事業の影響を明確に指摘することは容易ではありません。

ただ、潮受堤防完成直後の2000年度に、収穫が平年の約50％になる大不作が生じて大きな問題になりました。その原因は赤潮の大発生によるものでした。その後の収穫は平均的にはほぼ元にもどっていますが、上下に大きく変動していて不安定であり、佐賀・福岡・熊本の沿岸漁民は堤防締め切りのために、またいつ大不作が起こるかと心配し、堤防の開門を主張しています。

ただし福岡県の南部と熊本県の北部の漁場においては、ノリの生産は堤防締め切り以後に不作が続いています。ノリの成長には栄養塩特に無機態窒素が重要です。これらの地域では、元来他の海域に比べて無機態窒素が少なかったのですが、特に13.8節に示すように、堤防締め切り後は筑後川の水が回ってくることが制限されて、無機態窒素の供給が乏しくなりました。

さらに堤防締め切り後の諫早湾においては、表層の無機態窒素は少なくなって、これが冬季の西寄りの風でこの海域に運ばれてくることが指摘され

ます。かくして筑後川の水が来なくなったうえに、諫早湾方面から無機態窒素の乏しい海水がこの海域に運ばれてきて、ノリの生産を阻害している可能性が高いと考えられます。この海域の漁民は経験的にこのことを認識していて、諫早干拓事業の影響と考えています。

## 13.7　潮汐と潮流の減少

### 干拓事業による潮汐の減少

　有明海の潮汐は、干拓事業とともに外海の潮汐の変化にも影響を受けています。最初に干拓事業の影響を調べます。13.4節に述べたように、流体振動系である内湾の潮汐は、内湾の固有振動周期が小さくなると減少します。諫早干拓事業によって有明海の面積が減少し、水深が変化するので振動特性が変化しています。ゆえにそれを調べて干拓事業が潮汐に及ぼす影響を知ることができます。複雑な地形の場合に、振動特性の変化を正確に理解するのは簡単ではないですが、通常は内部の潮汐と湾口の潮汐の比、すなわち増幅率の変化で知ることができます。

　そこで多くの分潮の中で最も大きな $M_2$ 分潮の振幅を対象に、有明海の湾奥に近い大浦と湾口の口之津の比を求めて増幅率を求めました。図13.11にその経年変化を示します。図中には事業開始と堤防締め切りの時期が加えてあります。なお細かい変動を消すために、3年間の移動平均をかけています。分潮の振幅はほぼ1年間の解析期間の平均値であり、さらに3年間の移動平均であるので、図13.11の結果はかなり均された状態を表します。

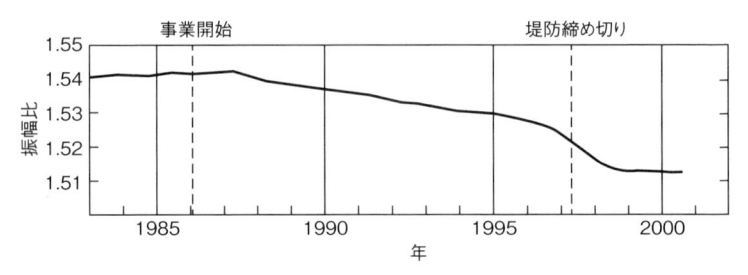

図13.11　大浦と口之津の $M_2$ 分潮の振幅比（増幅率）、宇野木（2003）による

図によると、きわめて興味深い事実が認められます。地形が安定して変化がない干拓事業開始前と堤防締め切り後の両側の期間においては、増幅率はそれぞれがほぼ一定の値を保っていて、事業前の値に比べて事業後の値が小さくなっています。そしてその間の工事期間中は、一方的に減少を続けています。すなわち事業による有明海の面積の減少と、浚渫埋立などによる水深の増加に伴い、湾の固有振動周期が短くなって増幅率が減少し、工事の進行に伴って潮汐が次第に小さくなることを表します。この結果は、干拓事業によって有明海の潮汐が一方的に減少したことを明白に示していて、干拓事業は有明海の潮汐にほとんど影響を及ぼさない、との農水省の予測結果は否定されたことを意味します。

## 潮汐の変化

　一方、大浦、三角、口之津における $M_2$ 分潮振幅そのものの経年変化を図13.12（a）に、および大浦の大潮差（満潮と干潮の潮位差の平均値）の経年変化を図13.12（b）に示しておきました。3地点とも工事期間中振幅が減少しています。しかし、ここには示しませんが、有明海の外海においても潮汐が減少していて、また外海では近年平均水面が上昇しています。いずれも、有明海の潮汐の減少に寄与しています。したがって有明海の潮汐の減少には、いま述べた干拓事業の影響（内部効果）の他に、外海における潮汐の減少（外部効果）と水面上昇（水深効果）も加わっています。そこで筆者はデータ解析を行って、これらの効果の大きさを見積もりました。その結果、水深効果は小さく、内部効果と外部効果は同程度であることがわかりました（宇野木、2003）。

　これは灘岡和夫・花田 岳氏（2002）の数値計算の結果とほぼ一致しています。ただしその他の数値計算によると、内部効果が外部効果より小さいとか、逆に大きいという結果も報告されています。潮汐の数値計算に関しては、開境界条件の問題、また広い干潟が干潮時には陸地に変化し、流れが強くて非線形効果が大きい浅海においては、正確な計算は容易でなく、なお検討を要する点があるといわれます。

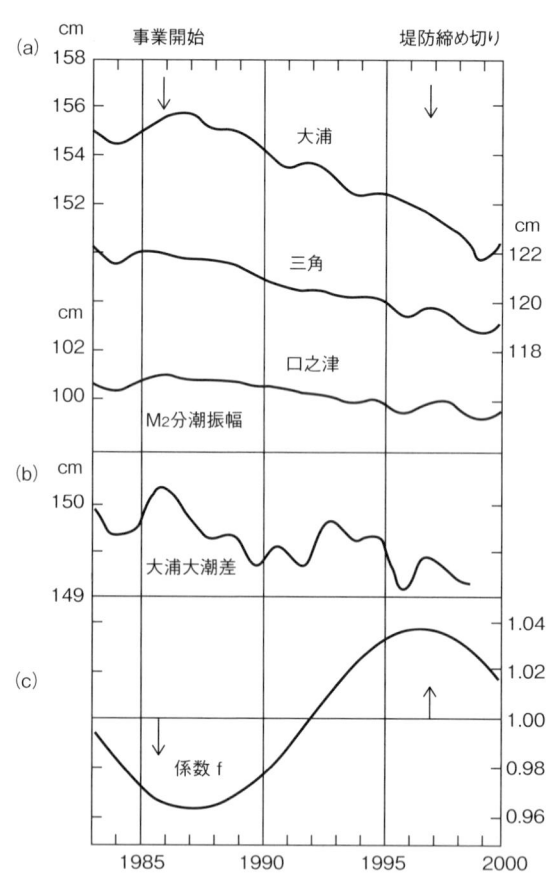

13章 湾を断ち切る長大堤防の脅威

図13.12 (a) 大浦、三角、口之津における$M_2$分潮の振幅の経年変化、(b) 大浦の大潮差の経年変化、(c) $M_2$分潮に対する係数fの経年変化、宇野木 (2002) に加筆

　有明海の潮汐の変化については多くの報告があります。しかし干拓事業の効果を教える図13.11が示す説得力をもつ事実を、諫早干拓事業以外の要因で説明できるものは見出されていません。したがって諫早干拓事業が有明海の潮汐を減少させたことは明らかです。

　なお潮汐は、月の軌道が太陽の軌道と相対的に約18.6年の周期で変化することによる効果（係数fの効果、実際の振幅＝f×振幅基準値）でも変動しています。そしてこれまで用いた振幅は基準値で、干拓事業の効果の議論には除かれていました。fの値は図13.12 (c) に示すように、ほぼ0.96と1.04の

間を周期的に変化をしているので、武岡英隆氏（2003）が指摘するように、具体的に有明海の潮汐の変化を考えるには、このことも考慮しなければなりません。ただしこの効果は図（c）によれば、干拓事業期間の前半期には潮汐振幅を減少させる方向に、後半期には増加させる方向に働いていて複雑です。

　なお有明海から遠く離れた外海に面する地点を基準にして、有明海の潮汐の増幅率を求めて議論している例があります。しかし外海の潮汐は有明海内部と異なる要因で変化している可能性が高いので、外海の観測値を基準にして有明海内部の増幅率を議論することが妥当かどうかについては疑問があります。

**干拓事業による潮流の減少**

　干拓事業のために、有明海の潮汐が減少したことは理解できましたが、減少量は少なく、環境に及ぼす影響としては潮流の変化が重要です。これに関して、農水省は影響評価書の中で、「諫早湾奥部の締め切りによる潮流の変化は、諫早湾内に限られ、諫早湾口部および周辺海域の潮流に著しい影響を及ぼすことはないものと考えられる」と述べています。

　そこで農水省が行った締め切り前と後に実施した測流結果にもとづいて、大潮最強流速の変化率を求めると図13.13を得ます（宇野木、2002）。これによれば堤防締め切り前に比べて締め切り後は、当然ながら堤防前面では80〜90％もの顕著な減少を生じ、堤防を離れるにつれて減少率は小さくなります。それでも湾口付近では10〜30％も減少しています。

　諫早湾外では3点で観測が行われていますが、有明海の中央に位置する一番南側の測点14では、堤防締め切り後に13％も減少しています。潮流の場合には地形変化の効果が大きいので、この大きな減少は、外海における潮汐の減少のためというより、事業による地形変化の効果がはるかに大きいと考えられます。なおこの測点より北の沿岸寄りの2測点では潮流は増大していますが、これは局所的な地形効果によるものです。ただし広い有明海に対して、わずか3点のみの観測はあまりに少なすぎて、事前調査の杜撰さが目立ちます。

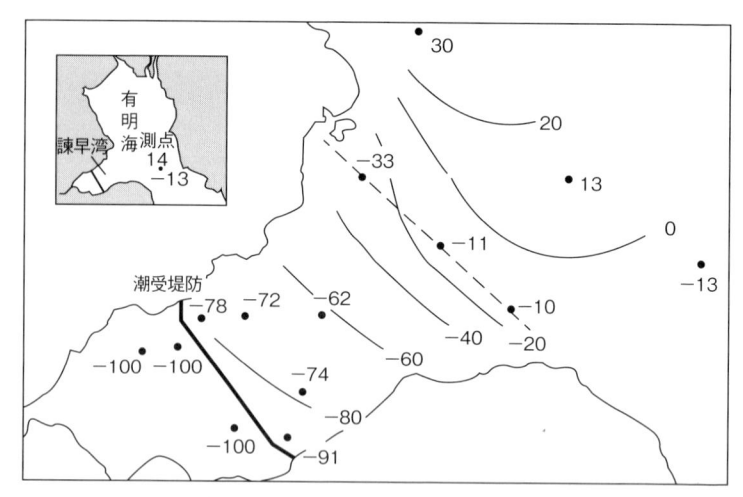

13章　湾を断ち切る長大堤防の脅威

図13.13　潮受堤防の締め切り前後における大潮時の潮流の変化率（％）、マイナスは減少、農水省のデータをもとに作成、宇野木（2002）による

　有明海全域に対する流れの事前調査が農水省のサボタージュによって実施されていないために、事前・事後の比較は困難です。古い30年前の測流結果との比較では、事業の影響を明確にすることはできませんでした。ただし西ノ首英之氏ら（2004）の観測調査によると、島原寄りの測点で干拓事業後$M_2$分潮流の大きさが、10.4％、27.8％、26.7％などの減少が得られていて、これは堤防締め切りの効果と考えられています。

　数値計算によっても、有明海において潮流が減少している結果が得られています。一方、毎日のように海に出て肌で海の変化を感じている漁師へのアンケート調査によれば、有明海全体にわたって10〜20数％の潮流の減少が報告されています（有明海漁民・市民ネットワーク、2003）。また国と県の水産調査研究機関が協力して実施した、有明海の広範囲での簡易なひも流し法による一斉観測によれば、堤防締め切り後に全域平均で潮流が約12％減少したとの結果が得られています。

　これらの結果を総合すると、潮流は干拓事業による堤防の締め切りで、諫早湾内部ではもちろん大きく、有明海内部でも潮流が無視できない程度に減少していると思われます。

## 13.8　河川水輸送の変化と密度成層の強化

### 河川水輸送の変化

　有明海に流入する河川流量の半分は筑後川からのものです。潮受堤防締め切り後、漁師たちは筑後川の水の動きが変わり、鹿島方面へよく回るようになったと言っています。確かに公害等調整委員会専門委員（2004）の数値計算結果によれば、堤防締め切り後は締め切り前に比べて、有明海奥部から流出した河川水は河口を出た後、南方の大牟田・荒尾方面に広がることが弱まり、西方の佐賀県沿岸から諫早湾方面へより多く輸送されるという結果が得られています。

　そこで程木義邦氏（2005）は、有明海沿岸の水産調査研究機関による浅海定線観測結果を統計的に解析して、次のような結果を得ました。すなわち筑後川に由来する水の輸送は堤防締め切り後に、西の佐賀県方面へは平均29％の増加、大牟田方面には平均して42％の減少になります。さらに熊本県北部の荒尾沖では、筑後川の影響が減じたばかりでなく、菊池川由来の水も輸送されにくくなって、28％の減少が生じています。このことが大牟田・荒尾方面における堤防締め切り後のノリ減産の理由になっていることは、13.7節で述べたところです。なぜこのようになったかといえば、すでに述べたように有明海で全般的に潮流が弱まり、相対的にエスチュアリー循環が強まったためと考えられます。

### 表層における密度成層の強化

　さらに、公害等調整委員会専門委員（2004）の計算結果によれば、筑後川から西方の諫早湾方面にかけて、密度成層が強まることが示されました。これは前節で述べた全般的な潮流の減少と、前項で述べたこの方面への河川水の輸送強化によるものです。

　一方、程木義邦氏（2005）はこの表層における成層化の問題を、浅海定線観測データにもとづいて統計的に解析しました。ここでは密度成層を塩分成層で代表させています。結果は図13.14に示されていて、佐賀県側の観測デー

13章　湾を断ち切る長大堤防の脅威

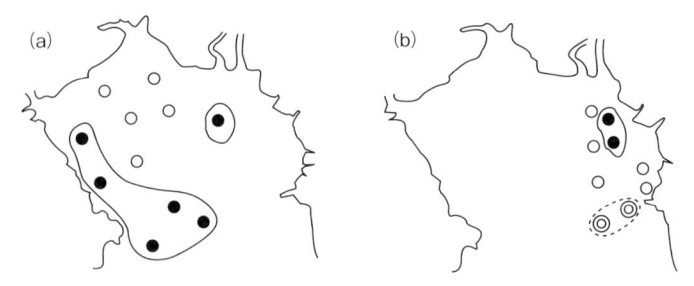

図13.14　潮受堤防締め切り前後における中層と表層の塩分差（中層−表層）の分布、(a) 佐賀県のデータ解析、(b) 福岡県のデータ解析、締め切りによる塩分差が有意に増大●、有意に減少◎、不明○、程木義邦氏（2005）による

タによるものを（a）に、福岡県側の観測データによるものを（b）に分けてあります。図において堤防締め切り後に、表層の成層が強まった測点を●で、成層が弱まった測点を◎で、不明な測点は○で表されています。

　これによれば、筑後川河口前面と、西側佐賀県沿岸から諫早湾にかけて成層が強まっている一方で、筑後川南側の大牟田・荒尾沖では弱まっていて、上記の計算結果を裏付けています。ただし、有明海最奥部の干潟に接する非常に浅い海域では、成層は発生しにくいので変化の傾向は見られません。なお密度には水温も影響しますが、塩分の効果が大きいので、上記の結果に変わりはないと思います。以上の結果は、後で述べる赤潮の大発生と、貧酸素水塊の発達に密接に関係しています。

## 13.9　汚濁負荷の生産源と毒性化する調整池

　児島湖で明瞭に認められたように、諫早湾奥部の調整池の水も著しく汚濁していて、巨大な汚濁負荷生産システムを形成し、また水質の毒性化が心配されています。

**調整池の水質**
　図13.15に、調整池内の潮受堤防近くの測点における、SS（懸濁物質量）、COD（化学的酸素要求量）、全窒素、全リン、クロロフィル$a$量の経年変化

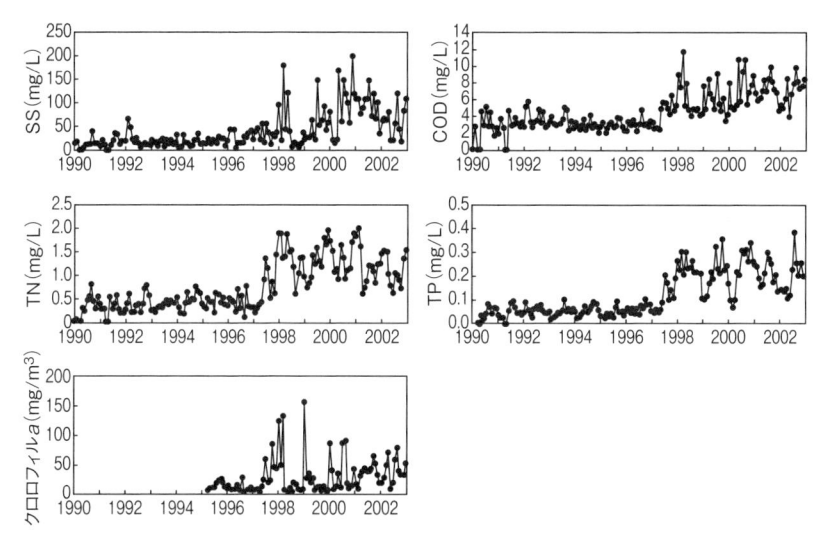

図 13.15 調整池内のモニタリング点における水質諸要素の経年変化、1997年の締め切り後から急激に増大、佐々木克之氏（2005）による

を示しました。いずれも1997年の堤防締め切り後に飛躍的に増加しています。すなわち調整池内の水は、締め切りが行われたために水は濁り、富栄養化し、そして莫大な汚濁負荷を生成していることがわかります。

佐々木克之氏ら（2003）は、(1) 締め切って河川水が滞留して植物プランクトンが増殖したこと、(2) 植物プランクトンなどに起因する汚濁物質の濃度が海水交換の喪失によって希釈されないこと、(3) 有機物を分解する底生生物の喪失、および (4) 淡水化による懸濁物質の凝集による堆積効果の喪失、などが理由であると指摘しています。そして彼らは締め切り後の年間負荷量の見積もりも行っています。

### 調整池の水の毒性

最近、高橋 徹氏ら（2010）は「諫早湾調整池の真実」という本を出版して、調整池の問題点を鋭く指摘しました。調整池は閉鎖されていても、塩分が残っているので灌漑水には利用されていないことは前に述べました。さらに塩分のみでなく、pH、COD、懸濁物質、全窒素などが、農業用水基準を上回っ

ていて農業には適さないのです。この干拓事業は、締め切った調整池の水を淡水化して灌漑に使用することが主要目的の1つでしたが、13.3節に述べた児島湖の場合と同様に、それは達成できていません。

さらに、調整池にはアオコがしばしば発生し、ときに大発生して水面を緑に染めることがあります。ところでアオコが作るミクロシスチン類が毒性をもっていて、これが調整池内の牡蠣や魚類に生物濃縮されていることが、高橋氏ら（2010）によって見出されました。表層水中に含まれるミクロシスチンの濃度は、WHO飲料水ガイドラインをはるかに超える場合が観測されています。またこれが底泥中に大量に含まれていることもわかりました。

調整池の泥に触れた作業員に皮膚のかぶれが多発したのは、これのゆえではないかとも考えられています。汚れた調整池の生きものが、漁獲されて市場に出回ることはないでしょうが、周辺に住む人が何も知らずに食用にして、害を受けることも考えられます。毒魚による水俣病の例もあることですから、十分な注意と警告が必要です。さらにこの物質が水門から排出されて、調整池外に見出されている可能性も示されていて、注意が肝要です。

**汚濁負荷生産システムの構成**

このような汚濁水が排出される外側の海では、当然ながら水質が著しく悪化します。諫早湾の表層におけるCODの分布の1例を、図13.16に示しました。潮受堤防の前面ではCODが10というきわめて大きい値が存在します。この値は、2000年度における全国の水質ワースト3番めになる千葉県印旛沼の年平均値と同じです。この値は湾口に向けて減少し、湾口で2程度になります。環境省が定めたこの海域における環境基準は2以下です。農水省はこ

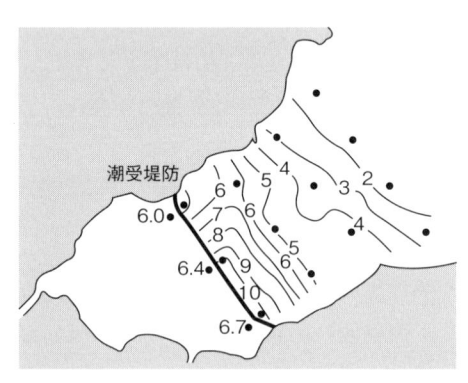

図13.16　諫早湾表層のCOD（mg/L）の分布、2002年3月28日、佐々木克之氏ら（2003）による

の基準は達成できると影響評価していましたが、実際はこれをはるかに上回っています。

　佐々木克之氏ら（2003）の見積もりによれば、河川から調整池へ流入する負荷量に比べて、水門から諫早湾に排出される負荷量は、CODが2.3倍、全窒素が1.36倍、全リンが1.90倍に増大しています。つまり調整池と潮受堤防は、諫早湾に向けて大量の負荷を発生放出しているのです。このために、諫早湾の水質も堤防締め切り後に次第に悪化し、これが湾外の有明海の方へ広がっていきます。かくして干拓事業がもたらした調整池、潮受堤防、そして諫早湾は、大量の汚濁負荷を生成する巨大システムというべきもので、有明海の環境悪化にきわめて重要な役割を果たしているといえます。

　日本海洋学会海洋環境問題委員会（2001）によると、諫早湾の生態系と物質循環はもともと水質浄化型であったが、諫早干拓と堤防締め切りに伴って広大な干潟・浅海域の浄化力の喪失、調整池で生成された莫大な汚濁負荷の排出、諫早湾内の潮流の顕著な減少によって、水質悪化型に転化したと指摘されています。

## 13.10　赤潮の大発生

　代田昭彦・近藤正人氏（1985）によれば、有明海は瀬戸内海よりも汚染が進み、赤潮が発生する条件が揃っているにも関わらず、これまで問題にするような赤潮は発生していないと報告しています。その理由は13.4節で説明したところです。ところが最近になって有明海で大規模な赤潮が頻発し、環境の悪化をもたらすとともに、ノリの養殖に歴史的被害をもたらすことも生じました。

**赤潮発生の実態**
　清本容子氏ら（2006）は、有明海におけるノリ養殖に関係の深い10〜3月における平均赤潮発生日数（日／半年）を、3つの年代に分けて比較しました。結果を図13.17に示します。干拓事業の着工が1989年、堤防締め切

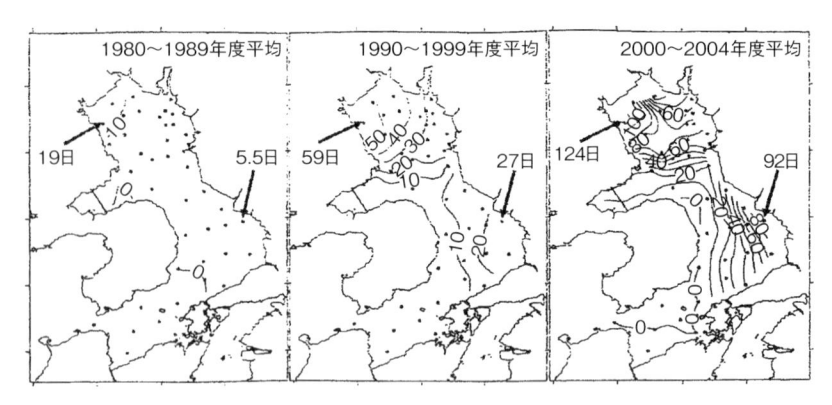

13章 湾を断ち切る長大堤防の脅威

図13.17 有明海における年代別の10〜3月の平均赤潮発生日数(日/半年)、清本容子氏ら(2006)による

りが1997年であることを考慮すると、事業の始まりとともに赤潮が増え始め、堤防締め切り後に発生数が飛躍的に増大したことがわかります。このことから赤潮の顕著な発達には、干拓事業の影響がきわめて大きいことが明瞭に理解できます。なお、この図では諫早湾における発生回数が少ないのは、年間では非常に多いものの、夏季に偏って発生していて、10〜3月には少ないことによるものです。

一方、堤 裕昭氏らの研究グループ(2006)は、赤潮の最大面積と継続日数の積で定義した赤潮発生規模指数と、赤潮発生前の40日間の平均降水量との関係を調べて、図13.18の結果を得ました。図によれば、降水量が多いと、赤潮の規模も大きくなることが理解できます。ここで注目すべきは、1997年に潮受堤防が締め切られる以前(○)と以後(●)は、両者の関係が明らかに異なっていることです。すなわち堤防締め切り後は、締め切り前に比べて、同じ降水量であっても、発生する赤潮の規模は一段と大きくなっています。このことは、赤潮の発達に干拓事業が大きく関係していることを教えます。

すなわち降水量が増えれば、河川から流入する栄養塩類も当然増えるでしょう。そして堤防締め切り後はそれ以前に比べて、調整池からの栄養塩負荷が増えたこと、また前に述べたように締め切りに伴って密度成層が強まっ

― 308 ―

## 13.10 赤潮の大発生

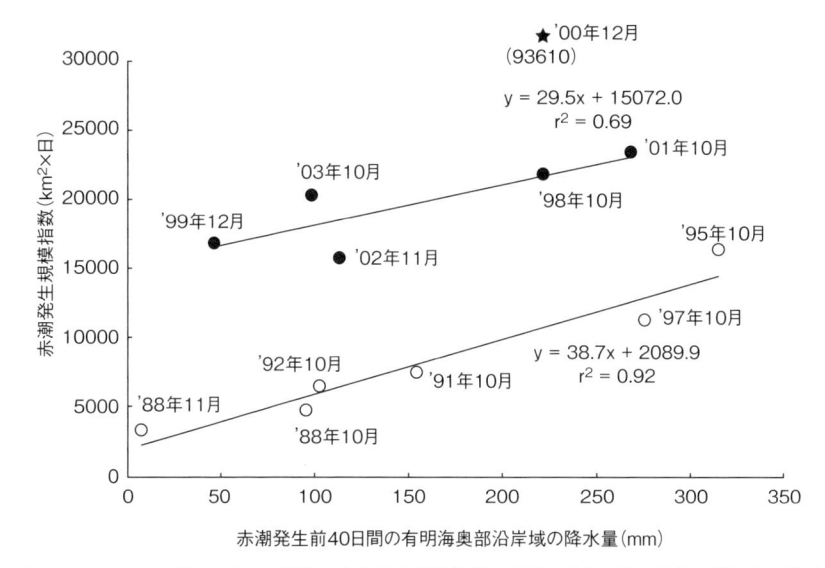

図13.18 10〜12月における有明海の赤潮発生規模指数（赤潮の最大面積×継続日数）と赤潮発生前40日間の平均降水量との関係、飛び離れた星印（2000年12月）の指数は縦軸のスケールに従っていない、堤 裕昭氏ら（2006）による

たこと、河川水の広がりが変化したことなどが生じて、締め切り前に比べて、同じ降水量でも赤潮が増大したと考えられます。なおこのことは海域の貧酸素化と密接に関係していて、次節で再び考察します。

ただし歴史的ノリの大凶作をもたらした2000年の赤潮（図中の星印）は特別に大きくて、以上の関係からはずれていて、他の条件が重なっていることを示唆します。このときは大雨で大量の栄養塩が供給された後に、一時期を除いて例年になく長い間、1月まで高日射が続き、しかも赤潮を終息させる荒天もなかったということです。すなわち堤防締め切り後に生じた赤潮が発生しやすい基本場に、通常でない気象条件が重なったために発生したと考えられます。

### 透明度の上昇

　有明海は他の内湾よりずば抜けて浮泥が多いことを前に述べましたが、これは透明度が低いことを意味します。しかし、最近有明海で透明度が高くなっ

たという話を聞きます。漁師たちも浮泥が減ってきたとか、透明度が高くなったと言っています。

清本容子氏ら（2005）の研究によれば、有明海奥部のかなりの地点で、透明度の年平均値に有意な上昇傾向が認められました。図 13.19 にその例を示します。黒丸で示される塩分はほぼ一定ですが、白三角で示される透明度には明瞭な上昇傾向が見られます。海域別に見ると、諫早湾口部から有明海湾奥に至る西部海域にかけて特に上昇傾向が明瞭です。

この原因として、有明海の外部海域では干拓事業開始前から潮汐が減少する傾向があり、潮流もこれと同時に弱まったと思われます。また干拓事業が始まって湾の潮汐と潮流がさらに減少したことが理由に考えられます。このような潮流の減少の長期的傾向とすでに述べた成層の強化が、底質の巻き上がりを抑制して水中の懸濁物質濃度の減少を引き起こし、透明度の長期的上昇に大きく寄与したと思われます。その結果、光条件

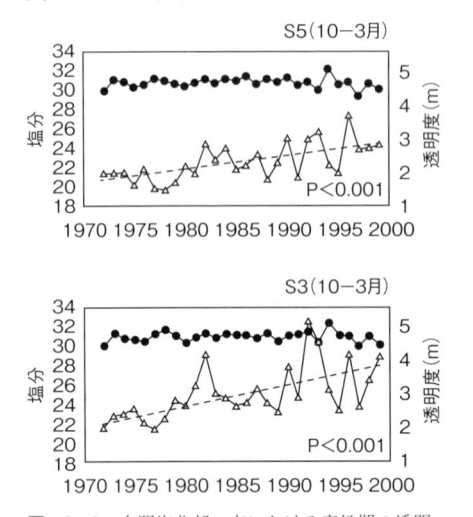

図 13.19 有明海北部 2 点における寒候期の透明度（△）と塩分（●）の経年変化、清本容子氏ら（2005）による

が好転し、表層における赤潮の発生・発達をうながした可能性が指摘されています。

## 13.11　貧酸素水塊の発達

有明海の溶存酸素について代田昭彦・近藤正人氏（1985）は、有明海では潮汐が大きいために、他の内湾に比べて成層の発達が顕著でなく、そのため貧酸素水塊の発達はほとんど見られないと述べていました。しかし最近になって、有明海では底層の溶存酸素濃度が大きく低下する現象が頻発するよ

## 13.11 貧酸素水塊の発達

うになりました。発生場所の中心は、有明海湾奥部の干潟周辺海域と諫早湾内にあり、これが夏季の小潮時に急速に発達し、潮汐によって沖側へ輸送されると推察されています。発生域は貝類資源をはじめとする有明海の水産業にとって重要な海域であるために、憂慮すべき問題になっています。

図 13.20 (a) に日本自然保護協会 (2001) の速報による諫早湾付近から有明海の底層における溶存酸素の分布を、同図 (b) に西海区水産研究所が得た有明海底層の溶存酸素飽和度の分布を示しておきました。潮受堤防締め切り前には見ることがなかった貧酸素水塊が、有明海北部の西岸寄りに広範囲に広がっていることがわかります。なお貧酸素水塊として、溶存酸素濃度が 3 mg/L 以下を考える場合が多いようです。

貧酸素水塊の発生は、基本的には赤潮の発達と深く関係しています。赤潮で発生した植物プランクトンの膨大な遺骸は、海底へ沈んで堆積します。しかし密度成層が発達しているため、表層から底層への酸素の供給は大きな制限を受けるので底層の酸素は消費されて不足し、微生物による有機物の分解

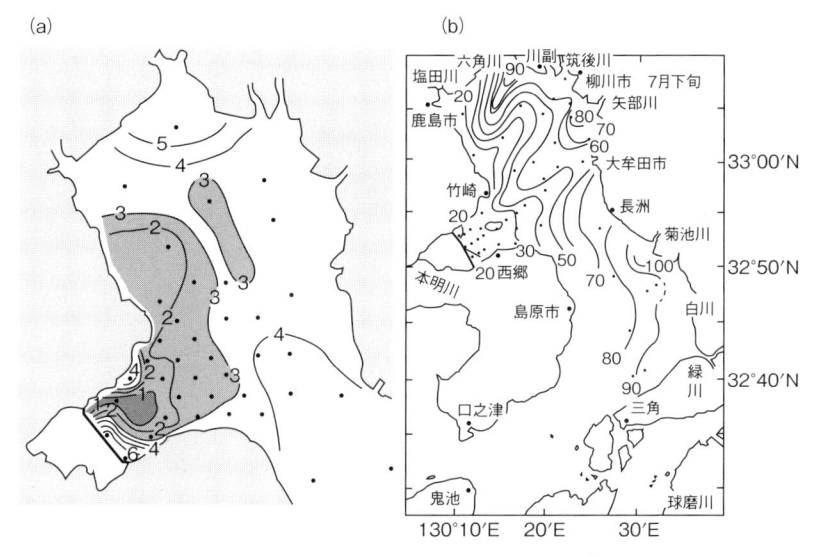

図 13.20 (a) 有明海北部海域における底層（海底上 0.5 〜 1 m）の溶存酸素濃度（mg/L）の分布、2001 年 8 月 5 〜 7 日、日本自然保護協会 (2001) の資料による、(b) 有明海底層における溶存酸素飽和度（%）の分布、2001 年 7 月下旬、西海区水産研究所資料による

は進まず、底層は貧酸素化、底質はヘドロ化すると考えられています。

　しかし、貧酸素水塊が発達した原因については、多くの研究が活発になされていますが、一致した見解はまだ得られていません。その状況は、12の学会等から成る沿岸環境関連学会連絡協議会が2009年に実施した第21回ジョイントシンポジウム「有明海貧酸素水塊の実態と要因」の要旨集で知ることができます。ただ観測データの相違によって、発生要因について多少異なる見解が生じるのは当然と思われます。それでも干拓事業の影響を支持する方向には、変わりはないように思います。

　ここではその後に提出された、松川康夫氏ら3名の研究論文（2014）の結果を紹介しておきます。彼らは、有明海の水質環境は3つの時期、すなわち1955〜1980年までの佐賀干拓による傾向的劣化期、それ以降の平穏期、1989〜1997年の諫早干拓事業による新たな劣化期、に分かれると考えました。そうすると水質の経年変化の中に、3次曲線で近似できるものがあるであろうとの斬新な考えのもとに、水質データを解析しました。解析の結果は次のようです。

　有明海奥部海域の降水量と貧酸素の関係を統計的に調べると、1972年から1990年前半までは、雨量が多いと貧酸素となる一般的な関係が続いていましたが、1990年代後半では雨量がピークを迎える前に貧酸素が進み、かつ貧酸素の程度が以前より悪化していることが見出されました。1990年代後半の出来事をいえば、諫早湾の締め切り（1997年）であり、締め切り→調整池の汚濁化→汚濁物質の諫早湾から有明海奥部への輸送→赤潮や貧酸素の多発、の過程が生じたと結論付けられました。13.10節に述べたように、干拓事業のために諫早湾が大きな浄化源から大きな負荷源に変化したことが原因であります。

## 13.12　底質と底生生物の変化

**底質の泥化・細粒化**

　漁師たちから諫早湾の堤防締め切り後に、有明海で底泥の範囲が広くなっ

## 13.12 底質と底生生物の変化

たということを聞くことがあります。事実、図 13.21 によればこのことが明瞭に認められます。図によると中央粒径値 Mdφ（数値が大きいほど粒径は小さい）が、7 以上（粒径 0.0078 mm 以下）の微細な底泥域は、左図の堤防締め切りを始めた頃には湾奥部の佐賀県側に限られていましたが、右図の堤防締め切り後の 2000 年 9 月には湾中央部にまで広がっていました。

また有明海の多数地点において過去になされた観測結果にもとづいて、東幹夫氏（2005）は図 13.22（a）に 1957 年、1997 年、2002 年における中央粒径値 Mdφ の頻度分布を示しました。これによると堤防締め切り前の長い期間には、中央粒径の最大出現頻度は中粒砂（1～2φ）で変化は見られません。しかし堤防締め切り後の 2002 年には中粒砂が減って、それより細かい細粒砂（2～3φ）が飛躍的に増えています。

さらに東氏にしたがって、堤防締め切り以後に彼らが実施した多数地点における観測結果にもとづいて、図 13.22（b）に中央粒径値の頻度分布を年別に並べました。ここでも頻度のピークは中粒砂（1～2φ）から、2002 年に細粒砂（2～3φ）に変わっています。東氏はまた、諌早湾から対岸の熊本

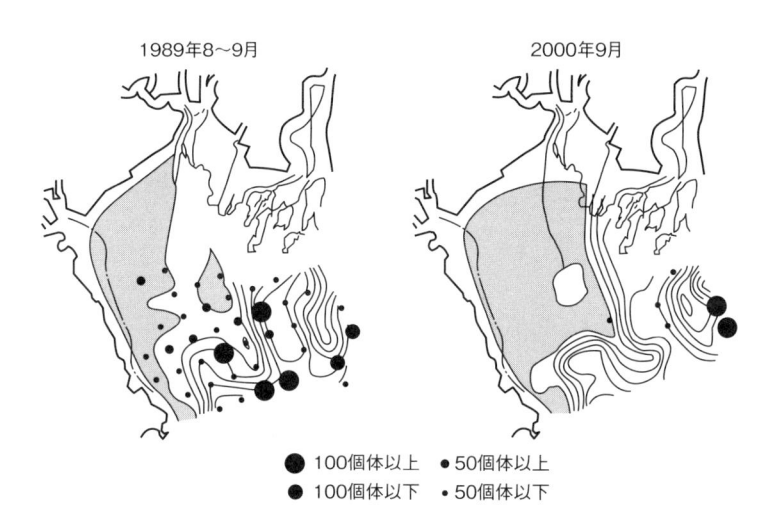

図 13.21　有明海北部海域の 2 期間（工事着工時と堤防締め切り後）における底泥の広がりとタイラギの生息状況の変化、タイラギの個体数は 100 m² 当たり、灰色部分は粒径 0.0078 mm 以下（Mdφ が 7 以上）の粘土の分布範囲、佐賀県有明海水産振興センター資料による

## 13章 湾を断ち切る長大堤防の脅威

県に向けて、中央粒径値の水平分布の経年変化を詳しく調べて、細粒砂の分布範囲が時間の経過とともに、諫早湾口から湾外の有明海中央部へ広がっていることを明らかにしました。

以上に得られた底質の泥化とその広がりの変化は、次のような理由によると思われます。諫早湾内では干拓事業に伴うもろもろの工事（杭打ち、干拓、埋立、浚渫など）、さらに工事船の頻繁な往来のために底質の土砂が頻繁に撹乱されたこと、また堤防締め切りのために、諫早湾内はもちろん激しく、有明海内でも潮流が弱まったこと、さらに湾奥に注ぐ河川水が、西方の佐賀県側に回りやすくなったことなどが影響していると思われます。底質は水質などに比べて安定性が強いので、以上のような底質の明確な変化には、諫早湾干拓事業の影響がきわめて強いことを明らかに示しているといえます。

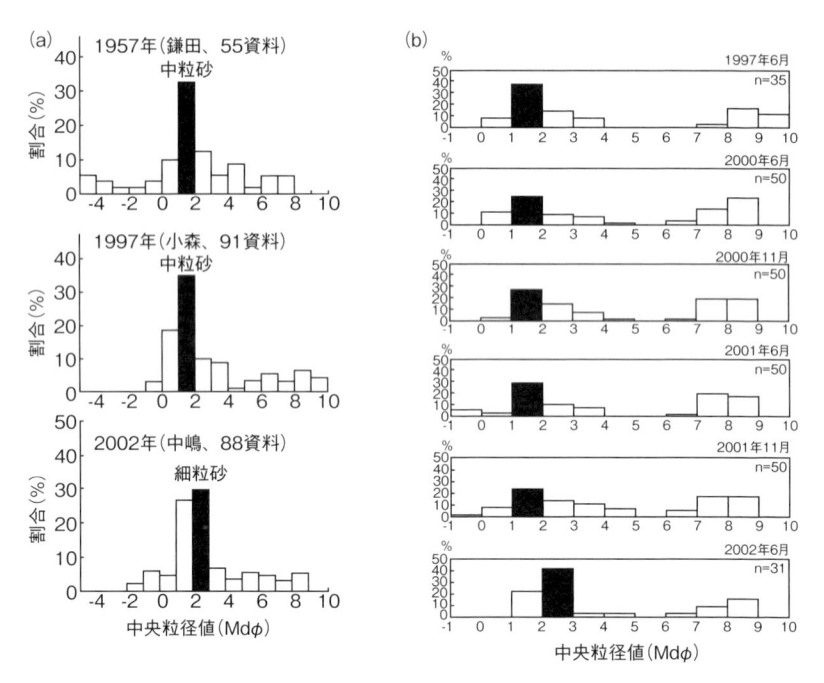

図13.22 有明海における中央粒径値（Mdφ）の変遷、(a) 1957年、1997年、2002年の比較、(b) 潮受堤防締め切り後の比較、いずれも2002年に変化が出現、東幹夫氏（2005）による

## 底生生物の減少

　以上のような底質の泥化は、底生生物にも大きな影響を与えるようになりました。その典型例として、13.7節に述べた二枚貝のタイラギの激減があります。その状況は堤防締め切りを挟んだ前後におけるタイラギの生息実態を比較した図13.21で明瞭に知ることができます。その他にも底生の漁獲種の減少が続いています。

　ここでは東 幹夫氏（2011）の報告をもとに、マクロベントス（1 mm目のふるいに残る底生生物）を例にして、干拓事業後における底層の生物の減少を述べることにします。図13.23に、有明海奥部の50定点における1997年の堤防締め切りから2009年までの、マクロベントスの平均生息密度の経年変化を示しました。堤防締め切りから2001年までは生息密度は年々減少の傾向が見られます。これはこれまで述べた水質・底質の環境の悪化が進行したことによると考えられます。

　ところが2002年の6月には、生息密度が飛躍的に増大しています。このときは観測直前の4～5月に、約1ヵ月間にわたる短期開門調査が実施されていました。このために水質と流れが一時的に変化して、生息条件が改善されて生息密度が増大したものと思われます。そして再び水門が閉ざされた後は、漸次生息密度は減少していきました。開門によって生息密度が飛躍的に

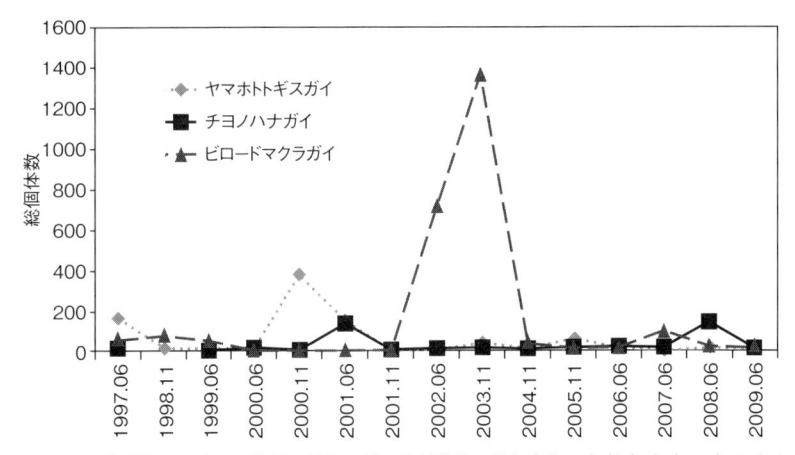

図13.23　有明海における二枚貝の優占3種の総個体数の経年変化、東 幹夫氏（2011）による

増大した因果関係については、なお検討の余地がありますが、開門が生物にとっていかに重要であるかを示唆しています。このような生息密度の変化とともに、その中の生物種の変化についても考えねばなりませんが、筆者の及ぶところでないので原著に譲ります。

なお諫早干拓事業に伴う二枚貝類の変化を追い求めてきた佐藤慎一氏（2012）は、日本と韓国における複式干拓堤防建設後の底生生物相の変化を比較して、諫早湾への海水導入後に何が起こるかを検討し、堆積物中の酸化を促進する種の底生生物が増大して底質が改善され、他の底生生物も生息できるようになると指摘しています。

## 13.13　短期小規模開門調査の教訓

堤防締め切り後に起きたノリの歴史的大凶作の原因を究明するために、農水省は通称ノリ第三者委員会を設置しました。同委員会は科学的な検討の結果、原因を明らかにするために、最初は2ヵ月程度、次は半年程度、さらに数年程度と順を追って水門を開放して調査することが必要であると考え、その実施を農水省に強く要請しました。

だが、農水省は2002年4月から同年5月にかけて、わずか1ヵ月に満たない短期開門調査を行ったのみで、以後は実施せず、農水大臣がノリ第三者委員会の出した結論を尊重するといった最初の約束を破ったのでした。しかもこの開門は、調整池内の水位変動幅がわずか20 cm以内というきわめて不十分なものでした。しかしそれでも、調整池内の水質の改善が明白に認められて、本格的な開門の効果を十分に期待させるものでした。

図13.24に水門開放前後における調整池内の塩素量（塩分はこれのほぼ1.8倍）、SS（懸濁物質）、COD、全窒素、全リンの濃度変化を示します。開門による海水の流入に伴い、凝集作用が強まって海底に沈積するために、SSは急激に減少します。同時に全窒素も全リンも劇的に減少して、池内の水質は著しく改善されました。だが開門が終わるとともに、元の悪い状態にもどっていきました。

13.13 短期小規模開門調査の教訓

　佐々木克之氏ら (2003) は、干拓事業がないときの池内の本来の自浄作用が、開門によってどの程度回復したかを見積もると、年間を考えて全窒素は約 50％、全リンは約 100％を得て、短期小規模でも池内の浄化能力が顕著に改善されることが認められました。ただし COD に対する浄化能力はまったく回復しませんでした。これは、有機物を浄化する底生生物が、短期間では回復しなかったためと考えられます。底質を含めて池内の環境改善を図るた

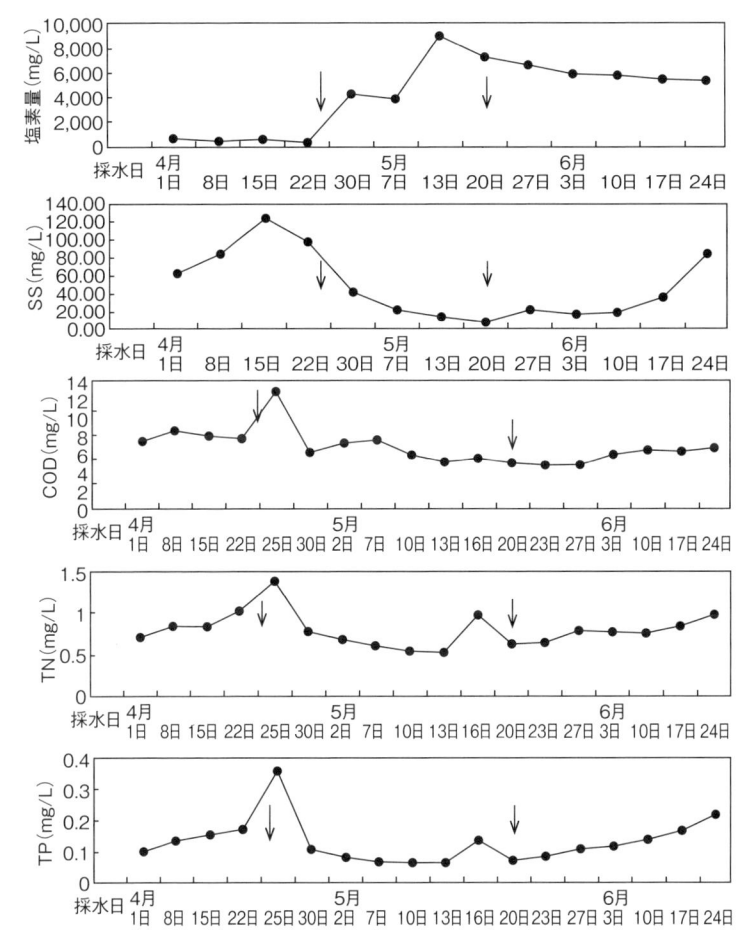

図 13.24　短期開門調査前後における調整池内の塩素量、懸濁物質 (SS)、COD、全窒素 (TN)、全リン (TP) の時間変化、縦の 2 本の矢印は開門調査期間を表す、九州農政局の資料にもとづく

— 317 —

めには、長期間の開門が必要であることがわかりました。

なお堤 裕昭氏ら（2005）は、大雨時の短期開門調査中の期間と、これが終わった期間とを比較して、有明海奥部の低塩分水の挙動と、潮目の分布が著しく異なることに注目しました。そして栄養豊富な湾奥部の低塩分水が、開門していれば外へ流出しやすいが、そうでなければ湾奥部に長く滞留して赤潮が発生しやすい環境になると報告しています。

## 13.14 有明海異変の発生システム

有明海異変の発生原因について、データ不足とともに、個々の事象で発生の機構が明確でない事項もあるために、原因は不明とする不可知論が一部になされています。だが科学と疫学の面から総合的に判断すれば、異変が生じた原因と過程を示し得ると考えられます。そこで宇野木・佐々木（2007）は図13.25に示す有明海異変の発生システム図を作成しました。図中における個々の過程間の関係は、すでにこれまでに述べているのでくり返しません。諫早干拓事業が主要な原因であることは明らかといえます。有明海再生のためには、細部にこだわることなく不可知論から抜け出ることが必要です。

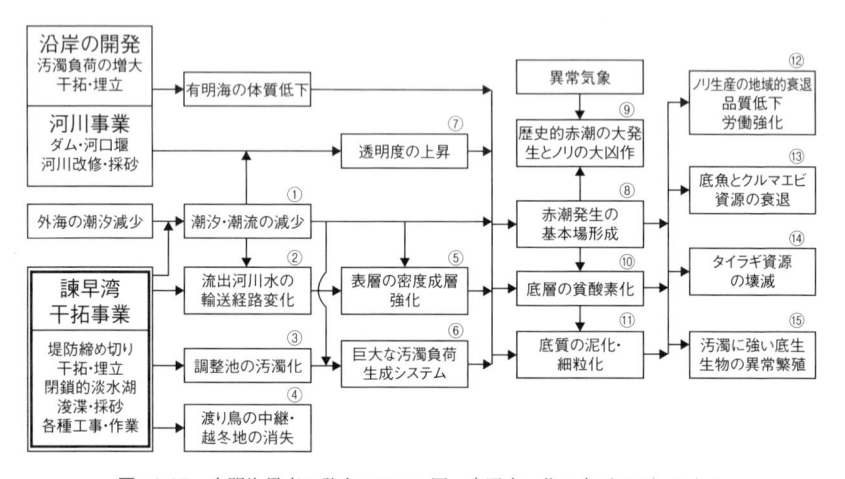

図13.25 有明海異変の発生システム図、宇野木・佐々木（2007）による

なお④の項目は初出であるので、少し説明を加えておきます。渡り鳥の中継・越冬地の消失に関して、花輪伸一・武石全慈氏（2000）によれば、広大な干潟と餌となる魚介類が豊富に存在する諫早干潟は、わが国の渡り鳥にとってきわめて重要で貴重な越冬地になっていました。また渡りの中継地でもあるため、非常に多くの種類と個体数が飛来していました。だが彼らは干拓事業後に諫早湾から追い出され、他の場所に移らざるを得ません。しかし、諫早干潟ほど広大で餌の豊富な場所は見出しにくく、避難場所も過密となり、諫早干拓事業は渡り鳥に望ましくない影響を与えることが憂慮されています。

この他、佐藤正典氏編（2000）によれば、有明海には、日本国内ではこの海域だけに（一部は隣接する八代海に）分布記録がある特産種の生物 23 種が見られます。それらは魚類、浮遊性カイアシ類、ベントスなどです。ムツゴロウもこれに属します。ところが興味深いことに、これらと同種または近縁種と見なされる個体群が、大陸の黄海沿岸に見出されるのです。

有明海の生物相はなぜこのようにユニークなのでしょうか。これには、今から海面が約 150 m 低かった 15,000 年から 18,000 年前の最終氷期にもどらねばなりません。当時対馬海峡は陸地であって日本列島と大陸とは陸続きで、その西側の大きな内湾の沿岸には、内湾性生物の先祖が広く分布していたと思われます。氷期が終わって海面が上昇した約 1 万年前には、日本列島は大陸と分断され、大陸沿岸の内湾性生物種群の一部が日本の沿岸に取り残されました。そして環境の変化でその多くは滅びましたが、大きな潮汐と豊富な河川水の流入などの環境特性が、大陸沿岸と似ていた有明海にのみ保持されていたと考えられます。いまこれらの特産種が、干拓事業によって危機に陥っていることが危惧されます。

このように貴重な生物や渡り鳥は、生物の多様性が問われる現在、私たちにとってかけがえのない財産です。この貴重な財産を子孫に残すことは、私たちの責任ではないでしょうか。有明海の再生が緊急に望まれるところです。

## 13.15　有明海再生へ

　かつて宝の海といわれた有明海の、近年における環境崩壊と漁業被害は甚だしく、有明海異変と騒がれています。この原因については解決を要する部分が残されていますが、これまで述べてきた研究結果をもとに疫学的に考えれば、大部分は農水省の諫早干拓事業に起因すると思われます。このため、科学技術振興機構が公表した世界の「科学技術における失敗百選」の中にもこの事業が選ばれていて、無駄な公共事業の見本として世界中に有名になっています。本節においては、この事業に関わる社会的影響をとりまとめ、有明海再生の道を考えたいと思います。

　本章の初めに述べたように、この干拓事業には2,490億円もの膨大な税金が投じられましたが、これによる農業生産額は年間に45億円程度にすぎず、銀行の借入れ利子にも及ばない程度といわれます。農水省によるこの事業の投資効率の見積もりは83％であり、驚くべきことに当初から赤字事業で、民間では到底考えられないことです。しかも、この投資効率は我田引水的な見積もりで、実際は19％にすぎないとの報告も見出されます（宮入興一氏、2011）。

　ノリ漁業を除く漁獲量の減少の程度を図13.9に示しましたが、ここで干拓事業による漁業被害金額を求めます。事業着工前1985～1989年の5年平均の漁業生産額は274億円でした。しかし最近では漁業生産量はわかっていても、漁業生産額は不明です。一方、生産量と生産額の関係については、佐々木克之氏によって図13.26の結果が得られていて、両者には明瞭な一次関係が認められます。そこで事業後の2010～2014年における5年平均の生産量が17,928トンであることを考えると、上記の関係式によれば図中の×印が示すように生産額は年平均81億円になります。すなわち事業前に比べて生産額が193億円の減少になります。この漁業生産額の減少の大部分は干拓事業によるものと考えられ、上記の干拓地における農業生産額の数倍もの漁業被害が生じていると推定されます。このため多数の漁民は生業を維持できなくて苦しんでいます。中には自らの命を絶った人も少なくありません。

さらに漁師ばかりでなく、漁業の衰退に伴って関連する業種の人や市民も難儀をしています。このことは例えば造船工場を営み、いまや破産の危機を迎えた大鋸豊久氏が、有明海訴訟において裁判官に切々と訴えた陳述書（高橋裕氏ら（2010）の著書に所載）で知ることができます。

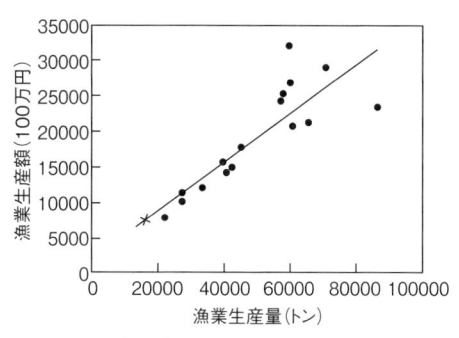

図13.26 黒丸は有明海の1985～2000年における年間の漁業生産量（$x$）と漁業生産額（$y$）の関係、直線は$y = 0.338x + 2060$、佐々木克之氏による（私信）。×印は2010～2014年の5年平均の生産量と生産額

また汚濁が甚だしくかつ毒性を示す調整池の浄化を主な対象にして、1998～2013年の間に約550億円が支出されました。しかし13.3節に述べた多額の浄化費を投じても効果が乏しかった児島湖の場合と同様に、調整池の顕著な汚濁は解消できず、しかも有明海の汚染源になり続けています。このままでは効果がない無駄な支出が永遠に続くでしょう。

以上のような諫早干拓事業の影響を考えたとき、その影響をなくすことが基本的に重要です。ただし必ずしもその影響が万人に認められているわけではありません。そこで福岡高等裁判所は2010年12月に諫早干拓事業の影響を明らかにするためには、実際に5年間水門を開けて調査することが基本的に必要との判決を下し、国も控訴せず確定しました。

この判決の先駆けとなった第一審の佐賀地方裁判所は2008年6月に、「国が長中期開門調査を実施して因果関係の立証に協力しないことは立証妨害と同視できるといっても過言ではなく、訴訟上の信義則に反するといわざるを得ない」とまで述べています。さらに上記の福岡高裁の判決にも関わらず開門調査を実施しない農水省に対して、佐賀地裁は2014年4月に制裁金を漁業者に支払うことを命じました。

それでも依然として農水省は開門調査を実施しようとしません。その理由として開門に必要な工事が干拓農民の反対でできないこと、および農民が提

訴した別の裁判で 2013 年 11 月に長崎地裁から開門差し止めの仮処分が出ていることなどをあげています。ただしこれらが確定した開門調査ができない理由にはならないこと、およびこの間の込み入った裁判の経緯は松橋隆司氏（2014）の著書に述べてあるので、詳細はこれに譲ります。農水省が開門調査を避けたいとする根底には、干拓事業の失敗が明らかになり、責任を問われることを恐れているためと思われます。なお農水省は、有明海異変の主原因は干拓事業でないと主張しているのですから、それを実証するためにも、この開門調査が必要と考えるべきです。

一方、干拓農民も水門開放調査に対して、水源と防災の観点から強硬に反対しています。けれどもこの問題に関しては、農業と漁業が両立できる道が漁業者側から提案されています。詳細な内容は羽生洋三氏（2010）によって紹介されているので、この方向で問題が解決されることが望まれます。

またこの干拓事業を強力にバックアップしてきた長崎県も、開門調査に反対しています。だが 13.1 節に述べたように、長崎県が 2001 年に実施した県民アンケート調査結果では、県民は諫早干拓事業に積極的でなく、それほど力を入れる必要はないと考えています。長崎県当局が県民の意思を恣意的に曲げて、開門調査によって問題が解決の方向に進むことを困難にしているように思われます。

科学的研究だけでは限界があるこの問題を、福岡高裁が命じた水門開放によって明確に解明することは何より必要で有効です。水門開放に反対の農水省、長崎県、干拓農民がこの調査の必要性と重要性を認識して、実施に理解を示すことが切に望まれます。

そして 13.14 節に述べた短期小規模開門調査の経験によれば、水門開放によって環境が改善されることは必然と考えられます。けれども、単に幅 250 m の開放だけでは有明海の再生には限界があると思われます。将来は隣の佐賀県などと同様な治水・利水を行い、長大な堤防を撤去して元の豊かな有明海を取り戻すことが必要とも考えられます。

最後の図 13.27 には、堤防締め切りのために堤内の干上がった干潟に、ハイガイの死骸が累々と広がる光景が写し出されています。佐藤慎一氏の調査

13.15 有明海再生へ

**図 13.27** 潮受堤防締め切り後 4 ヵ月の小江干潟における累々たるハイガイの死殻、1997 年 8 月、冨永健司氏撮影、佐藤正典氏（2000）より転載

によれば、長さ約 3 km、幅約 1 km の範囲における総個体数は 1 億個といわれていて（東 幹夫氏、2011）、締め切りの残酷さとともに、かつて有明海がいかに豊かであったか、そしてそれらの浄化能力がいかに大きかったかが偲ばれます。自然の流れがよみがえり、このように豊穣な海、有明海の再生を期待したいものです。

　終わりに、筆者の心にいつまでも残り、多くの人に知ってもらいたい漁民の一主婦の願いを、本書にも書き遺して筆を措きます。水系全体に対する私たちの願いも同じです。

　　　　　海は借り物なんよ
　　　　　子供たちに返すときは
　　　　　きれいにしてから返そうね
　　　　　これが私たちの合言葉　　　　　（土田信子）

13章　湾を断ち切る長大堤防の脅威

**参考文献**

東　幹夫（2005）：有明海環境異変とその要因、底質の変化、3章5節；有明海生態系異変とその要因、底生生物相の経年変化、4章2節、有明海の生態系再生をめざして、日本海洋学会編、恒星社厚生閣

東　幹夫（2011）：有明海異変と開門による再生－底生生物の経年変化から、日本の科学者、第46巻第5号

有明海漁民・市民ネットワーク（2003）：諫早湾干拓が海を変えた－有明海漁民アンケート調査結果報告書－

有明海漁民・市民ネットワーク、諫早干潟緊急救済東京事務所、企画・編集（2006）：市民による諫早干拓「時のアセス」2006－水門開放を求めて－

諫早干潟緊急救済東京事務所・諫早干潟緊急救済本部・WWFジャパン企画・編集（2001）：市民による諫早干拓「時のアセス」

石飛　裕・神谷　宏・山室真澄（2014）：中海宍道湖の科学－水理・水質・生態系－、ハーベスト出版

井上尚文（1985）：有明海Ⅱ、物理、日本全国沿岸海洋誌・第21章、日本海洋学会沿岸海洋研究部会編、東海大学出版会

宇野木早苗（2002）：有明海における潮汐と流れの変化－諫早湾干拓事業の影響を中心にして－、海と空、第78巻第1号

宇野木早苗（2003）：有明海の潮汐減少の原因に関する観測データの再解析結果、海の研究、第12巻第3号

宇野木早苗（2004）：有明海の潮汐・潮流の変化に関わる科学的問題と社会的問題、沿岸海洋研究、第42巻第1号

宇野木早苗（2006）：有明海の自然と再生、築地書館

宇野木早苗・佐々木克之（2007）：有明海の発生システムについて、海の研究、第16巻第4号、第16巻第6号

宇野木早苗・菅波　完・羽生洋三（2008）：複式干拓方式の沿岸防災機能、海の研究、第17巻第6号

片寄俊秀（2001）：防災計画とその虚実、市民による諫早干拓「時のアセス」・＜3.防災＞

清本容子・山田一栄・中田英昭・田中勝久（2005）：筑後川からの懸濁粒子負荷量と有明海奥部における透明度の長期変動、日本海洋学会春季大会要旨集

清本容子・田中勝久・山本一来・中田英昭（2006）：水産試験研究機関によるモニタリング－有明海における浅海定線調査－、第15回沿環連ジョイント・シンポジウム要旨集

公害等調整委員会専門委員（2004）：有明海における干拓事業漁業被害原因裁定申請事件・専門委員報告書

佐々木克之（1997）：干潟・藻場の重要な働き、とりもどそう豊かな海　三河湾－環境保全型開発批判、八千代出版

佐々木克之・程木義邦・村上哲生（2003）：諫早湾調整池からのCOD、全窒素、全リンの排出量および失われた浄化量の推定、海の研究、12巻第6号

佐々木克之（2005）：有明海環境変化と生態系異変の総括、有明海の生態系再生をめざして・5章、日本海洋学会編、恒星社厚生閣

佐々木克之（2009）：深刻な有明海漁業、趣旨説明、第21回沿環連ジョイント・シンポジウム「有明海貧酸素水塊の実態と要因」、要旨集

佐藤慎一（2012）：日本と韓国における複式干拓堤防建設後の底生動物相変化の比較－諫早湾への海水導入後に何が起こるか？、沿岸海洋研究、第49巻第2号

佐藤正典編（2000）：有明海の生きものたち－干潟・河口域の生物多様性、海游舎

柴田鉄治（2000）：科学事件、岩波新書

代田昭彦（1982）：デトリタスと水産との関連、海洋科学、第 14 巻 150 号
代田昭彦・近藤正人（1985）：有明海Ⅲ、化学、日本全国沿岸海洋誌・第 21 章、日本海洋学会沿岸海洋研究部会編、東海大学出版会
高橋　徹・堤　裕昭・羽生洋三（2010）：諫早湾調整池の真実、かもがわ出版
武岡英隆（2003）：有明海における $M_2$ 潮汐の変化に関する論議へのコメント、沿岸海洋研究、第 41 巻第 1 号
堤　裕昭・岡村絵美子・小川満代・高橋　徹・山口一岩・門谷　茂・小橋乃子・安達貴浩・小松利光（2003）：有明海奥部における近年の貧酸素水塊および赤潮発生と海洋構造の関係、海の研究、第 12 巻第 3 号
堤　裕昭（2005）：赤潮の大規模化とその要因、有明海の生態系再生をめざして・4 章 1 節、日本海洋学会編、恒星社厚生閣
堤　裕昭・木村千寿子・永田紗矢香・佃　政則・山口一岩・高橋　徹・木村成延・立花正生・小松利光・門谷　茂（2006）：陸域からの栄養塩負荷量の増加に起因しない有明海奥部における大規模赤潮の発生メカニズム、海の研究、第 15 巻第 2 号
堤　裕昭・堤　彩・高松篤志・木村千寿子・永田紗矢香・佃 政則・小森加智大・高橋　徹・門谷　茂（2007）：有明海奥部における夏季の貧酸素水発生域の拡大とそのメカニズム、海の研究、第 16 巻第 3 号
永尾俊彦（2005）：諫早の叫び－よみがえれ干潟ともやいの心、岩波書店
灘岡和夫・花田　岳（2002）：有明海における潮汐振幅減少要因の解明と諫早堤防閉め切りの影響、海岸工学論文集、第 49 巻
西ノ首英之・小松利光・矢野真一郎・斎田倫範（2004）：諫早湾干拓事業が有明海の流動構造へ及ぼす影響の評価、海岸工学論文集、51 巻
日本海洋学会編（2005）：有明海の生態系再生をめざして、恒星社厚生閣
日本海洋学会海洋環境問題委員会（2001）：有明海環境悪化機構究明と環境回復のための提言、海の研究、第 10 巻第 3 号
日本自然保護協会（2001）：有明海奥部における底層の溶存酸素濃度、速報
花輪伸一・武石全慈（2000）：渡り鳥、有明海のいきものたち・10、佐藤正典編、海游舎
羽生洋三（2010）：未来へ、諫早湾調整池の真実・第 4 章、高橋徹ら著、かもがわ出版
速水祐一・山本浩一・大串浩一郎・濱田孝治・平川隆一・宮坂 仁・大森浩二（2006）：夏季の有明海奥部における懸濁物輸送とその水質への影響、海岸工学論文集、第 53 巻
程木義邦（2005）：有明海浅海定線調査データでみられる表層低塩分水輸送パターンの変化・3 章 2 節、有明海の生態系再生をめざして、日本海洋学会編、恒星社厚生閣
松川康夫・佐々木克之・羽生洋三（2014）：有明海奥部の貧酸素と諫早湾干拓事業の因果関係の検証、海の研究、第 23 巻第 3 号
松橋隆司（2008）：宝の海を取り戻せ－諫早湾干拓と有明海の未来、新日本出版社
松橋隆司（2014）：弁護士 馬奈木昭雄、合同出版
宮入興一（2011）：破綻した公共事業としての諫早湾干拓事業と政治経済学的問題、日本の科学者、46 巻 5 号
柳　哲雄・阿部良平（2003）：有明海の塩分と河川流量から見た海水交換の経年変動、海の研究、第 12 巻第 3 号
山下弘文（2001）：諫早湾ムツゴロウ騒動記－二十世紀最大の環境破壊－、南方新社
山室真澄（2001）：沿岸域の環境保全と漁業、科学、71 巻 7 号、岩波書店

## 索　引

&lt;あ行&gt;

アイスアルジー　177
アオコ　200, 306
青潮　96, 166
赤潮　138, 166, 215
　　――の大発生　307
　　――発生規模指数　308
阿賀野川　63
安芸灘　174
芦田川　246, 260, 266
アスワンハイダム　208
厚岸湖　134, 137, 139, 158
厚幌ダム　234, 236
安倍川　76, 112
アマゾン川　21, 22, 31, 84
アマモ　159
網状流路　32
アムール川　141, 176
アユ　184, 205, 217, 257
荒瀬ダム　196
　　――の廃止　243
有明海　123, 287
　　――異変　274, 320
　　――異変の発生システム　318
　　――再生　320
　　――の海水循環　291
　　――の海洋構造　290
　　――の漁業生産力　295
　　――の浮泥　289
安政南海地震　61
アンダーフロー　259
井川ダム　109
諫早干拓・時のアセス　279
諫早干拓事業　274
諫早大水害　277
石狩川　22, 74
伊勢湾　88
磯やけ　140
市房ダム　193, 196, 203, 219
揖斐長良大橋　263
伊予灘　174
因果関係　282
印旛沼　285
ウォシュロード　109
魚付き林　141, 178
内浦湾　91
ウナギ　185

海坊主　91
運搬作用　25
疫学的判断　282
エクマンの吹送流理論　95
エクマン輸送　95
エクマン螺旋　96
エスチュアリー　70
　　――循環　70, 155, 164, 209
　　――循環の流量　71
江戸川　36, 60
沿岸砂州（バー）　121
沿岸熱塩フロント　79, 81, 164
沿岸防災効果　277
沿岸湧昇　97
沿岸流　118
遠州灘　76, 126
塩水くさび　64
塩分溯上点　63
大井川　76
大河津分水路　128
大阪湾　174
オオタカ　237
太田川　72
オーバーフロー　259
沖ノ瀬環流　90
小河内ダム　221
汚濁負荷生産システム　306
汚濁負荷の生産源　304
汚濁負荷輸送量　206
オホーツク海　141, 176
雄物川　62
親潮　102
　　――海域　141
遠賀川　246, 260
温度逆転　78
温排水　75

&lt;か行&gt;

海岸侵食　125
海岸林　142
海峡の役割　173
海水交換　169
海氷　176
海浜断面地形　121
海浜流　118, 120
開門調査　282, 321
河岸段丘　47

索　　引

河況係数　*22*
拡散型氾濫　*39*
拡散係数　*171*
拡散貯留混合型氾濫　*39*
河口漁場の悪化　*214*
河口砂州　*113, 117*
河口循環　*70*
河口堰　*246*
河口地形　*113*
河口テラス　*114*
河口デルタ　*113*
河口フロント　*72, 79, 164*
河口閉塞　*113*
河口密度流　*70*
河床波　*32*
霞ヶ浦　*253, 260*
霞堤　*228*
カスリーン台風　*39, 41*
風の吹き寄せ作用　*60*
河川水輸送の変化　*303*
河川棲（植物）プランクトン　*260, 266*
河川の流出量　*133*
河川法　*223*
河川網　*34*
河川流量　*21*
渇水緩和機能　*14*
河道主義　*43, 231*
過熱冷却に伴う対流　*99*
カバー率　*184*
河畔林　*184*
花粉症　*6*
涸れ川　*46*
川のふるい分け作用　*26*
川辺川　*204*
　　――ダム　*243*
環境アセスメント　*209*
環境影響予測　*238*
環境改善　*317*
環境基準　*212*
緩混合型　*64, 66*
寒狭川　*228*
慣性周期　*69*
干拓事業による潮汐の減少　*298*
干拓事業による潮流の減少　*301*
（河川）感潮域　*52, 250*
間伐　*6*
気圧の吸い上げ作用　*60*
紀伊水道　*81, 174*
危険半円　*60*
気根　*147*
稀少生物　*237*

木曽川　*22, 60, 264*
木曽三川　*54*
北上川　*22*
北太平洋中層水　*177*
基底流出　*9*
基本高水流量　*230*
休耕地　*279*
給水量　*232*
急潮　*103*
強混合型　*63*
凝集作用　*151, 250*
漁獲量の経年変化　*295*
漁業生産額　*320*
漁場環境　*212*
魚道　*254*
グアノ　*187*
九十九里浜　*143*
九頭竜川　*37*
球磨川　*204, 206*
クマタカ　*237*
黒潮　*100*
　　――前線　*105*
　　――続流　*101*
黒部川　*23*
計画高水流量　*42*
原因究明　*280*
限界流　*30*
研究者の対応　*281*
研究の困難性　*280*
減災　*50, 231*
懸濁物質　*65, 250*
懸濁粒子　*151, 204*
交互砂州　*32*
洪水　*35*
　　――緩和機能　*14*
　　――制御　*50*
　　――波　*30, 36*
　　――波と潮汐波の相互作用　*58*
恒流　*87, 171*
児島湾　*283*
固有種　*237*
コリオリの力　*67*

＜さ行＞
サウスフォークダム　*218*
逆潮　*91*
相模川　*116*
相模湾　*76, 92, 104*
佐久間ダム　*109, 126, 217*
サクラマス　*181, 216*
サケ・マス類　*181*

— 328 —

## 索　引

――による物質輸送　186
砂州　32
砂堆　32
サツキマス　269
狭山池　192
砂漣　32
三角州　26, 48
酸性雨　136
山地の土砂生産　108
三陸沿岸の湾　99
山林の土砂災害　16
サンルダム　229, 236
シア不安定　65
シア分散　172
シェジーの式　26
潮受堤防　276
潮止堰　246
$\sigma_t$（シグマーティ）　73
シジミ類　268
自浄作用　317
止水帯　200
地すべり　17
自然河川　158
自然公園　222
自然堤防　47
設楽ダム　212, 218, 228, 233, 234
失業対策　277
（科学技術における）失敗百選　278, 320
信濃川　21, 22, 74, 128
下筌ダム　222
下久保ダム　239
弱混合型　64, 65
遮断係数　7
射流　30
獣害　6
集水域　137
自由蛇行　33
自由地下水　9
集中豪雨　44
取水堰　246
浄化費　321
庄川　185
常願寺川　19, 40
蒸散　7
蒸発　7
縄文海進　161
常流　30
植物プランクトンの大発生　261
植林　4
シロザケ　182
人工孵化放流事業　182

侵食作用　24
侵食速度　22
深層崩壊　17
神通川　216
浸透能　134
浸透流　10
森林蓄積量　5
水温調節機能　139
水温躍層　194
水源地域特別措置法　222
水質悪化型　307
水質汚濁　284
水質浄化型　307
水質浄化機能　124
吹送流　93
水田の貯水機能　15
水門　246, 276
――開放　322
周防灘　175
ステップ　121
――型海浜　121
ストークスの質量輸送　118
ストークスの抵抗法則　152
砂浜海岸　121
スモルト　182
駿河湾　76, 92, 103
諏訪湖　260
政・官・財の鉄の三角形　225
正常海浜　121
静水圧　28
静水面交点　54
成層の影響　155
生物生産過程　152
――の切断　157
生物生産性　154, 174
生物濃縮　306
生物の活性　203
生物の多様性　152, 319
世界の降水量分布　4
堰　192
舌状砂礫堆　33
節水型機器　232
瀬戸石ダム　196
瀬戸内海　168
――水理模型　172
――特別措置法　172
――臨時措置法　172
遷移帯　200
洗掘　24
潜在的危険地域　44
扇状地　26, 40, 45

― 329 ―

索　引

川内川　75
銭塘江　31
穿入蛇行　32
増幅率　298
宗谷暖流　102
掃流　25
総量規制　172

＜た行＞

対称セル　119
胎生種子　147
堆積作用　26
大蛇行　101
タイダルボア　30, 53
高潮　60
宝の海　294
濁水の拡散範囲　210
蛇行流路　32
出し平ダム　198, 206, 209
只見川　222
只見ダム　225
多摩川　255
玉川上水　255
ダム　192
　——下流の環境　202
　——湖　193
　——湖内の水の循環　194
　——湖の堆積物　199
　——撤去　244
　——の寿命　109
　——の堆積土砂　109
　——の放水　214
　——廃止　243
多目的ダム　193
短期小規模開門調査　316, 322
淡水量　169
段波　30, 62
断面平均流速の分布　56
地下水　9, 139
筑後川　246, 260
地形変化の主因　117
治水　192
　——問題　226
知多湾　139
窒素　135
　——のリサイクル　135
地表流　8, 10
中央粒径値　313
中間流　9
沖積平野　45, 49
長江　84

——希釈水　84
潮差　52
調整池　276, 321
　——の水質　304
　——の水の毒性　305
潮汐残差流　90
潮汐遡上点　63
潮汐波の遡上限界　54
潮汐フロント　174
長波　28
調布取水堰　255
鳥類による物質輸送　187
貯留型氾濫　39
チリ硝石　187
沈降速度　152
津軽暖流　102
対馬海峡　84
対馬暖流　102
津波　29, 31, 61
鶴田ダム　239
TVA　192
底質　312
　——のヘドロ化　265
定常波　55
底生生物　315
　——の漁獲　295
手賀沼　285
天塩川　183
鉄　177
鉄砲水　202
デトリタス　154
　——食物連鎖　147
テネシー川　192
寺泊海岸　130
天井川　46
転送効率　175
転動　25, 123
転流　56
天竜川　76, 126, 204
東海豪雨　44, 139
東京湾　76, 87, 88, 93, 98, 124, 137, 160
洞窟生物　237
投資効率　276, 320
動物による物質輸送　187
当別ダム　229, 236
透明度　204, 289, 309
都市型水害　44
土砂の減少　211
土砂流出量　111
土壌侵食　16
土石流　17, 111

— 330 —

索　引

──扇状地　*18*
利根川　*21, 22, 36, 41, 43, 75, 226, 246, 266*
　　──河口堰　*252*
巴川　*54, 56*
豊川　*212, 228, 233*
　　──総合用水事業　*212, 233*
　　──用水　*212*

&lt;な行&gt;

内部潮汐　*91*
内部波　*91*
ナイル川　*21, 22, 26, 49*
内湾性生物　*319*
内湾の潮汐　*87*
内湾の潮流　*89*
内湾の湧昇　*98*
中海・宍道湖　*285*
長野県西部地震　*111*
長良川　*52, 56, 58, 264*
　　──河口堰　*247, 258*
夏型海浜　*121*
波応力　*120*
鳴門海峡　*89*
新潟海岸　*129*
二風谷ダム　*238*
日本海　*85*
　　──中部地震津波　*31, 62*
日本近海の海流　*100*
日本自然保護協会　*222*
日本の川　*19*
ネコギギ　*237*
熱塩循環　*80*
年間堆砂量　*109*
年降水量　*4*
(ダムの) 年堆砂率　*109, 196*
ノリ漁業　*297*
ノリの歴史的大凶作　*279*

&lt;は行&gt;

バー型海浜　*121*
バイオントダム　*219*
ハイガイ　*322*
排砂　*209*
　　──管　*198*
　　──ゲート　*198, 210*
ハイドログラフ　*35*
破砕摂食者　*137*
波速　*28*
畑薙第1ダム　*109*
蜂の巣城　*222*
播磨灘　*174*

パルス攪乱　*50*
氾濫　*38*
　　──管理　*50*
　　──原　*47*
被圧地下水　*9*
燧灘　*175*
東カムチャッカ海流　*102*
東樺太海流　*176*
東シナ海　*84*
干潟　*123, 288*
　　──の浄化能力　*288*
　　──の消失率　*212*
ひき幽霊　*91*
備讃瀬戸　*175*
非線形相互作用　*53*
比堆砂量　*109*
非対称セル　*119*
非大蛇行　*101*
日野川　*115*
表層崩壊　*17*
表面侵食　*16*
表面波　*28*
平岡ダム　*109, 126*
平取ダム　*229, 236*
比流量　*21*
広島湾　*93, 175*
琵琶湖　*100*
貧栄養化　*208*
貧酸素水塊　*138, 167, 262, 310*
不圧地下水　*9*
富栄養化　*199*
複式干拓方式　*276*
伏流水　*46*
富士川　*76*
藤沼ダム　*218*
二重潮　*91*
付着藻類　*205*
フック　*117*
冬型海浜　*121*
ブラマープトラ川　*21*
浮流　*25*
プリューム　*71*
フルード数　*30*
フルボ酸鉄　*140*
フロッキュレーション　*151*
フロック　*65, 151*
噴流 (ジェット)　*69*
並岸流　*118*
　　──系　*119*
平均赤潮発生日数　*307*
ヘドロ層　*266*

― 331 ―

索　引

保安林　142
防災　231
暴漲湍　31, 53
防潮林　144
暴風海浜　121
保水率　134
母川回帰　182
　——率　270
ポタモプランクトン　260
保有水源量　232
ポロロッカ　31, 53

＜ま行＞
マクロベントス　315
マシジミ　269
マッチェンの吹送流理論　96
マニングの式　26
マルパッセダム　219
マングローブ林　145
満濃池　192
三河湾　212
ミシシッピー川　22, 26
水循環　132
水無川　46
水の存在量　133
水の華　199
御嶽崩れ　111
密度成層の強化　303
緑のダム　12
水俣病　282
最上川　62
モクズガニ　257
森の危機　3
森の形成　2
森の役割　131

＜や行＞
泰阜ダム　196
八代海　240
矢作川　139, 214

ヤマトシジミ　252, 268, 285
ヤマメ　181
八ッ場ダム　218, 226, 232
有機物　136
湧昇　96, 167
　——幅　97
　——フロント　98
遊水地　228
融雪洪水　37
有楽町海進　161
溶食　24
溶存物質　151
溶流　26
淀川水系　223
　——流域委員会　223
米代川　31, 62
ヨハネス・デ・レーケ　19

＜ら行＞
ラジエーション・ストレス　120
離岸流　118
　——頭　118
陸棚フロント　99
利水　192, 231
リップカレント　118
流域委員会　223
流域要素　19
流出形態　69
流出モデル　8
流水帯　200
リン　136
歴史的ノリの大凶作　309
連行加入　65, 69
漏水防止対策　232
ロスビーの内部変形半径　69, 97
ロスビーの変形半径　69

＜わ行＞
輪中堤　39
渡り鳥　319

宇野木早苗（うのき　さなえ）
1924年生まれ、理学博士、日本海洋学会名誉会員
**専門**　海洋物理学
**経歴**　気象技術官養成所（現気象大学校）研究科卒業、中央気象台（現気象庁）海洋課、気象研究所主任研究官、東海大学海洋学部教授、理化学研究所主任研究員。また日本海洋学会沿岸海洋研究部会長を務める
**受賞**　運輸大臣賞（1960年、台風波浪に関する研究）、日本気象学会藤原賞（1964年、高潮に関する研究）、日本海洋学会賞（1973年、沿岸海洋物理学に関する研究）、日本自然保護協会沼田真賞（2006年、沿岸海域生態系保全への海洋物理学からの貢献）、日本海洋学会宇田賞（2010年、沿岸環境保全に関する研究と啓発活動）
**著書**　「海の波」（恒星社厚生閣）、「海洋技術者のための流れ学」、「沿岸の海洋物理学」、「海洋の波と流れの科学」（以上東海大学出版会）、「河川事業は海をどう変えたか」（生物研究社）、「有明海の自然と再生」、「川と海」、「流系の科学」（以上築地書館）、「海の自然と災害」（成山堂書店）ほか


森川海の水系
形成と切断の脅威

2015年10月30日　初版発行

定価はカバーに表示してあります

著　者　　宇野木早苗
発行者　　片　岡　一　成
発行所　　恒星社厚生閣
　　　　　〒160-0008　東京都新宿区三栄町8
　　　　　電話 03（3359）7371（代）
　　　　　http://www.kouseisha.com/

印刷・製本　（株）ディグ

ISBN978-4-7699-1569-0

Ⓒ　Sanae Unoki, 2015

**JCOPY** ＜（社）出版者著作権管理機構　委託出版物＞

本書の無断複写は著作権上での例外を除き禁じられています。
複写される場合は，その都度事前に，（社）出版社著作権管理機構
（電話 03-3513-6969，FAX03-3513-6979，e-maili:info@jcopy.or.jp）
の許諾を得て下さい。

## 水圏の放射能汚染 −福島の水産業復興をめざして

黒倉 寿 編

福島第一原発事故後,流れ出た放射性物質はどう広がり蓄積されるのかをたどる。
●A5判・200頁・定価(本体2,800円+税)

## 蘇る有明海 −再生への道程

楠田哲也 編著

有明海再生に向けて行われている環境分析,再生技術等を多方面から解説する。
●A5判・384頁・定価(本体3,200円+税)

沿岸海洋研究会50周年記念
## 詳論 沿岸海洋学

日本海洋学会沿岸海洋研究会 編

物理・化学・生物と多分野が複雑に絡む沿岸海洋に特徴的なテーマを取り上げ解説。
●B5判・272頁・定価(本体2,800円+税)

## 環境アセスメント学の基礎

環境アセスメント学会 編

環境アセスメントの学術的,実務的知見をベースにまとめたアセスメント学のテキスト。
●B5判・234頁・定価(本体3,000円+税)

## 東京湾 −人と自然のかかわりの再生

東京湾海洋環境研究委員会 編

東京湾の過去,現在,未来を総括し,学際的な知見でまとめた決定版。
●B5判・408頁・定価(本体10,000円+税)

水産学シリーズ 173
## 豊穣の海・有明海の現状と課題

大嶋雄治 編

かつて豊穣の海と呼ばれた有明海の生物生産の現状をまとめ,再生への展望を解説。
●A5判・125頁・定価(本体3,600円+税)

水産学シリーズ 157
## 森川海のつながりと河口・沿岸域の生物生産

山下 洋・田中 克 編

森川海の連環構造を把握し,環境保全の施策を打ち出すうえで何が必要か考察する。
●A5判・154頁・定価(本体2,900円+税)

恒星社厚生閣